U0269245

Go 语言

微服务开发实践

王德利◎编著

清华大学出版社

北京

内 容 简 介

本书循序渐进、由浅入深地讲解了 Go 语言微服务开发的核心知识,并通过具体实例的实现过程演练了开发 Go 语言微服务程序的方法和流程。全书共分 15 章,分别讲解了微服务架构概述,服务注册与发现,分布式配置中心,日志记录与监控,容器化与部署,消息传递与异步通信,远程过程调用,构建 RESTful API,统一认证与授权,数据库访问与 ORM,事件驱动架构,容错处理与负载均衡,服务网关与 API 管理,DevOps 与持续交付及高并发在线聊天室系统。本书内容简洁、全面,且不失其技术深度,书中以简练的文字介绍了复杂的案例,方便读者学习使用。

本书适用于已经了解了 Go 语言基础语法,并想进一步学 Go Web 开发、Go 语言微服务开发、Go 语言项目架构的读者,还可以作为高等院校相关专业的师生用书和培训机构的培训教材。

图书在版编目(CIP)数据

Go 语言微服务开发实践 / 王德利编著. -- 北京: 清华大学出版社, 2024. 9. -- ISBN 978-7-302-66906-7

Ⅰ. TP312

中国国家版本馆 CIP 数据核字第 2024MU1409 号

责任编辑: 魏 莹
封面设计: 李 坤
责任校对: 马荣敏
责任印制: 刘 菲

出版发行: 清华大学出版社
网　　　址: https://www.tup.com.cn, https://www.wqxuetang.com
地　　　址: 北京清华大学学研大厦 A 座　　　　邮　　编: 100084
社 总 机: 010-83470000　　　　　　　　　　邮　　购: 010-62786544
投稿与读者服务: 010-62776969, c-service@tup.tsinghua.edu.cn
质量反馈: 010-62772015, zhiliang@tup.tsinghua.edu.cn
印 装 者: 河北鹏润印刷有限公司
经　　销: 全国新华书店
开　　本: 185mm×230mm　　　印　张: 23.25　　　字　数: 565 千字
版　　次: 2024 年 9 月第 1 版　　　　　　　印　次: 2024 年 9 月第 1 次印刷
定　　价: 99.00 元

产品编号: 104123-01

前言

当前的软件开发领域正经历着持续的变革，微服务架构已成为现代应用开发的核心模式之一。随着企业需求的不断变化和复杂度的增加，微服务的灵活性和可扩展性为开发人员提供了一种创新的方式来构建和交付应用程序。

本书旨在为读者提供关于使用 Go 语言构建微服务的全面指南。微服务不仅仅是一种技术选择，更是一种思维方式，通过将应用程序拆分为小型、自治的服务单元，能够更好地满足不同的业务需求。无论你是正在探索微服务架构的基础知识，还是已经拥有一定经验并寻求更深入的实践指导，本书都将为你提供丰富的学习资源。

微服务的世界是充满挑战和机遇的，而本书将帮助你在这个领域获得更深入的洞察力。相信通过阅读本书，你将更加自信地构建和维护可扩展、高效的微服务，为你的团队和业务创造更大的价值。

本书特色

1. 全面涵盖微服务生态系统

本书以微服务的基础知识为起点，逐步深入地介绍了构建微服务所必需的各种关键概念和技术，包括服务注册与发现、分布式配置中心、日志记录与监控、容器化与部署、消息传递与异步通信、远程过程调用、构建 RESTful API 等。通过对本书的学习，读者可以获得一个全面的微服务知识体系。

2. 深入讲解 Go 语言应用

作为一本以 Go 语言为主要开发语言的书籍，本书对 Go 语言的应用进行了深入解析，从 Go 语言的基础知识到具体的开发实践，都有详细的讲解和示例，让读者能够更好地理解和运用这门语言。

3. 结合实践经验

作者结合丰富的实际项目经验，分享了在微服务开发过程中遇到的问题和解决方案，让读者能够从实际应用的角度获得宝贵的经验，避免一些常见的陷阱。

4. 涵盖 DevOps 与持续交付

本书不仅讲解微服务的设计和实现，还专门介绍了 DevOps 和持续交付的内容，帮助读者了解如何将微服务集成到现代软件交付流程中，以实现高效的部署和持续改进。

5. 适合不同经验层次的读者

无论是微服务开发的初学者还是具有一定经验的开发者，本书都能提供有价值的信息和指导。初学者可以通过逐步引导从零开始构建微服务应用，而有经验的开发者可以在实践案例中深入探索更高级的主题。综合而言，本书通过理论与实践的结合，为想要掌握 Go 语言微服务开发的读者提供了一份丰富、深入且实用的指南。

6. 强调解决实际问题

本书的重点是如何解决实际问题，每个章节都围绕实际应用场景展开讨论，帮助读者更好地理解如何将技术应用于解决实际问题的挑战。

本书内容

本书是一本专注于微服务架构下使用 Go 语言构建应用的实用指南，由浅入深地介绍了微服务架构的核心概念，从基础知识到实际应用，从设计到部署，全面覆盖了构建稳健、可扩展微服务的关键技术和最佳实践。

本书的内容分为 5 个部分，具体如下。

第一部分为基础知识。介绍微服务架构的背景、优势以及与传统架构的区别。讲解云计算、云原生以及微服务设计原则，探索不同微服务开发语言，特别强调了 Go 语言在微服务中的应用。

第二部分为构建微服务。探讨微服务中的服务发现与注册、分布式配置中心、日志记录和监控。通过实例，引导读者学习如何集成不同工具和库，使微服务能够高效地运行和协作。

第三部分为微服务开发实践。详细介绍了微服务中的远程过程调用、构建 RESTful API、统一认证与授权，以及数据库访问与 ORM。通过案例，将深入了解如何将这些概念应用于实际项目中。

第四部分为微服务治理与扩展。探讨了事件驱动架构、容错处理与负载均衡、服务网关与 API 管理，以及 DevOps 与持续交付。引导读者学习如何在微服务中应对不同的挑战，并在持续交付流程中实现高效部署。

第五部分为综合实战。以一个高并发在线聊天室系统为例，将之前所学的理论和技术应用于实际项目开发。帮助读者深入了解如何结合不同概念和技术构建完整的微服务应用。

此外，本书还为读者提供了丰富的线上学习资源，不仅包括案例源代码、PPT 课件，还精心录制了视频讲解，读者可以扫描书中提供的二维码观看视频讲解，也可以通过扫描下方二维码获取案例源代码和 PPT 课件。

扫码获取案例源代码

扫码获取 PPT 课件

本书的读者对象

❑　初学开发者：想要了解微服务架构以及如何使用 Go 语言构建微服务的初学开发者。本书提供了从基础知识到实际应用的逐步指导，让初学者能够快速入门微服务开发。

❑　有经验的开发者：有一定的软件开发经验，但希望探索微服务架构并学习如何在实际项目中应用的开发者。本书深入介绍了微服务的各个方面，包括设计原则、工具使用和最佳实践，有助于有经验的开发者扩展技能。

❑ Go 语言爱好者：对 Go 语言有兴趣，希望将其应用于微服务开发的开发者。本书涵盖了大量关于 Go 语言的内容，从基础到高级的开发实践，对 Go 语言爱好者而言是一本宝贵的资源。

❑ 系统架构师：负责设计和规划微服务架构的系统架构师。本书不仅涵盖了微服务的核心概念，还深入探讨了微服务治理、容错处理、安全性等方面，有助于架构师作出明智的决策。

❑ 技术经理：需要了解微服务架构以及如何在团队中推动微服务开发的技术经理。通过本书，技术经理可以了解微服务的优势、挑战以及在开发过程中需要考虑的因素。

无论是初学者还是专业人士，无论对微服务和 Go 语言的了解程度如何，本书都将提供有价值的内容。无论是想要掌握微服务开发的核心技能，还是寻求进一步提升，本书都将成为读者在现代应用开发领域取得更大成功的指南。

本书在编写过程中，得到了清华大学出版社编辑的大力支持，正是各位专业人士的求实、耐心和效率，才使本书能够顺利出版。另外，也十分感谢我的家人给予的巨大支持。由于编者水平有限，书中难免存在疏漏与不妥之处，恳请读者提出宝贵的意见或建议，以便修订并使之更臻完善。

编　者

目录

第 1 章

微服务架构概述

　　微服务架构是一种软件架构模式，旨在将复杂的单体应用程序解构成多个小型、自治的服务，这些服务通过网络进行互联互通。每个微服务都应该专注于一项特定的业务功能，从而实现自主的开发、部署、扩展和维护。这种架构风格的目标是增加系统的可维护性、可扩展性和灵活性。本章将详细讲解微服务架构的基本知识。

1.1 微服务基础

微服务架构是一种软件设计模式,它是由小型、自包含的软件组件构成,每个组件专注于执行一项具体的业务功能。通过将单体应用程序拆解为一组小型、独立的服务来简化开发、部署和维护。每个微服务都代表一个小而自治的功能单元,具有清晰的业务边界,并且可以独立地进行开发、部署、测试和扩展。

扫码看视频

1.1.1 发展背景

微服务的发展背景可以追溯到软件开发领域在过去几十年的演变和发展,以下是影响微服务发展的主要因素。

- ❑ 复杂性和臃肿的单体应用:历史上,大多数应用程序采用单体应用架构,其中所有功能模块和业务逻辑都集成在单一的代码库中。随着应用程序功能的增加,单体应用变得庞大且难以维护。任何小的更改都可能影响整个系统,导致开发和部署困难,限制了团队的灵活性。
- ❑ 需求的多样化:随着互联网和移动技术的迅猛发展,用户对应用程序的需求越来越多样化和个性化。单体应用往往难以同时满足多种需求,而需要在单一代码库中进行频繁而复杂的更改。
- ❑ 敏捷开发和快速交付:现代软件开发趋向于敏捷开发和持续交付。传统的单体应用架构往往需要复杂的集成和测试,这可能延迟快速交付和部署。
- ❑ 云计算与容器化技术:云计算和容器化技术(如 Docker)的兴起,为微服务提供了更好的基础设施。容器化技术的出现使每个服务可以独立打包和部署,而不会影响其他服务,简化了部署和扩展的过程。
- ❑ 高可用性与弹性:微服务架构增强了系统的可用性和弹性。每个微服务都是自治的,因此当某个服务发生故障时,其他服务仍然可以继续运行,从而提高了系统的可靠性和稳定性。
- ❑ 分布式系统经验:随着分布式系统的不断发展,开发人员积累了丰富的经验和工具,以更好地管理微服务架构中的复杂性。

综上所述,微服务架构已成为构建大规模、复杂系统的首选方案。它可以有效地应对现代应用程序开发的挑战,使团队以更敏捷、更灵活的方式开发、测试、部署和维护软件。随着云计算和容器化技术的进一步发展，微服务架构在软件开发中的应用范围将进一步扩大。

1.1.2 微服务架构与传统架构的区别

微服务架构与传统的单体应用程序架构在很多方面存在显著的不同，主要区别如下。

1. 架构范式

❑ 单体应用程序：在传统的单体应用架构中，应用程序的各个功能模块和业务逻辑被统一整合至一个统一的代码库内，这种应用程序通常作为一个整体，在同一个进程中执行。

❑ 微服务架构：微服务架构将应用程序拆分成多个小型、独立的服务，每个服务代表一个小而自治的功能单元。

2. 代码库

❑ 单体应用程序：单体应用程序通常包含一个庞大而复杂的代码库，其中包含整个应用程序的所有代码。

❑ 微服务架构：在微服务架构中，每个服务均有自己的代码库，每个服务都只包含与其特定功能相关的代码。

3. 通信方式

❑ 单体应用程序：单体应用程序内部各个模块之间的通信通常是通过直接函数调用或共享数据库实现。

❑ 微服务架构：微服务之间的通信是通过明确定义的 API 实现，通常使用 HTTP/REST 或消息队列等通信协议。

4. 独立部署

❑ 单体应用程序：单体应用程序的更新需要将整个应用重新部署，可能导致应用的停机时间较长。

❑ 微服务架构：微服务可以独立进行部署，可以对某个特定服务进行更新或扩展，而不会影响其他服务的运行。

5. 松耦合

❑ 单体应用程序：单体应用程序内部各个模块之间通常是强耦合的，一个模块的变化可能会影响其他模块。

❑ 微服务架构：微服务之间是松耦合的，每个服务相互独立，彼此之间的变化不会
影响到其他服务。

6. 技术栈

❑ 单体应用程序：传统的单体应用程序通常使用一种技术栈，所有模块都采用相同
的编程语言和框架。

❑ 微服务架构：微服务架构允许每个服务采用适合其需求的最佳技术栈，使团队可
以使用不同的编程语言、框架和工具。

7. 可伸缩性

❑ 单体应用程序：单体应用程序的可伸缩性通常受限于应用程序整体的架构。

❑ 微服务架构：微服务架构允许针对特定服务进行水平扩展，从而更好地应对负载
增加。

总体而言，微服务架构的优势在于它提供了更好的可维护性、灵活性和可扩展性，开
发团队也需要面对分布式系统的复杂性和管理多个服务的挑战。因此，在选择架构时，开
发团队需要仔细权衡自身需求和条件，考虑应用程序的规模、复杂性和团队组织等因素。

1.1.3　微服务架构的优势

微服务架构因其众多优势而成为构建大型复杂应用程序的首选架构。以下是微服务架
构的一些主要优势。

❑ 独立开发与部署：每个微服务架构都可以由独立的团队进行开发和部署，实现并
行工作，加速开发进程。一个微服务架构的变更不会影响其他服务，从而降低了
整个系统的风险。

❑ 弹性与可伸缩性：由于微服务架构是独立的，所以可根据需要对每个服务进行水
平扩展，从而更好地应对变化的负载需求。这种灵活性使系统可以在高峰期处理
更多的请求。

❑ 独立技术栈：每个微服务架构可以采用适合其需求的技术栈，充分利用各种技术
的优势。不同团队可以根据自己的技术专长选择合适的工具和框架。

❑ 故障隔离：如果一个微服务架构发生故障，其他服务仍然可以继续运行，从而提
高了系统的可靠性。故障隔离减少了系统单点故障的风险。

❑ 易于维护：由于每个微服务专注于单一功能，代码更易于理解、修改和维护。此
外，更小的代码库使问题的定位变得更加容易。

- 提升团队灵活性：不同团队可以专注于不同的微服务架构，从而更好地分工协作，提高团队的灵活性和效率。每个团队可以根据自己的节奏和需求进行开发。
- 快速迭代与持续交付：微服务架构促进了快速迭代和持续交付。每个微服务架构的独立部署和自治性使团队更频繁地进行更新和发布。
- 可组合性：微服务架构的单一功能和自治性使其能够在不同的组合下构建更复杂的应用程序。这种可组合性可支持定制化解决方案，满足多样化的业务需求。

总体而言，微服务架构在管理复杂性、增强灵活性、加快交付速度和促进持续创新方面表现出色。需要注意的是，微服务架构也会引入一些挑战，比如分布式系统的复杂性和管理多个服务的挑战，因此采用微服务架构时需要进行周密的考虑和规划。

1.1.4 云计算

云计算是一种通过互联网提供计算资源和服务的技术，它允许用户通过互联网访问和使用计算资源，而无须在本地拥有这些资源。云计算的主要特点是将计算能力、存储资源和应用程序以服务的形式交付给用户，通过互联网进行访问和使用。

云计算提供了一种灵活、按需且高度可扩展的计算模型。用户可以根据实际需求快速获得所需的计算资源，而无须预先投资昂贵的硬件设备。云计算的主要服务模型如下。

- 基础设施即服务(Infrastructure as a Service，IaaS)：包括基础计算资源，如虚拟机、存储和网络，让用户可以在云上创建自己的虚拟基础设施，并能够自由配置和管理这些资源。
- 平台即服务(Platform as a Service，PaaS)：在基础设施的基础上，包括一整套的应用程序开发和运行环境，包括开发框架、数据库、消息队列等。用户可以在这个平台上开发、测试和部署应用程序，而无须关心底层的基础设施。
- 软件即服务(Software as a Service，SaaS)：包括已经开发好的软件应用程序，用户可以直接通过互联网使用这些应用程序，而无须进行软件安装和维护。

在微服务架构中，可以将云计算视为提供基础设施和服务的平台，有助于支持微服务架构的构建和运行。以下是云计算在微服务中的关键角色和优势。

- 弹性和可扩展性：云计算提供了资源的弹性分配和自动扩展功能，使微服务可以根据负载的变化进行自动扩展和收缩。这意味着在高峰期，微服务可以动态地增加资源以满足更多的请求，而在低峰期可以减少资源以节省成本。
- 独立部署：云计算平台允许每个微服务独立部署，因为它们可以在容器中打包，并通过容器编排工具(如 Kubernetes)进行管理。这样，微服务的更新和部署过程会变得更加简化和灵活。

❑ 服务发现和负载均衡：云计算平台提供了服务发现和负载均衡机制，促进微服务在集群中的自动发现，并将请求流量均匀地分发到不同的微服务实例中，从而提高系统的可靠性和性能。

❑ 容器化技术：云计算广泛使用容器化技术(如 Docker)，它允许将微服务及其所有依赖项打包到一个独立的、轻量级的容器中。这样，微服务之间的依赖和环境配置问题得到了解决，使微服务的部署更加一致和可靠。

❑ 自动化和持续交付：云计算平台提供了自动化部署、监控和管理功能，有助于支持微服务的自动化运维和持续交付。团队可以利用这些功能实现快速迭代和持续交付，从而提高开发速度和业务响应能力。

❑ 分布式数据存储和管理：云计算平台通常提供各种分布式数据存储服务，如数据库、缓存和消息队列等。这些服务可以帮助微服务解决数据一致性和复杂性的问题，从而支持微服务之间的数据共享和交互。

综上所述，云计算在微服务架构中扮演着重要的角色，为微服务提供了一个灵活、弹性和自动化的运行环境。通过结合云计算的优势，团队可以更好地构建、部署和管理微服务，从而实现更高效、更可靠和可扩展的应用程序。

1.1.5 云原生

云原生是一种软件开发和交付的策略，它通过云计算和现代化技术，实现应用程序的可扩展性、高可用性和易管理性。它是一种综合性的理念，强调在云环境下开发、部署和运维应用程序的最佳实践和方法。

云原生在微服务中发挥了重要的作用，它提供了一套完整的方法和工具，支持微服务架构的构建、部署和管理。云原生在微服务中的主要作用如下。

❑ 容器化：云原生倡导将每个微服务及其依赖项打包成独立的容器。这使微服务可以在不同的环境中以相同的方式运行，消除了因环境差异引起的问题，实现了开发、测试和生产环境间的一致性。

❑ 自动化部署和扩展：云原生引入了自动化部署和扩展的概念，通过容器编排系统(如 Kubernetes)和自动化工具，微服务可以快速、可靠地进行部署和水平扩展，以适应变化的负载。

❑ 微服务治理：在微服务架构中，服务之间的通信和发现是关键。云原生提供了服务发现和负载均衡机制，确保微服务之间的通信可靠、高效。

- ❑ 声明性配置：云原生鼓励采用声明性配置来管理微服务的运行状态和配置。这样，可以简化微服务的管理和维护，减少手动配置可能带来的错误。

- ❑ 持续交付：云原生强调持续交付，通过自动化流程实现频繁且可靠地交付新功能和更新。这使微服务可以更快速地响应业务需求，持续演进和创新。

- ❑ 弹性和可伸缩性：云原生使微服务可以在需求变化时自动调整资源规模，实现弹性和可伸缩性。容器编排系统可以根据负载的变化自动调整容器实例数量，使微服务可以在高负载时扩展，而在低负载时缩减资源。

- ❑ 高可用性：云原生的部署方式和架构设计支持高可用性。微服务可以在不同的节点和数据中心进行部署，通过自动化故障检测和恢复机制确保服务的高可靠性。

综上所述，云原生在微服务架构中提供了一套全面的方法和工具，支持微服务的构建、部署和运维，使得微服务架构能够更高效、灵活和可靠地实现业务需求。云原生为微服务架构的实践带来了诸多优势，成为现代应用开发中的重要范式。

1.2　微服务的设计原则

微服务架构是一种以服务为中心的设计模式，它将应用程序拆分成多个小而自治的服务。以下是微服务设计原则，它们旨在指导实施微服务架构，以实现最大效益。

扫码看视频

- ❑ 单一责任原则(Single Responsibility Principle)：每个微服务应该专注于单一的业务功能，承担一项明确的职责。这样可以使服务的边界清晰，降低服务的复杂性，提高可维护性。

- ❑ 拆分原则(Separation of Concerns)：应用程序应根据其不同的业务功能划分为独立的微服务。通过这种拆分，每个微服务可以独立开发、部署和扩展，使团队可以专注于特定的业务领域。

- ❑ 松耦合(Loose Coupling)：微服务应保持松耦合，即每个微服务应该尽量减少对其他服务的依赖。这样可以降低微服务之间的耦合度，使变更更容易且不会影响其他服务。

- ❑ 自治性(Autonomy)：每个微服务应该是自治的，即它可以独立地进行开发、部署和运行。每个微服务的数据存储和业务逻辑应该是独立的，从而降低对其他服务的依赖。

- ❑ API 隔离(API Isolation)：每个微服务应该提供明确定义的 API，以便其他服务通过 API 与之通信。API 的设计应保持稳定且易于使用,以确保不同服务之间进行有效通信。

❑ 分布式数据管理(Distributed Data Management):在微服务架构中,数据通常分散存储于不同的服务中。每个服务应该负责管理自己的数据,以确保数据的一致性和完整性。

❑ 弹性设计(Resilience Design):微服务应该设计得具有弹性,使其在面对故障时能够自动适应并迅速恢复。使用断路器等模式可以防止故障在整个系统中扩散。

❑ 监控与日志(Monitoring and Logging):每个微服务应配备完善的监控与日志记录功能,可以及时发现并解决问题,确保服务的稳定性和可靠性。

❑ 小团队管理(Small Team Management):每个微服务应该由一个小团队负责,该团队应该拥有足够的自主权和责任感。这样不仅能加快决策和响应速度,还能提升团队的效率。

遵循上述微服务设计原则,团队将更有效地构建和维护微服务架构,从而提高应用程序的可维护性、灵活性和可扩展性,实现更高效的开发和快速交付。

1.3 常用微服务开发语言

在微服务架构中,开发者可以使用多种编程语言来构建各自的微服务。在选择编程语言时,应该根据项目需求、团队技能和服务的性质来做出合适的选择。

扫码看视频

1.3.1 Java 微服务和 Spring Cloud

Java 微服务是指使用 Java 编程语言开发的,遵循微服务架构原则的应用程序。在 Java 微服务中,应用程序被拆分成多个小而自治的服务,每个服务专注于单一的业务功能,并通过网络通信相互交互。Java 微服务通常会利用 Java 的生态系统和开发工具,如 Spring Boot 和 Spring Cloud,来简化微服务的开发和管理。

Spring Boot 作为 Spring Framework 的一个子项目,它提供了一种简化的方式来快速构建 Java 应用程序,包括微服务。Spring Boot 通过自动配置和约定优于配置的原则,减少了烦琐的配置,使开发人员可以更专注于业务逻辑的实现。它还集成了各种常用的库和框架,使开发和部署变得更加容易。Spring Boot 在微服务中非常受欢迎,因为它能够快速构建独立的、可运行的微服务,并提供了大量的特性,如嵌入式 Web 服务器、健康检查、监控等。

Spring Cloud 是基于 Spring Boot 的微服务框架，它提供了一系列的功能和组件，帮助开发人员构建分布式系统和微服务应用程序。Spring Cloud 包括多个子项目，每个子项目提供不同的功能，如服务注册与发现(Eureka)、负载均衡(Ribbon)、断路器(Hystrix)、服务网关(Zuul)等。通过 Spring Cloud，开发人员可以轻松地解决微服务架构中的常见问题，如服务调用、负载均衡、容错处理和动态配置等。

Spring Cloud 与 Spring Boot 的结合使 Java 微服务的开发变得更加简洁和高效。Spring Boot 提供了快速构建微服务的能力，而 Spring Cloud 提供了微服务架构中所需的各种组件和功能，帮助开发人员更好地构建、部署和管理微服务应用程序。Java 微服务和 Spring Cloud 在当今的云原生应用开发中扮演着重要的角色，为构建高效、弹性和可靠的分布式系统提供了强大的支持。

1.3.2 Go 语言

Go 语言代表了编程语言设计的新浪潮，它不仅继承了类似 C 语言的优势，更在网络编程和并发编程方面提供了显著增强。推出 Go 语言的目的是，在不损失应用程序性能的情况下，降低代码的复杂性，具有部署简单、并发性好、语言设计良好、执行性能好等优势，目前国内诸多 IT 公司均已采用 Go 语言开发项目。

Go 语言应用广泛，适用于网络编程、系统编程、并发编程及分布式编程等多种场景。Go 语言有时候被描述为"C 类似语言"，或者是"21 世纪的 C 语言"。Go 语言继承了 C 语言相似的表达式语法、控制流结构、基础数据类型、调用参数传值、指针等多种思想，还有 C 语言优势中的编译后机器码的运行效率以及和现有操作系统的无缝适配。

Go 语言在微服务领域应用广泛，被认为是一种非常适合构建微服务的编程语言。Go 语言在微服务中的一些优势如下。

❑ 并发性和轻量级：Go 语言内置了强大的并发支持，通过 goroutines(Go 语言中的轻量级线程)和 channels(通道)开发者可以轻松实现高效的并发编程。这使 Go 语言非常适合处理微服务中的并发请求和任务。

❑ 高性能：Go 语言以其高效的执行速度而著称，它是一种编译型语言，能够生成高度优化的机器码。这使 Go 语言在处理高并发请求和大规模数据处理时表现出色。

❑ 小巧简洁：Go 语言设计简洁，语法简单易懂。它的二进制文件非常小，这使部署和扩展微服务变得更加轻松。

❑ 跨平台支持：Go 语言的编译器可以支持生成针对不同平台的可执行文件，这意味着开发的微服务可以在多个平台上运行，提升了部署的适应性和灵活性。

❑ 内置网络库：Go 语言提供了内置的网络库，简化了 HTTP 请求处理、构建 RESTful API 和处理 JSON 等任务。优化了 HTTP 服务和处理微服务间的通信流程。

❑ 可靠性：Go 语言在设计上注重代码的稳定性与可靠性，它的错误处理机制简单且清晰，有助于减少潜在的错误。

❑ 容易部署：Go 语言的静态链接特性和单一可执行文件特性使部署微服务变得简单，不需要依赖额外的运行环境。

由于以上优势，Go 语言在微服务领域得到了广泛应用。很多企业和项目选择使用 Go 语言来构建高性能、可扩展的微服务，特别是在需要处理高并发请求和大规模数据处理的场景下，Go 语言的优势更为明显。专门为 Go 语言设计的微服务框架和工具，如 Go Kit 和 Micro，进一步为开发者提供了强大的开发支持。总体而言，Go 语言凭借其在微服务领域的出色表现，已成为构建现代分布式系统的理想选择。

1.3.3 Python 语言

Python 是一种高级、通用的解释性编程语言，由荷兰计算机科学家吉多·范罗苏姆 (Guido van Rossum)于 1989 年创建，在 1991 年首次发布。Python 的设计目标是提供一种简单、易读、易学的编程语言，强调代码的可读性和清晰度，因此被称为"优美的编程语言"。

Python 语言在微服务领域也有其独特的优势和广泛应用。尽管 Python 是一种解释性语言，与 Go 等编译型语言相比，它的性能可能略低。但是在许多场景下，Python 在微服务中仍然具有以下优点。

❑ 快速开发：Python 是一种简洁、易学的语言，具有直观的语法和丰富的标准库，使开发人员可以快速构建和迭代微服务。Python 的开发速度通常比较快，这对于快速开发原型和中小型微服务非常有利。

❑ 生态系统丰富：Python 拥有一个庞大的生态系统，有许多强大的框架和库，如 Flask 和 Django，可以帮助开发人员构建高效的 Web 服务和 RESTful API。

❑ 支持异步编程：Python 的异步编程框架(如 asyncio)可以处理大量并发请求，从而在处理高并发和 I/O 密集型任务时表现出色。

❑ 轻量级部署：Python 的部署相对轻量级，无须像 Java 一样的烦琐的构建和部署过程。这使 Python 微服务的部署和管理更加简单。

❑ 支持数据科学：Python 在数据科学领域非常流行，具有广泛的数据处理和机器学习库。在需要与数据科学任务集成的微服务中，Python 是一个很好的选择。

- 较高的可读性和易维护性：Python 以其易读性而著称，具有清晰的语法和结构。这使 Python 微服务的代码易于理解和维护。
- 构建 RESTful API 简便：Python 在构建 RESTful API 时非常方便。借助 Flask 或 Django 等框架，可以轻松地构建符合 RESTful 风格的 API。

注意： 由于 Python 是解释性语言，对于高性能和实时性要求非常高的场景，可能不太适合使用 Python 来开发微服务。对性能有更高要求的微服务，可以使用 Go 或 Java 等编译型语言。

总体而言，Python 在微服务领域有广泛的应用，特别适用于快速开发原型、处理中小规模的微服务和与数据科学任务集成的场景。在选择微服务开发语言时，应该根据项目的需求、团队的技能和性能要求作出合适的选择。

注意： 本书介绍的微服务编程语言只是众多可选项中的一部分，在选择微服务开发语言时，除了考虑语言本身的特性，还需要考虑团队的熟练程度、项目的需求和可用的工具和框架。最终的选择应该是基于项目的具体情况作出的。

## 第 2 章

服务注册与发现

　　服务注册与发现是在微服务架构中用于管理和发现服务实例的重要概念。服务注册与发现是微服务之间相互通信的基础，确保服务可以动态地找到并与其他服务进行交互。本章将详细讲解 Go 语言微服务注册与发现的知识，为读者学习本书后面章节的知识打下基础。

2.1　服务注册与发现的基本概念

服务注册是指将微服务的实例信息(如 IP 地址、端口号、服务名称等)注册到一个中心化的服务注册表或服务发现组件中。服务注册表是一个存储服务实例信息的数据库，它既可以是一个独立的服务，也可以是一个集群。当一个微服务启动时，它会主动向服务注册表注册自己的信息。服务注册的过程通常由服务自己完成，或者通过一个专门的注册组件来实现。

扫码看视频

服务发现是指微服务通过查询服务注册表或服务发现组件，找到需要访问的其他微服务的实例信息。当一个微服务需要与其他服务进行通信时，它会向服务注册表发出查询请求，获取所需服务的可用实例列表。服务发现可以实现负载均衡，即将请求均匀地分发给多个可用实例，从而提高系统的性能和可靠性。

服务注册与发现的基本过程如下。

(1) 微服务启动：微服务启动时它会向服务注册表注册自己的实例信息。

(2) 服务注册：微服务将自己的实例信息(如 IP 地址、端口号、服务名称等)注册到服务注册表中。

(3) 服务查询：微服务需要与其他服务进行通信时，它会向服务注册表发出查询请求，获取目标服务的实例列表。

(4) 服务发现：服务注册表回应请求，提供目标服务的实例列表，使查询微服务能与一个或多个实例建立联系。

通过服务注册与发现机制，微服务架构可以实现动态的服务发现和通信，使服务之间的依赖关系更加灵活和适应变化。这种机制还能帮助系统实现自动化的负载均衡和容错处理，提升了整个系统的弹性和可靠性。常见的服务注册与发现工具包括 Consul、Eureka、Etcd 和 ZooKeeper 等。

2.1.1　服务注册与发现的基本原理

服务注册与发现的基本原理是微服务架构中的一个重要机制，它使微服务可以动态地发现其他服务的实例，并将自己的实例信息注册到服务注册表中。在接下来的内容中，将详细讲解服务注册与发现的基本原理。

1. 服务注册

❑ 微服务启动：在微服务启动阶段，它会自动将自己的实例信息(如 IP 地址、端口号、服务名称等)注册到服务注册表中。这通常是在微服务的启动过程中完成的。

❑ 注册中心：服务注册表充当中心化的数据库或组件，负责维护所有微服务实例的信息记录。它既可以是一个独立的服务，也可以是一个集群。每个微服务都会将自己的实例信息提交给注册中心进行注册。

❑ 实时更新：服务注册是一个实时的过程，当微服务的实例发生变化(如启动、停止、扩容、缩容等)，注册中心会同步更新这些信息。

2. 服务发现

❑ 微服务通信：当微服务需要与其他服务进行通信时，将向服务注册表发起查询请求，以检索目标服务的活跃实例列表。

❑ 服务查询：服务注册表会根据查询请求，返回目标服务的所有可用实例信息，包括它们的 IP 地址和端口号。

❑ 负载均衡：微服务获取目标服务的实例列表后，将依据既定的负载均衡策略选定一个实例进行通信以实现请求的负载均衡。

❑ 容错处理：微服务若无法连接到目标服务的某个实例，如服务实例 instance 宕机，将快速切换到其他可用实例，以实现容错处理。

2.1.2　常见的服务发现模式

在实际应用中，主要采用以下常见的服务发现模式。

(1) 服务注册表模式。在这种机制中，每个微服务在启动时会将自己的实例信息(如 IP 地址、端口号、服务名称等)注册到一个中心化的服务注册表中。服务注册表是一个数据库或服务，用于存储所有微服务的实例信息。当一个微服务需要与其他服务进行通信时，它可以向服务注册表发出查询请求，获取目标服务的可用实例列表。这样就实现了动态的服务发现，使服务可以动态地适应变化，增强了系统的弹性和可靠性。常用的服务注册表工具包括 Consul、Etcd 和 ZooKeeper 等。

(2) DNS(Domain Name System)解析。DNS 解析是另一种常见的服务发现模式。在这种模式中，每个微服务会注册一个域名，当其他微服务需要与目标服务通信时，它可以通过域名进行访问。DNS 服务器会将域名解析为实际的 IP 地址，从而找到目标服务的实例。这样就实现了服务发现和负载均衡。但由于 DNS 解析可能存在缓存等问题，可能不适合需要动态发现的场景。

(3) 服务网关模式。服务网关是位于微服务架构前端的一个中心化组件，它负责接收所有外部请求，并将请求路由到相应的微服务。在服务网关中，服务的路由信息是预先配置好的，这样在请求到来时就可以根据路由规则将请求转发给相应的服务。服务网关可以集成服务发现模式，根据服务注册表中的信息进行路由。常用的服务网关工具有 Spring Cloud Gateway、Netflix Zuul 等。

(4) Sidecar 代理模式。Sidecar 代理模式是一种将服务发现逻辑封装到一个 Sidecar 代理中的模式。每个微服务都与一个 Sidecar 代理一起部署，Sidecar 代理负责注册服务实例和发现其他服务的实例。这种方式可以在微服务中将服务发现逻辑与业务逻辑解耦，提高了灵活性。常见的 Sidecar 代理工具有 Linkerd 和 Istio。

> **注意：** 上述服务发现模式在微服务架构中都有各自的优势和适用场景。在选择合适的服务发现模式时，需要考虑微服务架构的规模、复杂性、性能要求和团队的技术栈等因素。

2.2 服务注册与发现工具

在微服务架构中，有许多优秀的服务注册与发现工具可供用户选择。这些工具可以帮助用户实现服务的动态发现及微服务实例的有效管理。

扫码看视频

2.2.1 基于 DNS 的服务发现工具

基于 DNS 的服务发现工具使用 DNS 作为服务发现的机制。这些工具利用 DNS 的特性来实现服务的发现和负载均衡。以下是一些常见的基于 DNS 的服务发现工具。

- Kubernetes：广受欢迎的容器编排系统，利用 DNS 实现服务发现和负载均衡。在 Kubernetes 中，每个服务都会被分配一个 DNS 名称，其他服务可以通过该名称来访问目标服务。Kubernetes 的 Service 资源和 Ingress 资源都是利用 DNS 来实现服务的自动发现和路由。
- Amazon Route 53：AWS(Amazon Web Services)提供的一种托管域名系统服务。它支持使用 DNS 来实现服务发现和负载均衡。Amazon Route 53 可以配置服务的别名和负载均衡策略，从而实现服务的自动发现和负载均衡。
- SkyDNS：CoreDNS(一个开源的 DNS 服务器)的前身，作为 Kubernetes 服务发现的关键组件。SkyDNS 利用 DNS 的特性来注册和查询 Kubernetes 中的服务实例，从而实现动态的服务发现。

❑ Consul：Consul 也可以使用 DNS 作为服务发现模式，支持将服务注册为 DNS 记录，并通过 DNS 查询来发现服务的实例。此外，Consul 还支持其他服务发现模式，如 HTTP 和 gRPC。

上述基于 DNS 的服务发现工具发挥了 DNS 的普遍性和可扩展性优势，使服务发现和负载均衡变得更加简单灵活。通过 DNS，可以实现服务的动态发现和通信，同时还可以根据负载均衡策略来分发请求，提高系统的性能和可靠性。

2.2.2　专用的服务注册与发现工具

除了基于 DNS 的服务发现工具，还有一些专门用于服务注册与发现的高级工具，它们通常可提供更为全面的功能和更专业的支持。以下是一些专用的服务注册与发现工具。

❑ Consul：由 HashiCorp 开发的专业化服务注册与发现工具。它提供了丰富的功能，包括服务注册与发现、健康状态监测、键值数据存储、分布式一致性等。Consul 支持多数据中心，具有高可用性和容错能力。

❑ Etcd：由 CoreOS 开发的专用分布式键值存储系统。虽然 Etcd 本身是一个键值存储系统，但它被广泛用作服务注册与发现的后端存储。Etcd 具有强大的一致性和高可用性。

❑ Eureka：Netflix 开源的服务注册与发现组件，是 Netflix OSS 中的一部分。Eureka 可以通过 RESTful API 进行服务注册和查询，支持多实例和高可用性配置。

❑ ZooKeeper：Apache 软件基金会提供的分布式协调服务，也可用作服务注册与发现的后端存储。ZooKeeper 具有一致性和高可用性。

❑ Consul Template：Consul 的附加组件，允许将服务注册信息动态集成至应用程序配置中。它可以根据服务注册表中的信息自动更新应用程序配置，从而实现动态的服务发现和负载均衡。

注意：上述专用的服务注册与发现工具通常具有更强大的功能和更丰富的配置选项，尤其适用于更复杂的微服务架构和分布式系统。它们提供了丰富的 API 和控制台界面，方便开发人员和运维人员管理和监控服务的注册与发现过程。选择适合的工具应该根据项目的需求、团队的技能和预算等因素进行权衡。

2.3 实现微服务架构中的服务注册与发现

在微服务架构中实现服务注册与发现是构建动态、弹性和高可用的微服务架构的关键一步。接下来介绍实现服务注册与发现的一般步骤。

扫码看视频

(1) 选择合适的服务注册与发现工具：首先，选择适合你的微服务架构的服务注册与发现工具。可以考虑如 Consul、Etcd、Eureka、ZooKeeper 等开源工具，或者使用云平台提供的服务发现功能如 Kubernetes 的 Service 资源。

(2) 注册微服务实例：每个微服务在启动时，均需要将自己的实例信息(如 IP 地址、端口号、服务名称等)注册到选定的服务注册与发现工具中。此过程一般是在微服务的启动过程中自动完成的，可以在服务的启动脚本中添加注册逻辑。

(3) 实时更新：服务注册与发现是一个实时的过程，当微服务的实例发生变化(如启动、停止、扩容、缩容等)，注册与发现工具会同步更新相关信息。

(4) 微服务发现：当一个微服务需要与其他服务进行通信时，它可以向服务注册与发现工具发出查询请求，获取目标服务的可用实例列表。依据所选工具的特性，微服务发现可以通过 RESTful API、DNS 查询或者其他接口机制来完成。

(5) 负载均衡：在得到目标服务的可用实例列表后，可以根据一定的负载均衡策略，选择一个实例来建立通信。常见的负载均衡策略有轮询、随机、加权轮询等。这样可以实现请求的均衡分发，提高系统的性能。

(6) 容错处理：如果一个微服务无法连接到目标服务的某个实例(如实例宕机)，它可以快速切换到其他可用实例，实现容错处理，确保系统的可用性。

(7) 集成微服务框架：如果使用微服务框架，如 Spring Cloud，它通常提供了集成好的服务注册与发现功能，可以更方便地实现微服务的注册与发现过程。

(8) 监控和管理：确保服务注册与发现工具的监控和管理机制健全，可以实时监控微服务的注册状态，及时发现并解决问题。

通过以上步骤，便可以在微服务架构中实现服务的注册与发现，为微服务之间的通信提供支持，从而构建一个灵活、高效和可靠的分布式系统。

2.3.1 使用服务注册与发现库

下面实例的功能是使用库 Consul 实现服务注册与发现库功能，在开始之前需要先下载并安装 Consul。

(1) 下载 Consul：首先，访问 Consul 的官方网站(https://www.consul.io/)下载适合操作系

统的 Consul 安装包。Consul 为多个平台提供了相应的二进制文件，包括 Windows、macOS 和各种 Linux 发行版。

(2) 解压安装包：将下载的 Consul 安装包解压到您选择的目录中。在 Linux 和 macOS 系统中，可以使用以下命令解压：

```
unzip consul_XXXXX.zip
```

其中，XXXXX 代表 Consul 的版本号。

(3) 设置环境变量(可选)：将 Consul 的可执行文件添加到系统 PATH 中，这样就可以在任何目录下直接运行 Consul 命令。也可以将 Consul 的二进制文件移动到系统 PATH 已经包含的目录下。

(4) 启动 Consul 代理：打开终端或命令行界面，进入 Consul 的安装目录，并执行以下命令以启动 Consul 代理的开发模式。

```
consul agent -dev
```

此时，将启动一个单节点的 Consul 集群，并运行在开发模式下，方便开发和测试使用。

(5) 访问 Consul 界面：Consul 启动后，默认在本地的 8500 端口运行 Web 界面。可以在浏览器中输入 http://localhost:8500 来访问 Consul 的 Web 界面，从中管理和监控服务与健康检查等信息。

实例 2-1：使用 Consul 实现服务注册与发现库(源码路径：codes\2\2-1\)

(1) 编写 main.go 文件，创建一个简单的 Go 语言服务，并将其注册到 Consul 中，并实现服务发现来找到注册的服务。main.go 文件的具体实现代码如下。

```
package main

import (
    "fmt"
    "log"
    "net/http"
    "os"

    "github.com/hashicorp/consul/api"
)

func main() {
    // 创建Consul客户端连接
    config := api.DefaultConfig()
    client, err := api.NewClient(config)
    if err != nil {
```

```
        log.Fatal(err)
    }

    // 创建服务注册对象
    registration := new(api.AgentServiceRegistration)
    registration.ID = "example-service"      // 服务 ID
    registration.Name = "example"            // 服务名称
    registration.Port = 8080                 // 服务端口
    registration.Tags = []string{"go"}       // 服务标签, 可以用于服务筛选
    registration.Address = "localhost"       // 服务地址

    // 注册服务到 Consul
    err = client.Agent().ServiceRegister(registration)
    if err != nil {
        log.Fatal(err)
    }

    // 服务发现
    http.HandleFunc("/", func(w http.ResponseWriter, r *http.Request) {
        fmt.Fprintf(w, "Hello, this is the example service!")
    })

    log.Println("Starting server on port 8080...")
    log.Fatal(http.ListenAndServe(":8080", nil))
}
```

在上述代码中，我们创建了一个简单的 HTTP 服务，并将其注册到 Consul 中。服务的注册信息包括 ID、名称、端口、标签和地址等。然后，在服务中实现了一个 HTTP 处理函数，可以通过访问 http://localhost:8080/来访问服务。当运行上述 Go 程序时，其自动将服务注册到 Consul 中。我们可以通过访问 http://localhost:8500 来查看 Consul 的 Web 界面，确认服务已经注册成功。

(2) 编写 client.go 文件，功能是使用 Consul 的客户端库来查询并发现上述名为"example"的服务，具体实现代码如下。

```
package main

import (
    "fmt"
    "log"

    "github.com/hashicorp/consul/api"
)

func main() {
    // 创建 Consul 客户端连接
```

```
config := api.DefaultConfig()
client, err := api.NewClient(config)
if err != nil {
    log.Fatal(err)
}

// 查询服务
services, _, err := client.Catalog().Service("example", "", nil)
if err != nil {
    log.Fatal(err)
}

// 打印服务实例
for _, service := range services {
    fmt.Printf("Service ID: %s, Service Address: %s, Service Port: %d\n",
service.ServiceID, service.Address, service.ServicePort)
    }
}
```

在上述代码中，创建了一个 Consul 客户端连接，并通过 client.Catalog().Service()方法查询名为"example"的服务。然后，遍历查询结果，打印出所有服务实例的信息，包括 ID、地址和端口。

(3) 开始运行程序。首先，运行第一个程序文件 main.go，它将启动服务并将其注册到 Consul 中。执行后会输出：

```
Starting server on port 8080...
```

此时，服务已经运行，并已经注册到 Consul 中。可以在浏览器中或使用 cURL 命令访问 http://localhost:8080/ 来测试服务是否正常运行。

(4) 接下来运行程序文件 client.go，它将使用 Consul 客户端库来查询并发现名为"example"的服务。执行后会输出：

```
Service ID: example-service, Service Address: localhost, Service Port: 8080
```

这表明客户端成功找到了名为"example-Service"的服务，并打印出服务实例的信息。这样，就成功地运行了这两个文件，并实现了服务注册与发现功能。可以通过修改文件 main.go 中的服务信息和端口，或者在 client.go 文件中查询不同的服务来进一步探索 Consul 的功能和微服务的通信机制。

注意：通过这样的服务注册与发现模式，可以在 Go 语言中实现动态的服务发现和通信，使微服务之间可以灵活地相互通信和协作。

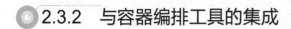

2.3.2　与容器编排工具的集成

与容器编排工具集成时，一个常见的选择是使用 Kubernetes。Kubernetes 是一个流行的容器编排平台，它可以管理和编排大规模的容器化应用程序。下面是一个使用 Go 语言编写的简单示例，演示了在 Kubernetes 中部署一个微服务并与服务发现进行集成的过程，在开始之前需要先安装 Kubernetes。

安装 Kubernetes 可能会因为不同的操作系统和部署方式有所不同。使用 Minikube 工具是一种常见的在本地开发环境中安装和运行 Kubernetes 的方式。Minikube 可以在单个虚拟机中创建一个小规模的 Kubernetes 集群，用于开发和测试目的。在生产环境中，你可能需要考虑更复杂的部署方式，如使用 Kubeadm、Kops 或托管服务等。

安装 Kubernetes 的基本步骤如下。

(1) 安装虚拟化工具：首先要确保计算机上已经安装了一个虚拟化工具，比如 VirtualBox、VMware 或 Hyper-V。这些工具可以用来创建虚拟机来运行 Kubernetes 集群。

(2) 安装 kubectl：kubectl 是 Kubernetes 的命令行工具，用于管理和操作 Kubernetes 集群。可以从 Kubernetes 官方网站(https://kubernetes.io/docs/tasks/tools/ install-kubectl/)下载并安装 kubectl。

(3) 安装 Minikube：Minikube 是一个在本地运行 Kubernetes 集群的工具。可以从 Minikube 的官方网站(https://minikube.sigs.k8s.io/docs/start/)下载并安装 Minikube。

(4) 启动 Minikube：打开终端或命令行界面，运行以下命令来启动 Minikube 集群，这会在虚拟化平台上创建一个虚拟机，并在其中启动一个小规模的 Kubernetes 集群。

```
minikube start
```

(5) 验证集群状态：运行以下命令来验证 Minikube 集群是否成功启动，这将会输出有关 Kubernetes 集群的信息，包括 API 服务器的地址等。

```
kubectl cluster-info
```

(6) 开始使用 Kubernetes：现在已经成功地在本地安装了一个简单的 Kubernetes 集群。可以使用 kubectl 命令来管理和操作集群，例如，创建和管理资源(如 Deployment、Service、Pod 等)。

> **注意**：以上安装步骤是一个在本地开发环境中安装和运行 Kubernetes 的简化示例。在生产环境中，可能需要考虑更复杂的部署和配置，以确保高可用性、安全性和可扩展性。在使用 Kubernetes 之前，建议先阅读 Kubernetes 官方文档(https://kubernetes.io/docs/home/)以获得更详细的信息。

请看下面的实例，假设已经在 Kubernetes 集群中正确配置并启用了服务发现机制，比如 Kubernetes 的内置 Service 资源。

实例 2-2：在 Kubernetes 上部署的 Go 微服务(源码路径：codes/2/2-2/)

(1) 编写文件 main.go 创建一个简单的 Go 微服务，具体实现代码如下。

```go
package main

import (
    "fmt"
    "net/http"
)

func main() {
    http.HandleFunc("/", func(w http.ResponseWriter, r *http.Request) {
        fmt.Fprintf(w, "Hello, this is the Go microservice!")
    })

    http.ListenAndServe(":8080", nil)
}
```

(2) 使用 Docker 创建一个容器映像，创建名为 Dockerfile 的文件，其中包含以下内容。

```dockerfile
FROM golang:1.18

WORKDIR /go/src/app
COPY . .

RUN go build -o app

EXPOSE 8080

CMD ["./app"]
```

(3) 在终端中，进入 Go 微服务的代码目录，然后运行以下命令构建 Docker 映像。

```
docker build -t my-go-microservice .
```

(4) 部署到 Kubernetes。

首先，创建名为 deployment.yaml 的 Kubernetes 部署文件，其中包含以下内容。

```yaml
apiVersion: apps/v1
kind: Deployment
metadata:
  name: go-microservice
spec:
```

```
replicas: 3
selector:
  matchLabels:
    app: go-microservice
template:
  metadata:
    labels:
      app: go-microservice
  spec:
    containers:
    - name: go-microservice
      image: my-go-microservice:latest
      ports:
      - containerPort: 8080
```

其次，运行如下命令来创建 Kubernetes 部署，这将在 Kubernetes 中创建一个名为 go-microservice 的部署文件，用于运行 Go 微服务。

```
kubectl apply -f deployment.yaml
```

再次，创建名为 service.yaml 的 Kubernetes 服务文件，代码如下。

```
apiVersion: v1
kind: Service
metadata:
  name: go-microservice
spec:
  selector:
    app: go-microservice
  ports:
    - protocol: TCP
      port: 80
      targetPort: 8080
  type: LoadBalancer
```

最后，运行以下命令来创建 Kubernetes 服务。

```
kubectl apply -f service.yaml
```

这将在 Kubernetes 中创建一个名为 go-microservice 的 Service(服务)，一旦完成了以上步骤，Go 微服务就会部署在 Kubernetes 集群中，并且可以通过 Service(服务)的 IP 地址和端口来访问。具体可以通过以下方式访问服务。

如果在本地使用 Minikube 运行 Kubernetes，便可以运行以下命令来获取 Service(服务)的 IP 地址和端口，并在浏览器中访问。

```
minikube service go-microservice
```

如果在云上运行 Kubernetes，可以通过查看 Service(服务)的 External IP 地址和端口来访问。当访问 Service(服务)时，会在浏览器中看到以下内容输出，这便是由上述 Go 微服务提供的响应。

```
Hello, this is the Go microservice!
```

　　注意：这只是一个简单的示例，实际上，集成 Kubernetes 需要更多的配置和管理。在实际的生产环境中，还需要考虑配置、扩展、持久化存储、健康检查等方面的问题。

2.3.3　ZooKeeper 客户端库

实例 2-3：在 ZooKeeper 上部署的 Go 微服务(源码路径：codes\2\2-3\)

(1) 首先要安装并启动 ZooKeeper 服务，可以从 ZooKeeper 官方网站 (https://zookeeper.apache.org/)下载并安装 ZooKeeper，然后运行 ZooKeeper 服务器。

(2) 使用如下 go get 命令安装 go-zookeeper 库。

```
go get github.com/samuel/go-zookeeper/zk
```

(3) 编写文件 main.go 实现服务注册与发现功能，具体实现代码如下。

```go
package main

import (
    "fmt"
    "log"
    "os"
    "time"

    "github.com/samuel/go-zookeeper/zk"
)

func main() {
    zkServers := []string{"localhost:2181"}              // ZooKeeper 服务器地址
    conn, _, err := zk.Connect(zkServers, time.Second)   // 连接到 ZooKeeper
    if err != nil {
        log.Fatalf("Failed to connect to ZooKeeper: %v", err)
    }
    defer conn.Close()

    serviceName := "example-service"       // 服务名称
    servicePath := "/" + serviceName
```

```
    serviceData := "127.0.0.1:8080"            // 服务的地址和端口

    // 注册服务
    _, err = conn.Create(servicePath, []byte(serviceData), zk.FlagEphemeral,
zk.WorldACL(zk.PermAll))
    if err != nil {
        log.Fatalf("Failed to register service: %v", err)
    }
    fmt.Println("Service registered:", serviceData)

    // 发现服务
    services, _, err := conn.Children("/")
    if err != nil {
        log.Fatalf("Failed to get services: %v", err)
    }
    fmt.Println("Available services:")
    for _, serviceName := range services {
        fmt.Println(serviceName)
    }
}
```

在上述代码中，使用库 go-zookeeper 连接到 ZooKeeper 服务器，并将服务信息注册到
ZooKeeper 中。注册的服务路径是/example-service，内容是服务的地址和端口。随后，从
ZooKeeper 中获取所有的子节点(即注册的服务)并打印出来。执行后会获取 ZooKeeper 根节
点下的所有子节点(所有注册的服务)，并将它们的名称打印出来：

```
Service registered: 127.0.0.1:8080
Available services:
example-service
```

这表示成功地注册了一个名为 example-service 的服务，并且在 ZooKeeper 中找到了这
个已注册的服务。

## 第 3 章

分布式配置中心

　　分布式配置中心是用于管理和集中存储应用程序配置的工具或服务。在微服务架构中，应用程序被拆分成多个微服务，每个微服务都可能有不同的配置需求。分布式配置中心的目标是使配置的管理更加集中、可靠，并能够动态地为不同的微服务提供配置信息，从而降低配置管理的复杂性。本章将详细讲解 Go 语言微服务分布式配置中心的知识，为读者学习本书后续章节的知识打下基础。

3.1 配置管理的问题和挑战

无论是在微服务架构还是在单体应用中，配置管理在软件开发和部署过程中都可能会面临多种挑战，如多环境支持、配置一致性、版本管理、动态配置、安全性、更新策略、容错和回滚、可视性和监控、自动化和多种数据格式等。

扫码看视频

微服务架构和单体应用在配置管理方面的一些问题和挑战如下。

1. 微服务架构的配置管理问题

☐ 多服务多配置：微服务架构中有多个独立的微服务，每个微服务有自己的配置需求，包括数据库连接、外部服务的 URL 等。

☐ 环境隔离：不同的微服务通常会在不同的环境中部署(如开发、测试、生产)，每个环境的配置可能会不同。

☐ 动态性：微服务的特点之一是可以在运行时动态扩展和缩减。因此，需要在不重启服务的情况下更新配置。

☐ 版本控制：每个微服务可能有不同的版本，不同版本之间的配置可能会有差异，需要进行版本管理。

☐ 管理复杂性：随着微服务数量的增加，手动管理每个微服务的配置会变得复杂和困难。

2. 单体应用的配置管理问题

☐ 集中配置：单体应用通常有一个集中的配置文件，包含应用程序的所有配置。修改配置需要重新部署整个应用。

☐ 固定配置：在单体应用中，配置通常是在部署时设置，并且在应用运行期间很少改变。

☐ 环境切换：切换到不同环境(如开发、测试、生产)需要手动修改配置文件。

☐ 容错和可用性：单体应用在配置出错时可能导致整个应用的不可用，需要谨慎处理。

为了解决微服务架构和单体应用的配置管理问题，可以使用分布式配置中心，如 Spring Cloud Config、Consul、Etcd、ZooKeeper 等。这些工具允许将配置集中管理，支持版本管理、动态刷新、环境隔离等功能，从而更好地管理配置。在微服务架构中，分布式配置中心可以帮助解决多服务多配置、环境隔离和动态性等问题。在单体应用中，也可以使用这些工具来提升配置管理的效率和可靠性。

> **注意**：无论是微服务架构还是单体应用，配置管理都是一个重要的问题，需要综合考虑应用的特点和需求，选择合适的配置管理方案。

3.2　分布式配置中心的基本概念

在微服务架构中，分布式配置中心的目标是使配置的管理更加集中、可靠，并能动态地为不同的微服务提供配置信息，从而降低配置管理的复杂性。

扫码看视频

3.2.1　配置中心的基本架构

配置中心的基本架构通常由以下几个核心组件构成，用于集中管理、分发和动态更新应用程序的配置信息。

- ❑ 配置存储：配置存储是一个用于存储配置数据的持久化存储系统，可以是数据库、文件系统、键值存储等。配置数据可以以不同的格式(如键值对、JSON、YAML)存储。

- ❑ 配置 API 和管理界面：配置中心通常提供一个 API 和管理界面，用于管理配置数据。通过 API，可以进行配置的创建、读取、更新和删除操作。管理界面则允许用户通过图形化界面进行配置管理。

- ❑ 分发机制：配置中心需要有一种机制来将配置数据分发给不同的应用程序或微服务。这可以通过 HTTP 接口、消息队列、长轮询等方式来实现。

- ❑ 客户端库：客户端库是用于在应用程序中集成配置中心的工具，它提供了获取配置、实时更新配置等功能。这些库是针对不同编程语言和技术栈的。

- ❑ 版本管理：配置中心通常支持对配置的版本管理，以便可以回滚到先前的配置版本。

- ❑ 环境隔离：配置中心支持将配置分组到不同的环境中，如开发、测试、生产等，以确保每个环境使用正确的配置。

- ❑ 动态刷新机制：配置中心可以通过监听配置变更事件来实现动态刷新，使应用程序可以在配置变更时自动更新配置。

- ❑ 安全性和权限控制：配置中心通常提供安全性和权限控制机制，以确保只有授权的人员可以访问和修改配置信息。

- □ 通知机制：一些配置中心会提供通知机制，如 Webhooks、消息队列，以便通知应用程序配置的变更。
- □ 高可用性和负载均衡：配置中心需要保证高可用性，以确保配置数据始终可用。一些配置中心会支持负载均衡来分散请求负载。
- □ 监控和日志：配置中心可能提供监控和日志功能，以便跟踪配置变更、请求量等信息。

配置中心的具体架构可以因所选工具和技术有所不同，但通常都包含上述核心组件，以满足配置管理的需求。

3.2.2　配置的存储方式和获取方式

配置的存储方式和获取方式可以根据具体的配置中心工具和架构而有所不同，以下是一些常见配置的存储方式和获取方式。

1. 存储方式

- □ 数据库存储：配置数据可以存储在关系型数据库中，如 MySQL、PostgreSQL 等。每个配置项可以映射到数据库的表结构，方便进行查询和管理。
- □ 文件系统存储：配置数据可以存储在文件系统中，以文件的形式保存。这些文件可以采用键值对、JSON、YAML 等格式。
- □ 键值存储：配置数据可以存储在键值存储系统中，如 Redis、Etcd 等。键值存储通常适用于小规模的配置数据。
- □ 版本控制系统：配置数据可以存储在版本控制系统中，如 Git。每个配置项可以表示为版本控制系统中的一个文件。
- □ 云存储：配置数据可以存储在云存储服务中，如 Amazon S3、Google Cloud Storage 等。

2. 获取方式

- □ HTTP API：配置中心通常提供 HTTP 接口，应用程序可以通过 HTTP 请求获取配置数据。可以使用 GET 请求来读取配置。
- □ 消息队列：配置中心可以通过消息队列发布配置变更的消息，应用程序订阅消息以获取新的配置数据。
- □ 长轮询：应用程序可以通过长轮询方式定期向配置中心查询配置数据，一旦配置变更，配置中心则会返回新的配置。

- ❑ 推送通知：配置中心可以通过推送(如 Webhooks)通知应用程序配置的变更，应用程序在收到通知后可以主动获取新配置。
- ❑ 客户端库：配置中心通常提供针对不同编程语言的客户端库，应用程序可以使用这些库来方便地获取配置数据。
- ❑ 实时刷新：一些配置中心支持实时刷新机制，当配置变更时，应用程序会自动更新配置，无须主动获取。
- ❑ DNS 查询：在一些特定情况下，应用程序可以通过 DNS 查询获取配置信息。

上面介绍的存储方式和获取方式，可以根据配置中心的实现和需求进行选择和组合。不同的方式适用于不同的场景，要根据应用程序的特点和需求来选择适合的配置存储方式和获取方式。

3.3　常见的分布式配置中心工具

本节将介绍一些常见的分布式配置中心工具，它们用于在分布式系统中集中管理、分发和更新配置信息。

扫码看视频

3.3.1　ZooKeeper

ZooKeeper 是一个分布式协调服务，它的主要目的是为分布式应用程序提供协调和同步功能，但它也可以用于分布式配置中心来管理配置信息。ZooKeeper 作为分布式配置中心的主要特点和功能如下。

- ❑ 分布式协调：ZooKeeper 旨在解决分布式系统中的协调问题，如分布式锁、分布式队列等。作为配置中心，它可以用来管理和分发配置信息。
- ❑ 数据结构：ZooKeeper 使用树形的数据结构来存储数据，每个节点称为"znode"，可以包含配置信息或其他数据。
- ❑ 强一致性：ZooKeeper 保证数据的强一致性，每个客户端在任何时刻都能看到相同的数据视图。
- ❑ 监听机制：客户端可以设置监听器来监视 znode 的变化，一旦配置发生变化，客户端就会收到通知。
- ❑ 版本管理：ZooKeeper 支持每个 znode 的版本号和时间戳，可以用于实现配置的版本管理。

- □ 临时节点：ZooKeeper 支持创建临时节点，这些节点在客户端断开连接后会自动删除，可以用于实现动态的服务注册与发现。
- □ ACL 安全：ZooKeeper 支持访问控制列表(ACL)，可以对 znode 设置访问权限，确保只有授权的客户端才可以访问配置信息。
- □ 灵活性：ZooKeeper 可以与多种编程语言和平台集成，支持多种编程语言的客户端库。

注意：尽管 ZooKeeper 可以用作分布式配置中心，但是它的主要设计目标是协调和同步，而不是专门用于配置管理。对于一些特定的配置管理需求，如动态刷新、多环境支持等，则需要额外的工作来实现。在选择配置中心工具时，可以根据项目需求和现有技术栈来权衡各种因素。

3.3.2 Consul

Consul 是一个开源的服务发现和配置工具，由 HashiCorp 开发。除了服务发现外，Consul 也可以作为分布式配置中心来管理和分发配置信息。Consul 作为配置中心时的主要特点和功能如下。

- □ 服务发现和健康检查：Consul 提供了服务发现和健康检查的功能，使微服务可以注册和发现彼此。这与配置管理紧密相关，因为配置通常与服务的位置和状态有关。
- □ 键值存储：Consul 内置了一个键值存储引擎，用于存储配置信息。每个键值对都可以表示一个配置项。
- □ 多数据中心支持：Consul 支持多数据中心架构，可以在不同的数据中心管理和分发配置信息。
- □ 事件通知：Consul 支持事件通知机制，可以在配置发生变化时触发事件，应用程序可以监听这些事件并进行相应的处理。
- □ 分布式一致性：Consul 使用 Raft 算法实现分布式一致性，确保数据的强一致性。
- □ ACL 安全：Consul 支持访问控制列表(ACL)，可以对配置数据设置访问权限，确保只有授权的客户端可以获取配置信息。
- □ 多数据格式：Consul 支持多种数据格式，如字符串、JSON、YAML 等，以满足不同的配置需求。

- ❑ HTTP API 和 DNS 接口：Consul 提供了 HTTP API 来获取和修改配置数据，同时还提供了 DNS 接口来获取配置信息。
- ❑ 实时刷新：Consul 可以通过监听配置变更事件来实现实时刷新，应用程序可以在配置变更时自动更新配置。

Consul 是一个强大的工具，可以用作分布式配置中心，同时还提供了服务发现、健康检查等功能。它适用于需要集成配置管理和服务发现的场景，特别是在微服务架构中。

3.3.3 Etcd

Etcd 是一个分布式键值存储系统，由 CoreOS(现为 Red Hat 的一部分)开发。Etcd 最初是为配置共享和服务发现而设计的，因此可以用作分布式配置中心。Etcd 作为配置中心时的主要特点和功能如下。

- ❑ 分布式键值存储：Etcd 提供了一个分布式的键值存储引擎，用于存储配置数据和其他键值对信息。
- ❑ 强一致性：Etcd 使用 Raft 一致性算法来确保数据的强一致性，这对于配置信息的可靠性非常重要。
- ❑ 实时刷新：Etcd 支持监听机制，应用程序可以监听配置变更事件，并在配置发生变化时实时刷新配置。
- ❑ 版本控制：Etcd 支持每个键值对的版本控制，可以回滚到先前的配置版本。
- ❑ TTL 和过期：Etcd 支持为键值对设置过期时间，当超过过期时间时，键值对会自动被删除。这对于临时配置非常有用。
- ❑ 分布式协调：Etcd 最初是为实现分布式系统的协调工作而设计的，具有一致性和可靠性等特点，因此它可以用于配置管理和服务发现等用途。
- ❑ 多语言支持：Etcd 提供多种编程语言的客户端库，可以与不同编程语言的项目集成。
- ❑ ACL 安全：Etcd 支持访问控制列表(ACL)，可以对键值对设置访问权限，确保只有授权的客户端才能获取配置信息。
- ❑ REST API：Etcd 提供了 REST API 来访问和修改配置数据。
- ❑ 多数据格式：Etcd 支持多种数据格式，如字符串、JSON、YAML 等。

Etcd 在分布式配置中心领域有广泛的应用，特别是在容器编排工具(如 Kubernetes)中被广泛使用。如果需要一个强一致性的分布式配置管理解决方案，Etcd 是一个很好的选择。

3.4 在微服务架构中使用分布式配置中心

在微服务架构中使用分布式配置中心是一个很好的实践，可以带来诸多优势。本节将通过具体实例讲解在微服务架构中使用分布式配置中心的知识。

扫码看视频

3.4.1 配置中心的集成方式

在实现集成分布式配置中心到微服务架构的过程中涉及几个关键步骤，常用的集成方式有以下几种。

- ❑ 选择合适的配置中心工具：首先要根据你的技术栈和项目需求，选择一个适合的分布式配置中心工具，如 Consul、Etcd、ZooKeeper、Spring Cloud Config 等。
- ❑ 创建配置仓库：如果所选择的配置中心工具支持版本控制，那么可以创建一个配置仓库，用来存储各个微服务的配置文件。
- ❑ 编写配置文件：为每个微服务编写相应的配置文件，将配置信息保存在配置仓库中。这些配置文件可以使用不同的数据格式，如 JSON、YAML 等。
- ❑ 集成客户端库：针对选择的配置中心工具，集成相应的客户端库到每个微服务项目中。这些客户端库将从配置中心获取和管理配置信息。
- ❑ 配置加载：在每个微服务中，使用集成的客户端库加载配置。这通常包括从配置中心获取配置信息并将其加载到应用程序中。
- ❑ 监听配置变更：配置中心通常支持监听配置变更事件，微服务可以注册监听器，在配置发生变化时得到通知并更新配置。
- ❑ 动态刷新：使用配置中心的动态刷新机制，让微服务在配置变更时能够自动刷新配置，无须重启服务。
- ❑ 环境和应用程序标识：使用配置中心支持的环境和应用程序标识来隔离与区分不同环境、不同微服务的配置。
- ❑ 测试和验证：在集成配置中心后，确保微服务可以正确地从配置中心获取配置，并能够实现实时刷新、版本控制等功能。
- ❑ 部署和监控：在部署微服务时，确保配置中心也处于可用状态，并在监控系统中监视配置中心的健康状况。

注意：根据选择的配置中心工具和技术栈，具体的集成细节可能会有所不同。总的来说，集成分布式配置中心可以提高配置管理的灵活性和可维护性，帮助你更好地管理微服务架构中的配置信息。

下面是一个简易的 Go 语言示例，展示了使用 Consul 实现配置中心集成的过程。

实例 3-1：使用 Consul 作为配置中心(源码路径：codes\3\3-1\)

(1) 首先要确保已经安装了 Consul，并且 Consul 服务正在运行。然后安装 github.com/hashicorp/consul/api 这个 Go 语言包，用于和 Consul 进行交互。可以使用以下命令安装：

```
go get github.com/hashicorp/consul/api
```

(2) 编写 main.go 文件，功能是从 Consul 获取配置信息，具体实现代码如下。

```go
package main

import (
    "fmt"
    "log"
    "os"

    "github.com/hashicorp/consul/api"
)

func main() {
    config := api.DefaultConfig()
    config.Address = "localhost:8500" // 设置 Consul 的地址

    client, err := api.NewClient(config)
    if err != nil {
        log.Fatalf("Failed to create Consul client: %v", err)
    }

    key := "my-service/config" // 设置配置的键

    kv := client.KV()
    pair, _, err := kv.Get(key, nil)
    if err != nil {
        log.Fatalf("Failed to get configuration from Consul: %v", err)
    }

    if pair != nil {
        configValue := string(pair.Value)
        fmt.Println("Configuration value:", configValue)
```

```
    } else {
        fmt.Println("Configuration not found")
    }
}
```

在上述代码中，使用 Consul 的 Go 语言客户端库来获取指定键的配置信息。在运行时确保将 localhost:8500 更改为实际的 Consul 地址。如果已经在本地启动了 Consul 服务，并且确保配置项"my-service/config"在 Consul 中存在，那么，执行该程序后，它会输出配置项的值。假设在 Consul 中存在键为"my-service/config"的配置项，如果它的值是"Hello, World!"，那么程序执行后会输出：

```
Configuration value: Hello, World!
```

如果配置项不存在，则程序执行后会输出：

```
Configuration not found
```

注意：这只是一个简单的示例，在实际应用中可能还需要处理错误、安全性、配置的解析和应用等其他方面的细节。这个示例只是一个起点，可以根据项目需求和实际情况进行扩展和优化。开发者可以结合监听机制来实现动态刷新配置。Consul 提供了 Watch 功能，可以监听键值的变化，一旦配置发生变化，可以更新应用程序的配置。

3.4.2 动态刷新配置实战

动态刷新配置是分布式配置中心的一个重要功能，它允许应用程序在运行时从配置中心获取最新的配置，无须重新启动应用程序。一般实现动态刷新配置的步骤如下。

(1) 配置变更监听：在应用程序中集成配置中心的客户端库后，通常会提供配置变更监听的功能。通过注册监听器，应用程序可以接收到配置变更的通知。

(2) 监听器回调：当配置中心的配置发生变化时，配置中心的客户端库会触发相应的监听器回调。在回调中，你可以编写逻辑来处理配置的变更。

(3) 刷新配置：在监听器回调中，编写逻辑来刷新应用程序的配置。这可能涉及重新加载配置、更新内存中的配置对象等步骤。

(4) 避免并发问题：在动态刷新配置时要注意并发问题，确保在更新配置时不会引起竞态条件或其他并发相关的问题。

在 Go 语言微服务中实现动态刷新配置时，可以使用 Consul 提供的 Watch 机制来监听配置变化，并在配置变化时实时刷新。下面是一个 Go 语言微服务例子，演示了使用

Consul 和 Viper 实现动态刷新配置的过程。Viper 是一个在 Go 语言中用于配置管理和解析的库。它可以用来加载、解析、监听和管理应用程序的配置数据，包括从命令行参数、环境变量、配置文件等多个来源加载配置。由于 Viper 的灵活性和功能的丰富性，它在 Go 语言社区中被广泛用于配置管理和解析的任务。在微服务架构中，Viper 可以与分布式配置中心集成，实现动态刷新配置，以适应不同的部署环境和配置需求。

实例 3-2：使用 Consul 和 Viper 实现动态刷新配置(源码路径：codes\3\3-2\)

(1) 首先应确保已经安装了 Consul，并且 Consul 服务正在运行。

(2) 安装 github.com/hashicorp/consul/api 和 github.com/spf13/viper 这两个 Go 语言包，分别用于与 Consul 进行交互和实现配置管理。可以使用以下命令进行安装：

```
go get github.com/hashicorp/consul/api
go get github.com/spf13/viper
```

(3) 编写 main.go 文件，创建一个 Go 语言微服务程序实现动态刷新配置，具体实现代码如下。

```
package main

import (
    "fmt"
    "log"
    "time"

    "github.com/hashicorp/consul/api"
    "github.com/spf13/viper"
)

func main() {
    // 初始化 Consul 客户端
    config := api.DefaultConfig()
    config.Address = "localhost:8500"
    client, err := api.NewClient(config)
    if err != nil {
        log.Fatalf("Failed to create Consul client: %v", err)
    }

    // 初始化 Viper 配置库
    v := viper.New()
    v.SetConfigType("json")

    // 监听配置变化
    go watchConfig(client, v, "my-service/config")
```

```
    // 启动服务
    runService(v)
}

func watchConfig(client *api.Client, v *viper.Viper, key string) {
    for {
        // 从 Consul 获取配置
        kv := client.KV()
        pair, _, err := kv.Get(key, nil)
        if err != nil {
            log.Printf("Failed to get configuration from Consul: %v", err)
        }

        if pair != nil {
            configValue := string(pair.Value)
            log.Println("Configuration value:", configValue)

            // 设置配置值到 Viper
            v.Reset()
            v.SetConfigType("json")
            v.ReadConfig([]byte(configValue))
        } else {
            log.Println("Configuration not found")
        }

        // 休眠一段时间，然后继续监听
        time.Sleep(time.Second * 10)
    }
}

func runService(v *viper.Viper) {
    // 读取配置，这里假设配置项是 "myKey"
    myKey := v.GetString("myKey")
    fmt.Println("Initial configuration value:", myKey)

    // 模拟服务运行
    for {
        time.Sleep(time.Second * 5)
        // 在这里可以使用刷新后的配置执行业务逻辑
        fmt.Println("Current configuration value:", myKey)
    }
}
```

在上述代码中，watchConfig()函数用于监听配置变化，当配置变化时，会实时刷新 Viper 配置对象。runService()函数则模拟了一个微服务的运行，每隔一段时间会输出当前的配置值。如果在 Consul 中创建了一个配置项"my-service/config"，并且它的值是一个 JSON 或其他格式的配置数据，那么运行上述程序后，会从 Consul 获取这个配置项，并输出配置值。

3.4.3　配置热更新实战

热更新(Hot Reload)是指在应用程序运行期间，无须停止或重启应用程序，即可对应用程序的部分或全部代码进行修改，并使修改后的代码立即生效，从而实现对应用程序的即时更新。

热更新通常应用于开发阶段和调试阶段，以提高开发效率和快速迭代。热更新可以在代码更改时自动重新加载已修改的部分，而无须重新启动整个应用程序。这有助于开发人员在修改代码时减少等待时间，快速查看修改的效果，并及时发现和修复问题。

热更新可以应用于多种应用程序类型，包括 Web 应用、移动应用、桌面应用等。不同的开发环境和编程语言可能会有不同的热更新实现方式。一些开发工具和框架提供了内置的热更新功能，而在其他情况下，开发人员可能需要手动实现热更新逻辑。Go 语言程序中实现热更新功能时，通常使用轮询或监听机制定期检查配置文件的变化，并在变化时重新加载配置。下面是一个简易示例，演示了使用库 Viper 和定时器来配置热更新的过程。

实例 3-3：使用库 Viper 和定时器实现热更新(源码路径：codes\3\3-3\)

(1) 首先要确保已经安装了 Go 语言包 github.com/spf13/viper，用于实现配置管理功能。

(2) 编写 main.go 文件，演示如何实现配置热更新功能，具体实现代码如下。

```go
package main

import (
    "fmt"
    "log"
    "time"

    "github.com/spf13/viper"
)

func main() {
    v := viper.New()
    v.SetConfigFile("config.json")     // 配置文件路径

    // 首次加载配置
    if err := v.ReadInConfig(); err != nil {
        log.Fatalf("Failed to read config: %v", err)
    }
```

```
// 启动定时器定期检查配置变化
ticker := time.NewTicker(time.Second * 10)
defer ticker.Stop()

for range ticker.C {
    if err := v.ReadInConfig(); err != nil {
        log.Printf("Failed to read config: %v", err)
        continue
    }

    // 在这里可以处理配置的变化
    fmt.Println("Config reloaded:", v.GetString("myKey"))
}
}
```

在上述代码中，使用 Viper 库来加载配置文件，并使用定时器每隔一段时间检查配置文件的变化。当配置文件发生变化时，程序会重新加载配置并输出变化后的配置项值。

(3) 编写 config.json 文件设置配置信息，在本实例中，定义了数据库连接和日志记录的配置项，具体实现代码如下。

```
{
  "myKey": "Hello, World!",
  "database": {
    "host": "localhost",
    "port": 5432,
    "username": "myuser",
    "password": "mypassword",
    "dbname": "mydb"
  },
  "logging": {
    "level": "info",
    "file": "/var/log/myapp.log"
  }
}
```

要确保将上述 config.json 文件放在与 main.go 文件相同的目录下，以便程序可以读取到这个配置文件。当然，也可以根据自己的需要修改配置文件的路径和名称。这样，当 main.go 文件运行完成后会输出以下配置信息：

```
Config reloaded: Hello, World!
Config reloaded: Hello, World!
...
```

第 4 章

日志记录与监控

    日志记录与监控是微服务架构中至关重要的两个方面,它们帮助开发人员和运维团队了解系统的运行状态、性能、问题和趋势,这有助于保障系统的稳定性和可靠性。本章将详细讲解 Go 语言微服务中的日志记录与监控知识,为读者学习本书后续章节打下基础。

4.1 日志记录的基本概念

日志记录是将系统运行时的信息、状态和事件记录到日志文件或其他存储介质的过程。在微服务架构中，由于应用程序被拆分成多个微服务，每个微服务都可能会产生大量的日志。在微服务架构中，日志的作用非常重要，它对于系统的稳定性、可维护性和故障排查至关重要。具体来说，日志在微服务架构中可以提供故障排查与调试、性能监测与优化、安全审计与合规性、实时监控与警报、趋势分析与预测、业务跟踪与分析、版本管理与回溯等功能。

扫码看视频

4.1.1 日志级别和日志格式

在日志记录中，日志级别和日志格式都是非常重要的概念，它们有助于对日志信息进行分类、理解和分析。

1. 日志级别

日志级别(Log Levels)是用来标识日志信息重要程度的。不同的日志级别对应不同类型的信息，可以帮助开发人员和运维团队迅速识别日志的重要性，并根据需要采取适当的操作。常见的日志级别包括以下几种。

- TRACE：最低级别，用于记录非常详细的调试信息，通常只在开发和排查问题时使用。
- DEBUG：用于记录调试信息，比 TRACE 稍微粗粒度，包含更多有关系统运行情况的信息。
- INFO：用于记录一般信息，如程序启动、请求接收等。
- WARN：用于记录警告信息，表示可能存在的问题，但不会影响系统的正常运行。
- ERROR：用于记录错误信息，表示发生了一个可恢复的错误。
- FATAL：最高级别，用于记录严重错误，表示发生了一个不可恢复的错误，可能导致系统崩溃。

可以根据不同的应用程序和场景设置不同的日志级别，以平衡信息的详细程度和日志量。

2. 日志格式

日志格式(Log Format)是指记录日志信息时所采用的格式。日志格式的设计会影响日志的可读性、可解析性和分析效率。常见的日志格式包括以下几种。

- ❑ 文本格式：最常见的日志格式，以文本形式记录，包括时间戳、日志级别、消息等信息。例如，[2023-08-01 15:30:00] INFO: Server started on port 8080。
- ❑ JSON 格式：使用 JSON 格式记录日志，可以更轻松地进行解析和分析。例如，{"timestamp": "2023-08-01 15:30:00", "level": "INFO", "message": "Server started on port 8080"}。
- ❑ 结构化格式：使用自定义的结构化格式，可以根据需求记录更多的信息，并方便后续的数据分析。
- ❑ 带颜色的格式：不同级别的日志信息使用不同的颜色，以便区分。这在命令行环境中比较常见。
- ❑ 定制格式：根据应用程序的需求定制日志格式，包括信息的顺序、字段等。

日志格式的选择应考虑日志的可读性、可解析性及后续分析的需求。不同的应用场景可选择不同的日志格式。

4.1.2　日志记录框架和库

Go 语言程序中，有一些流行的日志记录框架和库，可以帮助开发者在应用程序中实现灵活的日志记录。一些常用的 Go 语言日志记录框架和库如下。

- ❑ log 包：Go 语言标准库自带的日志包，提供了基本的日志功能，但功能相对有限，适用于简单的日志需求。
- ❑ github.com/sirupsen/logrus：这是一个流行的 Go 语言日志库，它提供了丰富的功能，支持不同的日志级别、多种输出格式(文本、JSON 等)和钩子(Hook)等。
- ❑ github.com/uber-go/zap：Uber 开源的高性能日志库，可用于大规模分布式系统。它具有低开销的动态日志级别、结构化日志记录和高性能等特点。
- ❑ github.com/rs/zerolog：这是一个结构化日志库，具有较低的分配和序列化开销。它支持 JSON、Text 等多种输出格式。
- ❑ github.com/snowzach/rotatefilehook：是一个 Logrus 的 Hook(钩子，用于扩展日志功能)，支持将日志滚动写入文件，并可以根据日期或文件大小进行滚动。
- ❑ github.com/natefinch/lumberjack：这是一个支持日志文件滚动的库，可以按文件大小和日期进行滚动，适用于高并发的情况。
- ❑ github.com/uber-go/zap：Uber 开源的高性能日志库，可用于大规模分布式系统。它具有低开销的动态日志级别、结构化日志记录和高性能等特点。

上面列出的日志记录框架和库各有特点，可以根据具体项目的需求和偏好选择适合的库。无论选择哪个库，都可以通过配置日志级别、输出格式及自定义钩子等来满足日志记录的需求。

4.1.3 日志聚合和分析工具

Go 语言程序中，可以使用各种日志聚合和分析工具来收集、存储、分析和可视化应用程序生成的日志数据。一些常用的 Go 语言日志聚合和分析工具如下。

❑ Elasticsearch：这是一个分布式搜索和分析引擎，适用于存储和查询大量日志数据。可以使用 Elasticsearch 结合 Kibana 来实现强大的日志可视化和查询功能。

❑ Logstash：这是一个用于日志收集、处理和传输的工具。它可以用来从各种数据源(如文件、数据库、消息队列等)收集日志数据，并将其发送到 Elasticsearch 进行存储和分析。

❑ Fluentd：这是一个开源的日志收集和传输工具，支持多种数据源和目标，可以将日志数据传输到 Elasticsearch、Kafka、Hadoop 等。

❑ Prometheus：这是一个开源的监控和报警工具，用于收集、存储和查询时间序列数据，包括日志数据，可以与 Grafana 结合使用来实现可视化。

❑ Grafana：这是一个开源的监控和数据可视化工具，可用于创建仪表盘、图表和报表，将数据进行可视化展示，包括日志数据。

❑ Loki：这是一个用于日志聚合的工具，由 Grafana 团队开发，专注于低成本、高效的日志存储和查询。

❑ Splunk：这是一个商业化的日志管理和分析平台，可用于收集、存储和分析大规模的日志数据，提供丰富的查询和报表功能。

❑ Graylog：这是一个开源的日志管理和分析平台，支持日志收集、存储、查询和报警功能，可用于处理大量的日志数据。

上面列出的工具可以帮助使用者更好地管理、分析和可视化应用程序的日志数据，从而更容易发现问题、优化性能和进行故障排查。根据需求和预算，可选择适合的工具来满足日志管理的需求。

4.2 监控的基本概念

监控(Monitoring)是指对系统、应用程序、网络、服务等进行持续、实时的观察和收集数据的过程，以便及时发现问题、评估性能、作出决策及进行预测。

扫码看视频

监控可确保系统的稳定性、可用性和可靠性，同时也有助于优化资源利用和提升用户体验。

4.2.1　健康检查和指标收集

在监控领域，健康检查(Health Checks)和指标收集(Metrics Collection)是两个关键的概念，用于确保系统的稳定性和性能，能够帮助团队实时了解系统的状态，从而及时发现问题并采取相应的措施。

1. 健康检查

健康检查是指定期或实时检查系统、服务或应用程序的状态，以确认它们是否处于正常运行状态。健康检查既可以是简单的状态检查，也可以是复杂的功能检查。以下是健康检查的作用和目的。

- 实时监测：健康检查可以实时监测系统的健康状况，快速发现不正常的情况。
- 快速定位问题：当系统出现问题时，健康检查可以帮助定位问题的范围，明确是网络问题、硬件问题还是应用程序问题。
- 自动化决策：健康检查的结果可以用于自动化决策，如自动故障转移、自动伸缩等。
- 防止雪崩效应：健康检查可以避免不健康的服务影响到其他服务，从而避免雪崩效应。
- 集成到监控系统：健康检查结果可以被集成到监控系统中，实现全面的系统状态监测。

2. 指标收集

指标收集是指收集系统、服务或应用程序的各种性能指标和状态数据，用于评估系统的性能和健康状况。这些指标可用于性能分析、容量规划、趋势分析等。指标收集的重要性和作用如下。

- 性能评估：指标可以帮助评估系统的性能，如请求响应时间、吞吐量等。
- 容量规划：通过收集资源使用情况的指标，可以进行容量规划，确保系统有足够的资源支持。
- 趋势分析：指标可以用于分析系统的趋势，帮助预测未来的性能需求。
- 故障排查：指标可以定位性能问题和故障原因，为问题排查提供线索。
- 监控报警：指标可用于设置报警规则，一旦某个指标超出阈值，可以及时通知运维团队。

在微服务架构中，健康检查和指标收集是确保各个微服务的稳定性和性能的关键手段之一。通过实施健康检查和收集有意义的指标，团队可以在系统运行中获得有价值的信息，从而更好地管理系统的健康和性能。

4.2.2 实时监控和告警

实时监控(Real-time Monitoring)和告警(Alerting)是维护系统可用性和稳定性的重要手段，可帮助团队即时掌握系统的状态，发现问题并采取适当的措施。

1. 实时监控

实时监控是持续地收集、分析和展示系统各种指标和状态信息的过程。通过实时监控，团队可以即时了解系统的运行状态、性能指标和事件情况。实时监控包括以下几个方面。

- □ 实时指标收集：收集系统的各种性能指标、资源使用情况、请求响应时间等。
- □ 仪表盘展示：将收集到的指标数据以图表、图形等形式展示在仪表盘上，使团队能够一目了然地了解系统状态。
- □ 实时事件监测：监控系统的事件，如错误、故障、用户操作等，及时发现异常情况。
- □ 性能趋势分析：通过分析历史数据，预测系统的性能趋势，帮助作出合理的规划和决策。

2. 告警

告警是一种响应机制，用于在系统状态异常或超过预定阈值时通知团队。告警可以通过各种渠道，如短信、邮件、消息通知等，及时通知运维团队或相关人员。告警的作用有如下几点。

- □ 实时问题通知：在系统出现异常或问题时，告警可以立即通知团队，使他们能够迅速采取行动。
- □ 防止系统崩溃：通过设置合适的告警规则，可以在系统达到危险状态之前采取预防措施，避免系统崩溃。
- □ 快速故障排查：告警可以帮助团队迅速定位问题，缩短故障排查时间。
- □ 资源优化：告警可以提醒团队及时调整资源分配，避免资源瓶颈。

实时监控和告警是现代系统管理的关键组成部分，可使开发团队在问题发生前就采取行动，从而保障系统的可用性、稳定性和性能。在微服务架构中，对每个微服务进行实时监控和设置适当的告警，对于维护整体系统的健康至关重要。

4.2.3　分布式跟踪和性能监控

分布式跟踪(Distributed Tracing)和性能监控(Performance Monitoring)是分布式系统中了解系统性能、排查问题和优化的关键工具，它们有助于深入了解分布式应用程序的各个组件之间的交互，以及整体系统的行为。

1. 分布式跟踪

分布式跟踪是一种技术，用于追踪和记录分布式系统中不同服务和组件之间的请求流程和数据流动。它可以帮助识别请求的流向，跟踪调用路径，并记录在分布式系统中发生的事件。分布式跟踪通常包括以下几个核心概念。

- ❑ 追踪 ID(Trace ID)：一个唯一的标识符，用于跟踪一个请求的整个路径。
- ❑ 跨度(Span)：表示请求处理的一个片段，包括开始时间、结束时间、所涉及的服务、操作和元数据。
- ❑ 上下文传递：在不同组件间传递追踪信息，确保整个请求流程能够被完整地追踪。
- ❑ 可视化界面：提供可视化界面，将追踪数据以图形方式展示，帮助了解请求的流程和性能。

2. 性能监控

性能监控是指实时监测和分析系统、应用程序或服务的性能指标，以便及时发现问题、评估系统性能、作出优化决策等。性能监控包括以下内容。

- ❑ 指标收集：收集系统的各种性能指标，如响应时间、吞吐量、错误率等。
- ❑ 实时监测：实时跟踪系统的状态和指标，及时发现异常情况。
- ❑ 报警机制：设置合适的报警规则，一旦指标超出阈值，便会及时通知运维团队。
- ❑ 性能分析：分析历史数据，了解系统的性能趋势和瓶颈，作出优化决策。
- ❑ 容量规划：基于指标数据，规划系统的容量需求，确保系统稳定运行。

分布式跟踪和性能监控通常会结合使用，以提供更全面的性能数据和系统状态。在微服务架构中，由于存在大量的服务和组件，分布式跟踪和性能监控尤其重要，可以帮助快速定位问题，提升系统的可靠性和性能。

4.2.4　常用的监控工具

Go 语言应用程序中，有一些常用的监控工具，可监控应用程序的性能、状态和指标。

一些常用的 Go 语言监控工具如下。

- ❑ Prometheus：一个开源的监控和报警工具，适用于收集和存储时间序列数据。它有一个名为 "client_golang" 的官方客户端库，用于在 Go 语言应用程序中暴露指标，以便 Prometheus 进行采集。
- ❑ Grafana：一个开源的监控和数据可视化工具，可以与 Prometheus 等数据源结合，创建漂亮的仪表盘和图表展示应用程序的指标。
- ❑ InfluxDB：一个开源的时间序列数据库，适用于存储和查询指标数据。Go 语言中有官方提供的 "influxdb-client-go" 客户端库，用于与 InfluxDB 进行集成。
- ❑ New Relic：一款商业化的应用性能监控工具，它提供了针对各种应用程序的性能分析、错误追踪和实时监控等功能。New Relic 也提供适用于 Go 语言的客户端库。
- ❑ Datadog：一款商业化的监控和分析平台，适用于实时监控应用程序的性能和状态。它提供了用于 Go 语言的客户端库，用于收集和发送指标数据到 Datadog。
- ❑ OpenTelemetry：是一个开源的分布式跟踪系统，旨在提供一个统一的标准，用于跨不同语言和框架收集分布式跟踪和指标数据。它支持 Go 语言，并提供了客户端库用于导出指标和追踪数据。

上面列出的监控工具可实时监控应用程序的性能和状态，从而快速发现问题、进行性能优化和作出决策。可以根据项目需求和预算选择适合的工具，并使用相应的客户端库来集成监控功能到 Go 语言应用程序中。

4.3 在微服务架构中实现日志记录和监控实践

在微服务架构中，实现日志记录和监控是至关重要的，因为微服务系统的复杂性和分布性需要对系统的行为和性能进行实时跟踪和分析。

4.3.1 集中式日志记录实战

下面的 eslogrus.go 和 eslogrus_test.go 两个文件，演示了实现集中式日志记录的过程。在本实例中，使用 eslogrus 将日志信息发送到 Elasticsearch，实现集中式日志记录功能。

实例 4-1：使用 Elasticsearch 和 Logrus 实现集中式日志记录(源码路径：codes\4\4-1\)

(1) 安装并启动 Elasticsearch 服务器，确保可以通过 http://localhost:9200 进行访问。

(2) 本项目依赖于 github.com/elastic/go-elasticsearch 包和 github.com/sirupsen/logrus

包，要确保已经正确安装了这些包。

(3) 编写 eslogrus.go 文件，实现一个用于将日志信息发送到 Elasticsearch 的 Logrus 钩子(HOOK)。这个 Go 语言包将 Logrus 与 Elasticsearch 集成，使日志信息可以方便地存储在 Elasticsearch 中，便于检索和分析。eslogrus.go 文件的具体实现代码如下。

```go
package eslogrus

import (
    "bytes"
    "context"
    "encoding/json"
    "log"
    "strings"
    "time"

    elastic "github.com/elastic/go-elasticsearch"
    "github.com/elastic/go-elasticsearch/esapi"
    "github.com/sirupsen/logrus"
)

type ElasticHook struct {
    client    *elastic.Client // Elasticsearch 的客户端实例，用于与 ES 集群进行通信
    host      string          // Elasticsearch 的主机地址(例如，http://localhost:9200)
    index     IndexNameFunc   // 函数类型，用于动态获取 Elasticsearch 索引的名称
    levels    []logrus.Level  // 定义该钩子支持的日志级别(如 Info、Error 等)
    ctx       context.Context // 上下文对象，用于控制请求的生命周期
    ctxCancel context.CancelFunc  // 用于取消上下文的函数，以终止未完成的操作
    fireFunc  fireFunc        // 函数类型，用于处理日志条目并将其发送到 Elasticsearch
}

// 发送到 es 的信息结构
type message struct {
    Host      string
    Timestamp string 'json:"@timestamp"'
    Message   string
    Data      logrus.Fields
    Level     string
}

// IndexNameFunc get index name
type IndexNameFunc func() string

type fireFunc func(entry *logrus.Entry, hook *ElasticHook) error

// NewElasticHook 新建一个 es hook 对象
```

```go
func NewElasticHook(client *elastic.Client, host string, level logrus.Level, index
string) (*ElasticHook, error) {
    return NewElasticHookWithFunc(client, host, level, func() string { return index })
}

func NewElasticHookWithFunc(client *elastic.Client, host string, level
logrus.Level, indexFunc IndexNameFunc) (*ElasticHook, error) {
    return newHookFuncAndFireFunc(client, host, level, indexFunc, syncFireFunc)
}

// 新建一个 hook
func newHookFuncAndFireFunc(client *elastic.Client, host string, level
logrus.Level, indexFunc IndexNameFunc, fireFunc fireFunc) (*ElasticHook, error) {
    var levels []logrus.Level
    for _, l := range []logrus.Level{
        logrus.PanicLevel,
        logrus.FatalLevel,
        logrus.ErrorLevel,
        logrus.WarnLevel,
        logrus.InfoLevel,
        logrus.DebugLevel,
    } {
        if l <= level {
            levels = append(levels, l)
        }
    }

    ctx, cancel := context.WithCancel(context.TODO())

    return &ElasticHook{
        client:    client,
        host:      host,
        index:     indexFunc,
        levels:    levels,
        ctx:       ctx,
        ctxCancel: cancel,
        fireFunc:  fireFunc,
    }, nil
}

// createMessage 创建信息
func createMessage(entry *logrus.Entry, hook *ElasticHook) *message {
    level := entry.Level.String()

    if e, ok := entry.Data[logrus.ErrorKey]; ok && e != nil {
        if err, ok := e.(error); ok {
            entry.Data[logrus.ErrorKey] = err.Error()
```

```
        }
    }

    return &message{
        hook.host,
        entry.Time.UTC().Format(time.RFC3339Nano),
        entry.Message,
        entry.Data,
        strings.ToUpper(level),
    }
}

// syncFireFunc 异步发送
func syncFireFunc(entry *logrus.Entry, hook *ElasticHook) error {
    data, err := json.Marshal(createMessage(entry, hook))

    req := esapi.IndexRequest{
        Index:   hook.index(),
        Body:    bytes.NewReader(data),
        Refresh: "true",
    }

    res, err := req.Do(hook.ctx, hook.client)
    if err != nil {
        log.Fatalf("Error getting response: %s", err)
    }
    var r map[string]interface{}
    if err := json.NewDecoder(res.Body).Decode(&r); err != nil {
        log.Printf("Error parsing the response body: %s", err)
    } else {
        // Print the response status and indexed document version.
        // 打印响应状态和已索引文档的版本号
        log.Printf("[%s] %s; version=%d", res.Status(), r["result"],
            int(r["_version"].(float64)))
    }
    return err
}

//Fire 是 Logrus 钩子(Hook)接口中的一个方法
func (hook *ElasticHook) Fire(entry *logrus.Entry) error {
    return hook.fireFunc(entry, hook)
}
```

上述 Go 语言包代码的核心是 ElasticHook 结构，它实现了 Logrus 的 logrus.Hook 接口，允许将 Logrus 的日志记录发送到 Elasticsearch 客户端。这个结构包含 Elasticsearch 的客户端、索引名称的获取函数、日志级别等配置。

使用上述 Go 语言包的方法是在项目中引入这个语言包，然后通过 NewElasticHook 或 NewElasticHookWithFunc 函数来创建一个 ElasticHook 对象，最后将它添加到 Logrus 的日志记录器中。这样，当使用 Logrus 记录日志时，日志信息会被发送到 Elasticsearch 客户端。

(4) 创建一个名为 eslogrus_test.go 的测试文件，以测试 eslogrus 包的功能，此文件使用 Go 内置的 testing 包来进行单元测试。在这个文件中，首先进行了初始化操作，通过 InitEs 函数来创建 Elasticsearch 客户端，然后使用这个客户端在测试中创建一个 ElasticHook 对象。测试函数 TestEsLogrus 使用 Logrus 日志记录器记录了一个错误级别的日志信息，并将这个日志信息通过 ElasticHook 发送到 Elasticsearch 客户端。eslogrus_test.go 文件的具体实现代码如下。

```go
package eslogrus

import (
    "fmt"
    "log"
    "testing"

    elastic "github.com/elastic/go-elasticsearch"
    "github.com/sirupsen/logrus"
)

var esClient *elastic.Client

func InitEs() {
    cfg := elastic.Config{
        Addresses: []string{
            "http://localhost:9200",
        },
    }
    client, err := elastic.NewClient(cfg)
    if err != nil {
        log.Panic(err)
    }
    esClient = client
}

func TestEsLogrus(t *testing.T) {
    InitEs()
    hook, err := NewElasticHook(esClient, "localhost", logrus.DebugLevel, "my_index")
    if err != nil {
        fmt.Println("err", err)
    }
    logger := logrus.New()
    logger.SetLevel(logrus.DebugLevel)
```

```
logger.SetFormatter(&logrus.JSONFormatter{
    TimestampFormat: "2023-01-02 15:04:05",
})
logger.AddHook(hook)
logger.Error("这是一个测试情况")
}
```

当运行上述测试文件时，它会初始化 Elasticsearch 客户端、创建 ElasticHook 对象、创建一个新的 Logrus 日志记录器，并在这个日志记录器中记录一条错误级别的日志信息。并将这条日志信息发送到 Elasticsearch 客户端，然后在控制台输出如下代码。

```
[GIN-debug] GET    /ping                   --> main.main.func1 (3 handlers)
[GIN-debug] Listening and serving HTTP on :8080
{"@timestamp":"2023-08-02T12:34:56Z","Data":{},"Host":"localhost","Level":
"ERROR","Message":"这是一个测试情况"}
PASS
ok    _/path/to/your/project/pkg/eslogrus    0.257s
```

4.3.2　分布式追踪实战

Go 语言项目中，通常使用 OpenTelemetry 构建分布式追踪应用。OpenTelemetry 是一个开放标准和工具集，用于生成、收集和处理遥测数据(包括分布式追踪、度量和日志)，以提供对分布式应用程序性能和行为的可观察性。它旨在帮助开发人员和运维团队更好地理解和监控应用程序，尤其是在微服务和分布式系统环境下。下面的实例演示了使用 OpenTelemetry 构建分布式追踪的过程。

实例 4-2：使用 OpenTelemetry 构建分布式追踪(源码路径：codes\4\4-2\)

(1) 编写 cmd/user/main.go 文件，功能是使用 OpenTelemetry 和 go-chi 构建一个 Web 服务。这个服务是一个用户管理应用，涉及用户数据的存储和操作，同时也集成了 OpenTelemetry 以实现分布式追踪。具体实现代码如下。

```
func main() {
    ctx := context.Background()

    //init exporter
    tp := opentelemetry.InitTraceProvider(ctx)
    defer func() {
        if err := tp.Shutdown(context.Background()); err != nil {
            log.Printf("Error shutting down tracer provider: %v", err)
        }
    }()
```

```
    // Handle shutdown errors in a sensible manner where possible
    defer func() { _ = tp.Shutdown(ctx) }()

    analyticsURL, ok := os.LookupEnv("ANALYTICS_URL")
    if !ok {
        analyticsURL = "http://localhost:8082/"
    }
    log.Printf("analytics is %s \n", analyticsURL)

    store := initUserStore()
    userResource := user.NewUserResource(store, analyticsURL)

    router := chi.NewRouter()
    router.Use(otelchi.Middleware("", otelchi.WithChiRoutes(router)))
    router.Use(func(handler http.Handler) http.Handler {
        return http.HandlerFunc(func(w http.ResponseWriter, r *http.Request) {
            s := trace.SpanContextFromContext(r.Context())
            log.Println(s.TraceID())
            for k, v := range r.Header {
                log.Printf("header - key: %s value: %s\n", k, v)
            }
            handler.ServeHTTP(w, r)
        })
    })
    router.Use(middleware.Logger, middleware.StripSlashes)
    router.Mount("/users", userResource.Routes())

    log.Println("started user application")
    if err := http.ListenAndServe(":8081", router); err != nil {
        log.Printf("error while running server (%s)\n", err.Error())
    }
}

func initUserStore() *user.Store {
    store := user.NewStore()
    ctx := context.Background()

    store.Add(ctx, "tester", "tester@example.com")
    store.Add(ctx, "tester-1", "tester-1@example.com")

    log.Printf("initialized store user_count: %d", len(store.GetAll(ctx)))
    return store
}
```

　　在上述代码中，实现了一个简单的 Web 服务，可处理用户数据的存储和操作，同时集
成了 OpenTelemetry 以实现分布式追踪。在运行该程序时，Web 服务会监听 8081 端口，你

可以通过访问相应的 API 来测试它的功能。同时，Web 服务会记录一些关于请求和追踪信息的日志。

(2) 编写 cmd/consumer/main.go 文件，使用 OpenTelemetry 的分布式追踪实例，模拟了一个消费者应用程序，该应用程序定期将 HTTP 请求发送到用户服务应用程序(第一个文件中的服务应用程序)，并记录追踪信息，以监控和观察应用程序的行为。具体实现代码如下。

```go
func main() {
    ctx := context.Background()

    rand.Seed(time.Now().UnixNano())

    tp := opentelemetry.InitTraceProvider(ctx)
    defer func() {
        if err := tp.Shutdown(context.Background()); err != nil {
            log.Printf("Error shutting down tracer provider: %v", err)
        }
    }()

    defer func() { _ = tp.Shutdown(ctx) }()

    router := chi.NewRouter()
    router.Use(middleware.Logger)
    router.Get("/", func(writer http.ResponseWriter, request *http.Request) {
        writer.WriteHeader(http.StatusOK)
    })

    addressURI := "http://localhost:8081/users"

    urlENV, ok := os.LookupEnv("URL")
    if ok {
        addressURI = urlENV
        log.Printf("fund new url %s\n", urlENV)
    }

    //rnd get
    go func(context.Context) {
        for {
            err := rndUserList(ctx, addressURI)
            if err != nil {
                log.Printf("err: %s\n", err.Error())
                break
            }
            log.Println("user get all")

            time.Sleep(time.Duration(generateRndInt()) * time.Second)
```

```
        }
    }(ctx)

    go func(context.Context) {
        for {
            err := rndUserCreate(ctx, addressURI)
            if err != nil {
                log.Printf("err: %s\n", err.Error())
                break
            }
            log.Println("user create")

            time.Sleep(time.Duration(generateRndInt()) * time.Second)
        }
    }(ctx)

    go func(context.Context) {
        for {
            err := rndUserDelete(ctx, addressURI)
            if err != nil {
                log.Printf("err: %s\n", err.Error())
                break
            }
            log.Println("user delete")

            time.Sleep(time.Duration(generateRndInt()) * time.Second)
        }
    }(ctx)

    log.Println("started consumer application")
    if err := http.ListenAndServe(":8080", router); err != nil {
        log.Printf("error while running server %s\n", err.Error())
    }
}

func generateRndInt() int {
    max := 5
    min := 1
    return rand.Intn(max-min) + min
}

func HTTPClientTransporter(rt http.RoundTripper) http.RoundTripper {
    return otelhttp.NewTransport(rt)
}

func rndUserList(ctx context.Context, addressURI string) error {
```

```
    ctx, span := otel.Tracer("").Start(ctx, "user.list",
trace.WithTimestamp(time.Now().UTC()))
    defer span.End()

    ctx, cancel := context.WithTimeout(ctx, time.Second*10)
    defer cancel()

    req, err := http.NewRequestWithContext(ctx, http.MethodGet, addressURI, nil)
    if err != nil {
        span.RecordError(err)
        span.SetStatus(codes.Error, "")
        return err
    }

    res, err := HTTPClientTransporter(http.DefaultTransport).RoundTrip(req)
    defer func() {
        if res != nil {
            res.Body.Close()
        }
    }()
    if err != nil {
        span.RecordError(err)
        span.SetStatus(codes.Error, "")
        return err
    }
    span.SetStatus(codes.Ok, res.Status)
    return nil
}

func rndUserCreate(ctx context.Context, addressURI string) error {
    ctx, span := otel.Tracer("").Start(ctx, "user.create")
    defer span.End()

    ctx, cancel := context.WithTimeout(ctx, time.Second*10)
    defer cancel()

    user := struct {
        Name  string 'json:"name"'
        Email string 'json:"email"'
    }{
        Name: "test-user-" + fmt.Sprint(rand.Int()),
        Email: "test-user@example.com",
    }
    jsonData, err := json.Marshal(&user)
    if err != nil {
        span.RecordError(err)
        span.End()
```

```
        return err
    }

    req, err := http.NewRequestWithContext(ctx, http.MethodPost, addressURI,
bytes.NewBuffer(jsonData))
    if err != nil {
        span.RecordError(err)
        span.SetStatus(codes.Error, "")
        return err
    }

    res, err := HTTPClientTransporter(http.DefaultTransport).RoundTrip(req)
    if err != nil {
        span.RecordError(err)
        span.End()
        return err
    }

    span.SetStatus(codes.Ok, res.Status)
    span.End()

    return nil
}

func rndUserDelete(ctx context.Context, addressURI string) error {
    ctx, span := otel.Tracer("").Start(ctx, "user.delete")
    defer span.End()

    req, err := http.NewRequestWithContext(ctx, http.MethodGet, addressURI, nil)
    if err != nil {
        span.RecordError(err)
        span.SetStatus(codes.Error, "")
        return err
    }
    res, err := HTTPClientTransporter(http.DefaultTransport).RoundTrip(req)
    defer func() {
        if res != nil {
            res.Body.Close()
        }
    }()
    if err != nil {
        span.RecordError(err)
        span.SetStatus(codes.Error, "")
        return err
    }

    type user struct {
```

```
        UUID uuid.UUID 'json:"uuid"'
    }
    users := make([]user, 0)
    err = json.NewDecoder(res.Body).Decode(&users)
    if err != nil {
        span.RecordError(err)
        span.SetStatus(codes.Error, "")
        return err
    }

    //get random id
    id := uuid.New().String()
    if len(users) != 0 {
        id = users[rand.Intn(len(users))].UUID.String()
    }

    delReq, err := http.NewRequestWithContext(ctx, http.MethodDelete,
addressURI+"/"+id, nil)
    if err != nil {
        span.RecordError(err)
        span.SetStatus(codes.Error, "")
        return err
    }
    delRes, err := HTTPClientTransporter(http.DefaultTransport).RoundTrip(delReq)
    defer func() {
        if res != nil {
            res.Body.Close()
        }
    }()
    if err != nil {
        span.RecordError(err)
        span.SetStatus(codes.Error, "")
        return err
    }
    span.AddEvent("user.delete", trace.WithAttributes(
        attribute.String("id", id)))
    span.SetStatus(codes.Ok, delRes.Status)
    return nil

}
```

上述代码是模拟不同类型的操作,以及在每个操作中记录追踪信息。通过运行这个消费者应用程序,可以观察到这些操作在分布式追踪中的表现,以及如何在应用程序之间传播和记录追踪信息。其中涉及的 3 个函数的具体说明如下。

❑　rndUserList 函数:模拟随机的用户列表请求,发送 GET 请求到用户服务应用程序,记录追踪信息。

❑ rndUserCreate 函数：模拟随机的用户创建请求，发送 POST 请求到用户服务应用程序，记录追踪信息。

❑ rndUserDelete 函数：模拟随机的用户删除请求，发送 GET 和 DELETE 请求到用户服务应用程序，记录追踪信息。

（3）编写 cmd/analytics/main.go 文件，使用 OpenTelemetry 的分析应用程序，接收来自用户服务应用程序的 HTTP 请求，分析请求中的用户数据，并在追踪信息中添加附加信息以进行分析。具体实现代码如下。

```go
func main() {
    ctx := context.Background()

    //init exporter
    tp := opentelemetry.InitTraceProvider(ctx)
    defer func() {
        if err := tp.Shutdown(context.Background()); err != nil {
            log.Printf("Error shutting down tracer provider: %v", err)
        }
    }()

    // Handle shutdown errors in a sensible manner where possible
    defer func() { _ = tp.Shutdown(ctx) }()

    router := chi.NewRouter()
    router.Use(otelchi.Middleware("analytics-server", otelchi.WithChiRoutes
(router)), middleware.Logger)
    router.Post("/", analyzeUserHandler)

    log.Println("started analytics application")
    if err := http.ListenAndServe(":8082", router); err != nil {
        log.Printf("error while running server (%s)\n", err.Error())
    }
}

// analyzeUserHandler add additional information to trace object
func analyzeUserHandler(w http.ResponseWriter, r *http.Request) {
    bag := baggage.FromContext(r.Context())
    m := bag.Member("user-id-baggage")
    log.Printf("request user id from baggage: %s\n", m.String())

    _, span := otel.Tracer("analytics").Start(r.Context(), "analytics.user",
trace.WithSpanKind(trace.SpanKindServer))
    defer span.End()

    body := r.Body
    var u user.User
```

```
    err := json.NewDecoder(body).Decode(&u)
    defer body.Close()
    if err != nil {
        span.RecordError(err)
        http.Error(w, http.StatusText(http.StatusInternalServerError),
http.StatusInternalServerError)
        return
    }

    //create a random error
    rand.Seed(time.Now().UnixNano())
    v := rand.Intn(10-0) + 0
    if v > 5 {
        span.RecordError(fmt.Errorf("can't create new user in system"))
        span.SetStatus(codes.Error, "")
    } else {
        span.AddEvent("user.new", trace.WithAttributes(attribute.String("name",
u.Name)))
    }

    w.WriteHeader(http.StatusOK)
}
```

上述代码的核心是 analyzeUserHandler 函数，其功能是处理来自用户服务应用程序的 POST 请求，提取用户数据并进行分析。该函数通过从请求的上下文中获取 user-id-baggage 数据，将这个信息添加到追踪信息中。为了模拟分析过程，该函数会根据随机生成的数值模拟成功和失败的情况。如果随机数小于或等于 5，表示成功情况，该函数便将 "user.new" 事件添加到追踪信息中，记录新用户的名称。如果随机数大于 5，表示失败情况，该函数会模拟一个错误并在追踪信息中记录。

上述三个文件相互关联，一起构成了一个示例微服务应用程序的不同组件。接下来，解释一下它们之间的关系。

- cmd/user/main.go(用户服务应用程序): 这个文件是本项目的入口程序，它创建了一个 HTTP 服务器，监听 8081 端口，提供了和用户服务相关的功能。它初始化了一个存储库用于存储用户信息，并提供一些 API 端点来处理用户数据。
- cmd/consumer/main.go(消费者应用程序): 这个文件是消费者应用程序，它模拟了消费者在用户服务上执行的操作。它通过 HTTP 请求调用用户服务的不同端点，如获取用户列表、创建用户和删除用户，还使用 OpenTelemetry 追踪这些操作，记录了不同操作的追踪信息。
- cmd/analytics/main.go(分析应用程序): 这个文件是分析应用程序，在:8082 端口上

　　　　监听，接收来自用户服务的用户数据并进行分析。它使用 OpenTelemetry 追踪，
　　　　将附加信息添加到追踪中以表示分析结果。

　　这三个文件相互关联，形成了一个示例的微服务应用程序，其中用户服务处理用户数据，消费者应用程序模拟用户操作并使用追踪，分析应用程序接收数据并将附加信息添加到追踪中。它们共同展示了在微服务架构中如何使用 OpenTelemetry 来实现分布式追踪、日志记录和监控。

　　运行上述三个文件后，会在终端看到应用程序输出的日志信息。根据应用程序的逻辑，会看到用户被创建、删除等操作的日志。例如，在浏览器中访问 http://localhost:8081/users 后，可以查看用户列表：

```
[{"uuid":"cf46c732-8036-470b-b8c7-bc417ab0ad85","name":"tester","email":"tester
@example.com"},{"uuid":"eaa7ddbb-1b1b-4945-90a7-29b645a60c7c","name":"tester-1",
"email":"tester-1@example.com"}]
```

　　运行 cmd/consumer/main.go 文件后程序会随机生成一些数据，这些数据用于模拟创建用户、删除用户和获取用户列表等操作，并打印相关的日志信息：

```
started user application
started consumer application
started analytics application
user create
user create
user list
...
```

4.3.3　监控指标的收集和展示实战

　　下面的实例实现了一个简单的作业处理器模型，其中有多个工作协程(workers)并发处理作业。程序使用 Prometheus 客户端库来收集和记录作业的不同指标，包括已处理的作业总数、作业处理时间等。

实例 4-3：使用 Prometheus 收集和记录不同指标(源码路径：codes\4\4-3\)

　　编写 job-processor/main.go 文件，使用 Prometheus 客户端库来收集和展示监控指标。具体实现代码如下。

```
package main

import (
    "flag"
```

```go
    "log"
    "math/rand"
    "net/http"
    "strconv"
    "sync"
    "time"

    "github.com/prometheus/client_golang/prometheus"
)

var (
    types  = []string{"emai", "deactivation", "activation", "transaction",
"customer_renew", "order_processed"}
    workers = 0

    totalCounterVec = prometheus.NewCounterVec(
        prometheus.CounterOpts{
            Namespace: "worker",
            Subsystem: "jobs",
            Name:      "processed_total",
            Help:      "工作程序处理的作业总数",
        },
        []string{"worker_id", "type"},
    )

    inflightCounterVec = prometheus.NewGaugeVec(
        prometheus.GaugeOpts{
            Namespace: "worker",
            Subsystem: "jobs",
            Name:      "inflight",
            Help:      "正在处理中的作业数量",
        },
        []string{"type"},
    )

    processingTimeVec = prometheus.NewHistogramVec(
        prometheus.HistogramOpts{
            Namespace: "worker",
            Subsystem: "jobs",
            Name:      "process_time_seconds",
            Help:      "处理作业所花费的时间",
        },
        []string{"worker_id", "type"},
    )
)

func init() {
```

```
        flag.IntVar(&workers, "workers", 10, "要使用的工作程序数量")
}

func getType() string {
    return types[rand.Int()%len(types)]
}

// 应用程序的主入口点
func main() {
    flag.Parse()                    // 解析命令行参数
    // 向 Prometheus 收集器注册指标
    prometheus.MustRegister(
        totalCounterVec,
        inflightCounterVec,
        processingTimeVec,
    )

    // 创建一个带有 10000 个作业缓冲区的通道
    jobsChannel := make(chan *Job, 10000)

    // 启动作业处理程序
    go startJobProcessor(jobsChannel)
    go createJobs(jobsChannel)
    handler := http.NewServeMux()
    handler.Handle("/metrics", prometheus.Handler())
    log.Println("[INFO] 在端口 :9009 上启动 HTTP 服务器")
    log.Fatal(http.ListenAndServe(":9009", handler))
}

type Job struct {
    Type  string
    Sleep time.Duration
}
// makeJob 创建一个新作业，随机睡眠时间为 10～4000 毫秒
func makeJob() *Job {
    return &Job{
        Type: getType(),
        Sleep: time.Duration(rand.Int()%100+10) * time.Millisecond,
    }
}

func startJobProcessor(jobs <-chan *Job) {
    log.Printf("[INFO] 启动 %d 个工作程序\n", workers)
    wait := sync.WaitGroup{}
    // 通知同步组需要等待 10 个 Goroutine
    wait.Add(workers)
    // 启动 10 个工作程序
    for i := 0; i < workers; i++ {
```

```go
        go func(workerID int) {
            // 启动工作程序
            startWorker(workerID, jobs)
            wait.Done()
        }(i)
    }
    wait.Wait()
}

func createJobs(jobs chan<- *Job) {
    for {
        // 创建一个随机作业
        job := makeJob()
        // 在追踪器中记录当前正在处理的作业数量
        inflightCounterVec.WithLabelValues(job.Type).Inc()
        // 将作业发送到通道中以供处理
        jobs <- job
        // 控制作业创建的速度，避免产生过多作业
        time.Sleep(5 * time.Millisecond)
    }
}

// 创建一个从作业通道中获取作业的工作程序
func startWorker(workerID int, jobs <-chan *Job) {
    for {
        select {
        // 从作业通道中读取作业
        case job := <-jobs:
            startTime := time.Now()
            // 模拟处理请求
            time.Sleep(job.Sleep)
            log.Printf("[%d][%s] 在 %0.3f 秒内处理作业", workerID, job.Type,
time.Now().Sub(startTime).Seconds())
            // 跟踪工作程序处理的作业总数
            totalCounterVec.WithLabelValues(strconv.FormatInt(int64(workerID),
10), job.Type).Inc()
            // 减少正在处理中的追踪器
            inflightCounterVec.WithLabelValues(job.Type).Dec()
        processingTimeVec.WithLabelValues(strconv.FormatInt(int64(workerID),
10), job.Type).Observe(time.Now().Sub(startTime).Seconds())
        }
    }
}
```

上述代码的主要功能如下。

❑　初始化 Prometheus 的计数器(Counter)、仪表(Gauge)和直方图(Histogram)指标。

- 创建一个作业通道，用于在不同的工作协程之间传递作业。
- 使用 Go 语言协程启动作业处理器和作业创建器。
- 通过 HTTP 服务暴露 Prometheus metrics 端点，用于指标采集。
- 为每个工作协程追踪作业的处理时间、已处理的作业总数和正在处理的作业数量。

执行程序，在浏览器中输入 http://localhost:9009/metrics 后可以看到类似下面的监控指标数据：

```
# HELP go_gc_duration_seconds A summary of the GC invocation durations.
# TYPE go_gc_duration_seconds summary
go_gc_duration_seconds{quantile="0"} 0
go_gc_duration_seconds{quantile="0.25"} 0
go_gc_duration_seconds{quantile="0.5"} 0
go_gc_duration_seconds{quantile="0.75"} 0
go_gc_duration_seconds{quantile="1"} 0
#省略部分输出
"} 14
worker_jobs_process_time_seconds_bucket{type="activation",worker_id="3",le="1"} 14
worker_jobs_process_time_seconds_bucket{type="activation",worker_id="3",le="2.5"} 14
worker_jobs_process_time_seconds_bucket{type="activation",worker_id="3",le="5"} 14
```

这是 Prometheus 客户端库暴露的指标数据，用于监控和度量应用程序的不同方面。下面是对其中一些指标的解释说明。

- go_gc_duration_seconds：Go 语言垃圾回收持续时间的摘要信息。它包括不同分位数的垃圾回收持续时间。
- go_goroutines：当前存在的 Goroutines 数量。
- go_memstats_*：Go 语言内存统计信息，如已分配的字节数、堆内存空闲和正在使用的字节数等。
- http_request_duration_microseconds：HTTP 请求延迟的微秒级摘要信息，通常是通过 HTTP 请求的处理时间来计算的。
- http_request_size_bytes：HTTP 请求大小的字节级摘要信息，表示请求的大小。
- http_response_size_bytes：HTTP 响应大小的字节级摘要信息，表示响应的大小。
- worker_jobs_inflight：正在处理中的作业数量，按作业类型分组。

总之，这些指标提供了有关应用程序性能和资源使用的信息。可以使用 Prometheus 或其他监控系统来收集和展示这些指标，以便进行实时监控、性能分析和问题排查。

第 5 章

容器化与部署

　　容器化是一种虚拟化技术，它将应用程序及其所有依赖项、配置和运行时环境打包到一个统一的容器中。这使应用程序在不同计算环境中(如开发、测试和生产环境)具有一致的运行行为。容器化的主要优势在于它可以帮助解决由环境差异引起的问题，同时提高了应用程序的可移植性、可扩展性和性能。本章将详细讲解容器化与部署的知识，为读者学习本书后续章节的知识打下基础。

5.1　容器化的概念和优势

容器化与部署是现代应用程序开发和运维中的关键部分，它们可以提高开发效率，降低环境差异问题，并使应用程序更具可扩展性和可移植性。传统部署方式面临很多问题，如环境差异性、依赖管理困难、扩展性挑战、部署时间长、隔离性不足、不可移植性、难以回滚、维护复杂性、资源浪费等。

扫码看视频

总之，传统部署方式在面对现代应用开发的要求时显得不够灵活、不够高效且难以维护。通过使用容器化和现代的部署方式(如容器编排)，可以解决这些问题，提供更好的可移植性、可扩展性和隔离性，成为许多组织的首选。

5.1.1　容器化的原理

容器化是一种虚拟化技术，它通过将应用程序及其所有依赖项、配置和运行时环境打包到一个统一的容器中，实现了应用程序在不同环境中的一致性运行。

- ❑　共享内核：容器化技术使用主机操作系统的共享内核。每个容器虽共享主机操作系统的内核，但具有独立的用户空间，实现隔离。
- ❑　文件系统隔离：每个容器都有自己的文件系统空间，容器内的文件系统与主机和其他容器隔离开来。
- ❑　进程隔离：容器内的进程相对于其他容器和主机是隔离的。每个容器都有自己的进程空间。
- ❑　资源隔离和控制：容器可以通过资源限制和控制来确保它们在资源有限的环境中运行，避免资源竞争和过度使用。
- ❑　镜像：容器是基于镜像创建的轻量级、可移植的软件运行环境。镜像是一个只读模板，它包含了运行应用程序所需的所有内容，包括代码、运行时、库、环境变量和配置文件。使用镜像可以确保应用程序在不同的环境中部署时，能够保持一致性和可重复性。这样可以减少环境差异带来的问题，提高开发和部署的效率。

5.1.2　容器化的优势

容器化的优势如下。

- ❑　一致的运行环境：容器化可确保应用程序在开发、测试和生产环境中具有相同的运行环境，减少环境差异引起的问题。

- 高度可移植性：容器可以在任何支持相应容器运行时的环境中运行，无论是物理服务器、虚拟机，还是云服务。
- 快速部署和扩展：容器可以快速启动和停止，使应用程序的部署和扩展变得更加迅速和灵活。
- 资源利用率高：由于容器共享主机的操作系统内核，它们的启动和运行开销相对较小，可以更有效地利用系统资源。
- 隔离性：容器提供良好的隔离，一个容器的问题不会影响到其他容器，增加了应用程序的稳定性和安全性。
- 简化依赖管理：容器将应用程序及其依赖项打包到一个镜像中，消除了手动管理依赖的烦恼。
- 版本控制和回滚：通过版本化镜像，可以轻松地进行版本控制和回滚，简化了应用程序的更新和维护。
- 灵活的编排和管理：使用容器编排工具，如 Kubernetes，可以自动化应用程序的部署、扩展、负载均衡等。

综上所述，容器化技术通过提供一致的运行环境、高度可移植性、快速部署和扩展、资源利用率高、隔离性等优势，成为现代应用开发和部署的核心技术之一。

5.2　常用的容器化技术

在容器化领域，有几种常用的技术和工具，如 Docker 技术。本节将简要介绍几种常用的容器化技术。

扫码看视频

5.2.1　Docker

Docker 是一个开源的容器化平台，它允许开发人员将应用程序及其所有依赖项、配置和运行时环境打包成一个称为 Docker 镜像的独立单元。这些镜像可以在任何支持 Docker 的环境中运行，从开发环境到生产环境，实现了应用程序在不同环境中的一致性运行。

1. 核心概念

- Docker 镜像：是应用程序的不可变副本，包括代码、运行时、库和依赖等。镜像可以通过 Dockerfile 定义，并可以在 Docker Hub 等容器注册表中共享和分发。
- 容器：是从镜像创建的运行实例，每个容器都是独立隔离的，包括应用程序及其运行环境。容器可以快速启动、停止和删除。

❑ Dockerfile：是一个包含构建镜像所需步骤的文本文件。通过 Dockerfile，开发人员可以定义如何配置镜像、安装软件、设置环境等。

2. 优点

❑ 一致性：Docker 可确保应用程序在不同环境中以相同的方式运行，消除了"在我机器上能运行得很好"的问题。

❑ 可移植性：Docker 镜像可以在各种环境中运行，从开发人员的笔记本到云服务器，都具有相同的运行行为。

❑ 高效部署：Docker 容器可以快速启动和停止，实现了高效的应用程序部署和扩展。

❑ 隔离性：Docker 提供了良好的应用隔离，容器之间相互隔离，一个容器的问题不会影响到其他容器。

❑ 资源利用率：由于共享主机内核，Docker 容器相对轻量，因此可以更有效地利用系统资源。

3. 应用场景

Docker 可以用于各种应用场景，包括 Web 应用部署、微服务架构、持续集成和持续部署(CI/CD)、测试环境隔离等。

总的来说，Docker 提供了一种高效、一致、可移植且隔离的容器化解决方案，使应用程序的构建、部署和管理变得更加便捷和可靠。

5.2.2 Kubernetes

Kubernetes(K8s)是一个开源的容器编排平台，用于自动化部署、扩展和管理容器化的应用程序。Kubernetes 最初由 Google(谷歌)公司开发，在开源社区中得到了广泛的支持。Kubernetes 旨在简化容器化应用的管理，它提供了一种强大的方式来处理容器的部署、伸缩、负载均衡、自动恢复等任务。

1. 核心概念

❑ Pod：Pod 是 Kubernetes 中最小的可部署单元，可以包含一个或多个容器。这些容器共享相同的网络和存储资源，通常在同一主机上运行。Pod 提供了一种封装和共享容器的方式，以便于它们之间的通信和协作。

❑ ReplicaSets 和 Deployments：ReplicaSets 用于确保 Pod 的指定数量副本在集群中运行；Deployments 是 ReplicaSets 的一种更高级别的抽象，允许定义 Pod 的期望状

态，并处理部署的升级和回滚。

- 服务(Services)：是一种逻辑上的网络实体，用于将一组 Pod 公开为一个网络服务。它为 Pod 提供了稳定的虚拟 IP 和 DNS 名称，以便其他应用可以轻松访问这些 Pod，而无须关心其背后的实际 IP。
- 命名空间(Namespaces)：命名空间是 Kubernetes 中的虚拟集群，用于将资源划分为不同的逻辑组。这有助于多租户支持和资源隔离。

2. 特点和优势

- 自动化：Kubernetes 自动处理应用程序的部署、升级、伸缩和恢复，减少了手动管理的工作量。
- 弹性伸缩：Kubernetes 可以根据负载自动扩展或缩小应用程序，确保资源利用率和性能。
- 自我修复：如果 Pod 失败或不健康，Kubernetes 会自动重新启动或替换 Pob，以确保应用程序的高可用性。
- 负载均衡：Kubernetes 提供了内置的负载均衡功能，将流量分发到多个 Pod 中，以避免单一故障点。
- 配置和存储管理：Kubernetes 允许以声明性的方式管理应用程序的配置和存储需求，将其与应用程序的代码分开。
- 平台无关性：Kubernetes 支持多个云提供商和本地环境，使应用程序能够在不同的基础设施中运行。
- 生态系统：Kubernetes 拥有丰富的生态系统，可以集成监控、日志记录、安全等工具。

总的来说，Kubernetes 是一个强大的容器编排平台，适用于构建和管理现代容器化应用程序，使应用程序的部署和管理变得更加灵活、可靠和自动化。

5.2.3 Apache Mesos

Apache Mesos 是一个开源的集群管理平台，旨在提供高效的资源管理和调度，使数据中心的各种应用程序和框架能够有效地共享、利用资源。Apache Mesos 最初由伯克利大学的 AMPLab 团队开发，后来成为 Apache 软件基金会的顶级项目之一。

Apache Mesos 的主要目标是实现资源的高效利用，将数据中心的资源池(包括计算、存储和网络资源)在多个应用程序和框架之间共享。它提供了一种统一的接口来管理和分配资源，从而实现了跨框架的资源共享和统一调度。

1. 主要特点

- 资源隔离：Mesos 支持多租户，能够为不同的应用程序和框架提供资源隔离，防止资源冲突。
- 弹性伸缩：Mesos 可以根据应用程序的需求自动伸缩资源，从而实现高效的资源利用和应对变化的工作负载。
- 高可用性：Mesos 提供了主从架构，支持主节点故障后的自动故障转移，保障了系统的高可用性。
- 灵活的调度：Mesos 允许框架自定义任务的调度策略，以满足不同应用的需求。
- 跨框架共享：Mesos 可以同时运行多个应用程序和框架，共享集群资源，从而提高资源利用率。

2. 组成部分

- Mesos Master：Master 是 Mesos 集群的中央调度器，负责给框架分配资源。它监控集群资源和框架状态，并进行资源分配决策。
- Mesos Agent：Agent 是运行在每个集群节点上的代理进程，负责接受 Master 分配的任务，并管理节点上的资源。
- 框架(Framework)：框架是一种通过 Mesos 调度和管理任务的应用程序。常见的框架有 Apache Hadoop、Apache Spark 和 Docker 等。
- Executor：Executor 是与特定框架相关的组件，负责在 Mesos Agent 上运行框架指定的任务。
- ZooKeeper：Mesos 使用 Apache ZooKeeper 来实现分布式协调和高可用性，用于选举 Master 和存储状态信息。

总的来说，Apache Mesos 是一个灵活且强大的集群管理平台，旨在实现数据中心资源的高效共享和调度，使应用程序和框架能够更有效地利用资源，提高系统的性能和可用性。

5.2.4　Amazon ECS

Amazon ECS(Amazon Elastic Container Service)是亚马逊网络服务(Amazon Web Services，AWS)提供的一项容器编排和管理服务。它允许用户在 AWS 云环境中轻松地部署、管理和运行 Docker 容器化应用程序，同时提供了一系列与其他 AWS 服务集成的功能。Amazon ECS 的主要特点如下。

- 完全托管的容器服务：Amazon ECS 是一项托管服务，AWS 负责基础设施的维护和管理，使用户能够专注于应用程序的开发和部署。

- ❑ 高度可扩展：ECS 支持应用程序的弹性伸缩，可以根据负载自动调整容器的数量，以适应变化的工作负载。
- ❑ 与 AWS 服务集成：ECS 与其他 AWS 服务无缝集成，包括 Amazon VPC、Amazon IAM、Amazon CloudWatch、Amazon CloudFormation 等，提供了更丰富的功能和可操作性。
- ❑ 多区域和跨区域：ECS 支持多个 AWS 区域和跨区域部署，使应用程序能够在不同地理位置运行，从而增强系统的可用性和提高灾难的恢复能力。
- ❑ 容器网络和负载均衡：ECS 提供了内置的容器网络和负载均衡功能，以确保容器之间的通信和流量分发。
- ❑ 安全性：ECS 集成了 AWS Identity and Access Management(IAM)，允许细粒度地管理用户和服务的权限。

5.3 构建容器镜像

容器镜像是一个轻量级、独立的、可执行的软件包，其中包含了运行应用程序所需的所有代码、运行时环境、系统工具、库和配置。容器镜像的基本理念是将应用程序和其所有依赖项打包成一个不可变的单元，使应用程序可以在不同的环境中以一致的方式运行。容器镜像通常由一个基础镜像开始，然后通过一系列的层叠修改和定制来构建。每个镜像层都是只读的，并且可以被共享、复用和缓存，这使镜像构建过程变得高效且可以快速部署。构建容器镜像是将应用程序及其所有依赖项、配置和运行时环境打包成一个静态的镜像，以便在容器化平台上运行。

扫码看视频

5.3.1 Dockerfile 的使用和最佳实践

Docker 是最常用的容器化平台之一，使用 Docker 构建容器镜像时通常涉及以下几个关键概念。

1. Dockerfile

Dockerfile 是一个文本文件，其中包含了构建镜像所需的一系列指令和配置。通过 Dockerfile，可以定义基础镜像、软件安装、文件复制、环境变量设置等。

2. 基础镜像

基础镜像是构建镜像的起点，它包含了操作系统和一些最基本的工具。既可以选择官方的 Linux 发行版，也可以选择特定语言或框架的官方镜像作为基础。

3. 指令

Dockerfile 中的指令告诉 Docker 如何构建镜像。常见指令包括以下几个。

- ❑ FROM：指定基础镜像。
- ❑ RUN：在容器中执行命令，如安装软件包。
- ❑ COPY 和 ADD：将本地文件复制到容器中。
- ❑ WORKDIR：设置工作目录。
- ❑ ENV：设置环境变量。
- ❑ EXPOSE：指定容器监听的端口。

4. 构建命令

使用 docker build 命令根据 Dockerfile 构建镜像。该命令会根据指令逐步执行构建步骤，生成中间层镜像，最终生成可用的容器镜像。

5. 镜像层叠

镜像是由多个只读层叠加而成的，每个镜像层都对应 Dockerfile 中的一个指令。这种分层结构使镜像更加高效、可缓存和易于管理。

6. 容器注册表

构建完成的容器镜像可以推送到容器注册表，如 Docker Hub、AWS ECR、Google Container Registry 等。这些注册表用于存储和共享容器镜像，使其能够在不同的环境中使用。

总的来说，容器镜像是容器化技术的核心，它提供了一种可移植、一致和可重复的方式来打包和分发应用程序。通过使用 Dockerfile 和相关工具，可以自定义构建过程，创建适用于各种应用场景的容器镜像。

使用 Docker 构建容器镜像的基本步骤如下。

第一步，编写 Dockerfile。Dockerfile 用于指导 Docker 如何构建镜像，包括基础镜像、软件安装、文件复制、环境变量设置等。

第二步，选择基础镜像。Docker 镜像是基于其他镜像构建的，选择适当的基础镜像对于构建镜像非常重要。常见的基础镜像包括官方的 Linux 发行版，如 Ubuntu、Alpine，以及各种语言和框架的官方镜像。

第三步，定义镜像构建步骤。在 Dockerfile 中，使用各种指令来定义镜像的构建步骤。例如，使用 FROM 指令指定基础镜像，使用 RUN 指令运行命令以安装软件包，使用

COPY 指令或 ADD 指令复制应用程序代码和文件。

第四步，构建镜像。在 Dockerfile 所在的目录中，使用以下命令构建镜像。请将"image-name:tag"替换为希望赋予镜像的名称和标签。

```
docker build -t image-name:tag.
```

这将根据 Dockerfile 中的定义构建一个镜像，-t 用于指定镜像名称和标签。

第五步，查看镜像列表：使用以下命令查看构建的镜像列表。

```
docker images
```

第六步，推送到镜像仓库(可选)：如果需要在其他环境中使用该镜像，则可以将镜像推送到 Docker Hub 或其他容器注册表中。首先，需要创建一个 Docker Hub 账户，然后使用以下命令登录并推送镜像。

```
docker login
docker push image-name:tag        //这里应为实际的镜像名称和标签
```

注意：构建容器镜像的过程实际上是根据 Dockerfile 的定义逐步执行，并创建一个包含应用程序和依赖项的镜像。构建过程中会生成一系列中间层镜像，这些镜像通过缓存可以加速后续构建。一旦构建成功，我们就可以在容器平台上运行基于该镜像的容器实例。

下面的实例演示了使用 Docker 构建容器镜像的过程。

实例 5-1：使用 Docker 构建容器镜像(源码路径：codes\5\5-1\)

(1) 编写 main.go 文件实现一个简单的 Go HTTP 服务器，具体实现代码如下。

```go
package main
import (
    "fmt"
    "net/http"
)

func handler(w http.ResponseWriter, r *http.Request) {
    fmt.Fprintf(w, "Hello from Dockerized Go app!\n")
}
func main() {
    http.HandleFunc("/", handler)
    http.ListenAndServe(":8080", nil)
}
```

(2) 在同一目录下创建一个名为 Dockerfile 的文件，用于构建容器镜像，具体内容如下。

```
# 使用官方的 Golang 镜像作为基础
FROM golang:1.21-alpine
# 设置工作目录
WORKDIR /app
# 复制代码到容器中
COPY main.go .
# 编译 Go 代码
RUN go build -o app .
# 运行应用程序
CMD ["./app"]
```

(3) 构建镜像。在命令行中，进入包含上述两个文件的目录，然后执行以下命令来构建镜像，其中，go-web-server 是镜像的名称。

```
docker build -t go-web-server.
```

(4) 运行容器。构建完成后，使用以下命令运行容器：

```
docker run -p 8080:8080 go-web-server
```

(5) 访问应用。在浏览器中访问 http://localhost:8080 或使用以下 curl 命令进行访问：

```
curl http://localhost:8080
```

执行后会输出如下内容：

```
Hello from Dockerized Go app!
```

通过这个例子，可以看到使用 Go 语言编写简单 HTTP 服务器的方法，并使用 Docker 构建容器镜像来运行该服务器。这个实例演示了一个完整的过程，从编写代码到构建镜像，最后在容器中运行应用程序。

5.3.2 镜像仓库和版本管理

镜像仓库和版本管理是容器化环境中非常重要的概念，它们有助于组织、存储和管理容器镜像，以确保应用程序的可靠部署和更新。

1. 镜像仓库

镜像仓库是用于存储、组织和共享容器镜像的中心化存储库。在容器化环境中，可以将构建好的容器镜像推送到镜像仓库中，以便在需要时拉取并部署。一些常见的容器镜像仓库如下。

❑ Docker Hub：Docker Hub 是最大的公共容器镜像仓库，可以在其中找到各种官方和社区维护的镜像。

❑ Amazon ECR：Amazon Elastic Container Registry(Amazon ECR)是 AWS 提供的托管镜像仓库，专为容器化应用程序在 AWS 环境中使用而设计。

❑ Google Container Registry：Google Container Registry 是 Google Cloud 提供的镜像仓库，供 Google Cloud 平台上的容器使用。

❑ 私有仓库：可以搭建自己的私有镜像仓库，用于存储和管理内部应用程序的镜像，以满足安全性和隐私要求。

2. 版本管理

版本管理是管理容器镜像变化的过程。容器镜像是不可变的，因此当对应用程序进行更改时，会创建一个新的镜像版本。版本管理可确保追踪、回滚和管理不同版本的应用程序。版本管理的最佳实践包括以下内容。

❑ 标签版本：在镜像名称后追加版本号或日期，如 myapp:v1.0，以便清晰地标识不同的镜像版本。

❑ 语义化版本：使用语义化版本规范，如 MAJOR.MINOR.PATCH，以便清晰地表示版本变化的含义。

❑ 不可变性：一旦镜像构建完成，就应该保持不可变性，不能进行手动修改。任何更改都应该通过更新 Dockerfile 进行。

❑ 文档和注释：在 Dockerfile 中添加注释或元数据，描述每个版本的变化、更新内容和重要信息。

❑ 版本控制系统：将 Dockerfile 和相关文件存储在版本控制系统(如 Git)中，以便跟踪应用程序和镜像的变化。

通过使用镜像仓库和版本管理，可以更好地组织和管理容器镜像，确保应用程序能够以一致的方式在不同环境中部署，并及时进行更新和回滚。

5.4 容器编排与部署

容器编排与部署是将容器化应用程序部署到集群中，并确保程序能够以协调一致的方式运行、扩展和管理的过程。容器编排与部署工具旨在有效解决多个容器实例之间的通信、负载均衡、容错能力和自动伸缩等问题，以确保容器化应用程序的稳定性、可靠性和高效性。

扫码看视频

5.4.1 常用的容器编排与部署工具

一些常用的容器编排与部署工具如下。

- Kubernetes：目前最流行的容器编排平台，支持在集群中自动化部署、管理和伸缩容器化应用程序。它提供了强大的容器编排、负载均衡、自动扩展、自动修复和自动部署等功能。
- Docker Swarm：Docker 官方提供的容器编排工具，可以将多个 Docker 主机组织成一个集群，然后以服务为单位部署和管理容器应用。
- Apache Mesos：一个分布式系统内核，可以用于管理容器化应用和其他资源密集型任务。Mesos 提供了资源调度、容错性、伸缩性等功能。
- Amazon ECS：亚马逊网络服务(AWS)提供的容器编排和管理服务，用于在 AWS 云环境中部署和管理 Docker 容器。
- OpenShift：是由 Red Hat 开发的容器编排平台，基于 Kubernetes，提供了额外的开发工具和功能，用于构建、部署和管理容器化应用。
- Nomad：是 HashiCorp 公司开发的集群管理和调度工具，支持多种工作负载类型，包括容器、虚拟机和应用程序。

这些工具提供了自动化的资源调度、负载均衡、服务发现、容器扩展和容错等功能，从而使容器化应用能够在复杂的集群环境中高效运行和扩展。

5.4.2 使用 YAML 进行配置与部署

YAML(YAML Ain't Markup Language)是一种人类可读的数据序列化格式，通常用于配置文件、数据交换和存储。YAML 的设计目标是易读性和易用性，使用缩进和换行来表示数据结构，避免了 XML 或 JSON 标记语言中的冗长和复杂性。

使用 YAML 进行配置与部署在容器化和云计算环境中非常常见，YAML 提供了一种易读且结构化的方式来定义应用程序、服务和资源的配置与部署。以下是一些常见情况下使用 YAML 进行配置与部署的例子。

- Docker Compose：一个用于定义和运行多个 Docker 容器的工具。它使用 YAML 文件来定义应用程序的不同服务、网络、卷等。通过编写一个 docker-compose.yml 文件，可以在单个主机上轻松定义和启动整个应用程序栈。
- Kubernetes：Kubernetes 使用 YAML 文件来定义应用程序的部署、服务、副本集、配置映射等资源。Kubernetes 中的每个对象都可以通过一个 YAML 文件来描述，这些文件用于定义应用程序的期望状态和配置。

❑ **配置文件**：许多应用程序和工具使用 YAML 格式的配置文件来指定应用程序的设置和行为。例如，一些静态网站生成器使用 YAML 配置文件来指定页面的布局、元数据和模板。

❑ **基础设施即代码(Infrastructure as Code，IaC)**：IaC 是一种通过代码定义和管理基础设施资源的方式。许多 IaC 工具(如 Terraform、CloudFormation)使用 YAML 文件来描述基础设施资源的创建和配置。

❑ **持续集成和持续交付(CI/CD)配置**：CI/CD 管道通常使用 YAML 文件来定义构建、测试、部署和自动化流程。这些文件描述了代码从版本控制库到生产环境的流程。

使用 YAML 进行配置与部署，可以实现将应用程序的配置与部署细节与代码分离，以及实现可重复、可管理和版本控制的部署流程。这种方法还可以减少人为错误，提高部署的一致性和可维护性。

下面的实例演示了使用 YAML 配置和 Docker 部署一个 Web 服务器的过程。创建一个 Go Web 服务器，并使用 Docker Compose 来配置和运行容器化的应用程序。

实例 5-2：使用 YAML 配置和 Docker 部署一个 Web 服务器(源码路径：codes\5\5-2\)

(1) 编写 main.go 文件实现一个简单的 Go HTTP 服务器，具体实现代码如下。

```go
package main

import (
    "fmt"
    "net/http"
)

func handler(w http.ResponseWriter, r *http.Request) {
    fmt.Fprintf(w, "Hello from Go Web Server!\n")
}

func main() {
    http.HandleFunc("/", handler)
    http.ListenAndServe(":8080", nil)
}
```

(2) 编写 Dockerfile 文件：在同一目录下创建一个名为 Dockerfile 的文件，用于构建容器镜像，具体内容如下。

```dockerfile
# 使用官方的 Golang 镜像作为基础
FROM golang:1.20-alpine
```

```
# 设置工作目录
WORKDIR /app

# 复制代码到容器中
COPY main.go .

# 编译 Go 代码
RUN go build -o app .

# 运行应用程序
CMD ["./app"]
```

(3) 编写 Docker Compose 文件：在同一目录下创建一个名为 docker-compose.yml 的文件，用于配置多个容器的编排与部署，具体内容如下。

```
version: '3'
services:
  go-web:
    build:
      context: .
      dockerfile: Dockerfile
    ports:
      - "8080:8080"
```

(4) 构建和运行容器：在命令行中，进入包含上述文件的目录，执行以下命令来构建并运行容器。

```
docker-compose up -d
```

(5) 访问应用：在浏览器中访问 http://localhost:8080 或使用以下 curl 命令进行访问。

```
curl http://localhost:8080
```

将会看到输出如下内容：

```
Hello from Go Web Server!
```

5.5　容器监控和调度

容器监控和调度的重要任务是在容器化环境中确保应用程序稳定性和资源利用。监控帮助我们实时了解容器的性能和状态，而调度可以自动管理容器的部署和伸缩，以满足应用程序的需求。

扫码看视频

5.5.1 容器监控指标的收集和展示

容器监控指标的收集和展示是确保容器化应用程序的可靠性和性能的重要步骤。下面列出了一些常见的方法和工具，可以收集、监控、存储和展示容器监控指标。

1. 指标的收集

容器监控需要收集各种指标，以了解容器、应用程序和基础设施的状态。常见的监控指标如下。

- ❑ CPU 使用率：监控容器的 CPU 使用情况，以确保不超过资源限制。
- ❑ 内存使用率：跟踪容器的内存消耗，防止内存不足。
- ❑ 网络流量：监控容器的入站和出站网络流量，检测异常活动。
- ❑ 磁盘空间：跟踪容器的磁盘使用情况，防止磁盘空间溢出。
- ❑ 应用程序指标：如请求处理速率、响应时间等，以评估应用程序性能。
- ❑ 容器状态：监控容器的启动、停止、重启等状态变化。
- ❑ 节点状态：监控底层节点的健康状态，以检测故障。

2. 监控工具和代理

使用监控工具和代理来收集容器和主机的指标数据，常见的监控工具和代理如下。

- ❑ Prometheus：开源监控系统，具有强大的指标收集、存储和查询功能。
- ❑ Grafana：开源可视化平台，用于创建丰富的监控仪表板。
- ❑ cAdvisor：Docker 提供的容器监控代理，可收集容器资源使用率和性能指标。
- ❑ Node Exporter：用于收集主机级别的指标，如 CPU、内存、磁盘等。

3. 数据存储

将收集到的监控指标数据存储在数据库中，以供后续查询和分析。目前流行的存储解决方案如下。

- ❑ Prometheus：可存储和查询时序数据的数据库，与 Grafana 配合使用以创建仪表板。
- ❑ InfluxDB：开源的时序数据库，用于存储和查询时间序列数据。
- ❑ Elasticsearch：用于存储和分析大规模数据的搜索和分析引擎。

4. 可视化展示

使用可视化工具来创建仪表板，将监控指标数据以图表、图形和表格的形式展示出来，以便更好地理解应用程序的状态和性能。

- ❑ Grafana：强大的可视化平台，与多个数据源集成，可以创建动态的、多样化的监控仪表板。
- ❑ Kibana：与 Elasticsearch 配合使用，用于实时显示、搜索和分析数据。

通过合理配置和使用这些工具，可以建立一个完善的容器监控系统，从而更好地了解容器化应用程序的运行状况、性能瓶颈和异常情况。

5.5.2 水平扩展和自动调度

容器的水平扩展和自动调度是实现容器化环境中高可用性、资源利用和弹性的重要策略。这些策略确保应用程序能够根据负载变化自动调整容器实例的数量，并将负载均衡分配到不同的容器实例上。

1. 水平扩展

水平扩展是在负载增加时增加容器实例的数量以满足流量需求，负载减少时减少容器实例的数量以节省资源。这有助于应对高流量，提供更好的性能，并减轻单个容器实例的压力。

2. 自动调度

自动调度是根据预定义的规则和策略，自动将容器分配到可用节点上的过程。自动调度器考虑节点资源、容器需求、负载均衡等因素，确保容器在集群中的合适部署。如果节点发生故障或容器崩溃，自动调度器能重新分配容器，维持应用程序的可用性。

3. 容器编排工具

多种容器编排工具提供水平扩展和自动调度功能，简化管理和操作。

- ❑ Kubernetes：具有强大的自动调度和水平扩展功能，可通过定义副本集、部署等资源自动管理容器实例的数量和位置。
- ❑ Docker Swarm：提供服务概念，可以定义服务规模、副本数和网络，自动处理容器的水平扩展和调度。
- ❑ Amazon ECS：使用任务定义配置容器，指定任务数量、资源要求，ECS 自动管理实例和容器的生命周期。

水平扩展和自动调度是容器化环境中的关键策略，可以实现应用程序的高可用性、弹性和性能优化的关键策略。使用合适的容器编排工具和自动扩缩机制确保容器化应用程序在负载变化时能自动适应，在集群中高效运行。

5.5.3 容器网络和服务发现

在容器化环境中，容器网络和服务发现是确保应用程序通信和可用性的关键要素。这些概念促进了容器之间的通信、负载均衡和服务发现，从而支持构建可靠的微服务架构。

1. 容器网络

容器化环境中，不同容器可能运行在不同主机上，需要容器网络以建立容器间的通信。容器网络可以提供以下功能。

- ❑ 容器通信：容器可通过网络跨主机通信。
- ❑ 隔离性：每个容器都可以有自己的网络命名空间，从而实现网络隔离。
- ❑ 负载均衡：支持将请求分发到多个容器实例。
- ❑ 安全性：可通过网络策略限制容器之间的通信，提高安全性。

2. 服务发现

服务发现是容器集群中自动发现和定位服务实例的机制。在微服务架构中，服务可能由多个容器实例组成，需要动态发现和连接这些实例。服务发现可以提供以下功能。

- ❑ 自动发现：自动识别和记录新服务实例，无须手动配置。
- ❑ 负载均衡：将流量均匀分发到多个服务实例，实现负载均衡。
- ❑ 服务名称解析：使用服务名称代替 IP 地址和端口，方便跨容器通信。
- ❑ 动态变化：自动适应服务实例的动态变化，如扩展和缩减。

3. 容器网络和服务发现工具

除了前文介绍过的 Kubernetes 和 Docker Swarm 外，还有如下常用的容器网络和服务发现工具。

- ❑ Consul：HashiCorp 的 Consul 提供服务发现和健康检查功能，可用于容器环境中。
- ❑ Etcd：这是一个分布式键值存储系统，也可以用于服务发现和配置共享。
- ❑ Istio：这是一个服务网格工具，提供流量管理、安全性和监控等功能，包括服务发现和路由。

实例 5-3：实现容器监控和调度(源码路径：codes\5\5-3\)

(1) 编写文件 docker-compose.yml，用于定义和配置 Docker Compose 服务，其中包括

三个服务：api、nginx 和 datadog。具体代码如下。

```yaml
version: "3.7" # 指定 Docker Compose 文件的版本

services: # 定义服务
  api: # API 服务
    build: # 构建配置
      context: ./api # 指定 Dockerfile 所在目录
      dockerfile: Dockerfile # 指定 Dockerfile 文件名
      args: # 构建时传递的参数
        DD_API_KEY: ${DD_API_KEY} # 通过环境变量传递 Datadog 的 API 密钥
    container_name: sample-api # 设置容器名称
    ports: # 映射端口
      - 8080:8080 # 将容器内的 8080 端口映射到主机的 8080 端口
    environment: # 设置环境变量
      - DD_ENV=dev # 指定环境为开发环境
      - DD_HOSTNAME=local # 设置主机名为 local

  nginx: # Nginx 服务
    build: # 构建配置
      context: ./nginx # 指定 Dockerfile 所在目录
      dockerfile: Dockerfile # 指定 Dockerfile 文件名
    container_name: sample-nginx # 设置容器名称
    image: sample-nginx # 使用的镜像名称
    labels: # 配置标签，用于 Datadog 的监控
      com.datadoghq.tags.env: 'dev' # 环境标签
      com.datadoghq.tags.service: 'sample-nginx' # 服务标签
      com.datadoghq.tags.version: '0.1.0' # 版本标签
      com.datadoghq.ad.check_names: '["nginx"]' # Datadog 监控的检查名称
      com.datadoghq.ad.init_configs: '[{}]' # 初始化配置
      com.datadoghq.ad.instances: '[{"nginx_status_url":
"http://%%host%%:81/nginx_status/"}]' # Nginx 状态监控 URL
      com.datadoghq.ad.logs: '[{"source": "nginx", "service": "sample-nginx"}]' #
日志源和服务
    volumes: # 挂载卷
      - './nginx/nginx.conf:/etc/nginx/nginx.conf:ro' # 将主机上的 Nginx 配置文件映
射到容器内 (只读)
    ports: # 映射端口
      - "8888:80" # 将容器内的 80 端口映射到主机的 8888 端口
    environment: # 设置环境变量
      DD_AGENT_HOST: datadog # 指定 Datadog Agent 的主机名
      DD_TRACE_AGENT_PORT: 8126 # 指定 Datadog Trace Agent 的端口

  datadog: # Datadog Agent 服务
    image: datadog/agent:7 # 使用的 Datadog Agent 镜像
```

```
container_name: sample-ddagent  # 设置容器名称
environment:  # 设置环境变量
  - DD_API_KEY  # Datadog 的 API 密钥
  - DD_SITE=datadoghq.com  # Datadog 站点
  - DD_ENV=dev  # 指定环境为开发环境
  - DD_HOSTNAME=local  # 设置主机名为 local
  - DD_LOGS_ENABLED=true  # 启用日志收集
  - DD_LOGS_CONFIG_CONTAINER_COLLET_ALL=true  # 收集所有容器日志
  - DD_APM_NON_LOCAL_TRAFFIC=true  # 允许非本地流量
volumes:  # 挂载卷
  - /var/run/docker.sock:/var/run/docker.sock:ro  # 将 Docker 套接字挂载到容器，以
便访问 Docker API
  - /proc/:/host/proc/:ro  # 挂载主机的 proc 文件系统，以便监控
  - /sys/fs/cgroup/:/host/sys/fs/cgroup:ro  # 挂载 cgroup 文件系统，以便监控
ports:  # 映射端口
  - "8126:8126/tcp"  # 将容器内的 8126 端口映射到主机的 8126 端口
```

在这个容器化环境中，api 服务、nginx 服务和 datadog 服务之间形成了紧密的协作关系。api 服务负责处理用户请求和业务逻辑，通过 nginx 服务进行负载均衡和反向代理，将请求分发到多个 API 实例。nginx 服务不仅提升了应用程序的性能和可用性，还通过配置监控指标，将相关数据发送给 datadog 服务。datadog 服务则负责收集和分析来自 api 和 nginx 的监控数据、日志和性能指标，从而提供实时监控和可视化，帮助开发和运维团队及时识别和解决问题。通过这种协作，三个服务共同确保了系统的稳定性、高可用性和良好的用户体验。对每个服务配置的解释如下。

① api 服务。

❑ 使用位于./api 目录中的 Dockerfile 构建。

❑ 通过 DD_API_KEY 构建参数传递 Datadog 的 API 密钥。

❑ 设置容器名称为 sample-api。

❑ 将容器内的 8080 端口映射到主机的 8080 端口。

❑ 设置环境变量 DD_ENV=dev 和 DD_HOSTNAME=local。

② nginx 服务。

❑ 使用位于 ./nginx 目录中的 Dockerfile 构建。

❑ 设置容器名称为 sample-nginx。

❑ 使用 sample-nginx 镜像名称。

❑ 配置一些标签和设置，用于 Datadog 的自动发现和监控配置。

❑ 将主机上的./nginx/nginx.conf 文件映射到容器内的/etc/nginx/nginx.conf 文件(只读)。

❏　将容器内的 80 端口映射到主机的 8888 端口。

❏　设置环境变量 DD_AGENT_HOST:datadog 和 DD_TRACE_AGENT_PORT:8126。

③ datadog 服务。

❏　使用 datadog/agent:7 镜像构建。

❏　设置容器名称为 sample-ddagent。

❏　配置一些环境变量，如 DD_API_KEY、DD_SITE、DD_ENV、DD_HOSTNAME 等，
用于配置 Datadog Agent。

❏　将主机上的一些目录和文件挂载到容器内，以便 Datadog Agent 访问 Docker 和
主机的系统信息。

❏　将容器内的 8126 端口映射到主机的 8126 端口。

通过上述文件 docker-compose.yml，可以使用 Docker Compose 启动和管理这些服务，
从而一次性配置和部署整个应用程序的容器化环境，包括应用程序、Nginx 和 Datadog
Agent。这有助于在容器中集成监控、跟踪和应用程序组件。

(2) 编写 api/main.go 文件，在 Web 服务中使用 DataDog 的 APM 跟踪功能进行性能
监控，并使用 logrus 进行日志记录。具体实现代码如下。

```go
package main

import (
    "github.com/sirupsen/logrus"              // 引入 logrus 用于日志记录
    muxtrace "gopkg.in/DataDog/dd-trace-go.v1/contrib/gorilla/mux" // 引入
DataDog 的 APM 跟踪功能
    "gopkg.in/DataDog/dd-trace-go.v1/ddtrace/tracer" // 引入 DataDog 的跟踪器
    "math/rand"                               // 引入随机数生成器
    "net/http"                                // 引入 HTTP 包
    "time"                                    // 引入时间包
)

// 创建一个日志记录器，日志将写入 /app/prod.log
var log = NewLogger("/app/prod.log")

// 随机状态码处理函数
func randomStatusHandler(w http.ResponseWriter, r *http.Request) {
    rctx := r.Context() // 获取请求上下文
    span, sctx := tracer.StartSpanFromContext(rctx, "testSpan") // 从上下文中开始
一个新的跟踪 span
    defer span.Finish() // 在函数结束时完成该 span
```

```
    // 创建日志条目，包含请求的 URL、方法和远程地址
    loge := log.
        WithContext(sctx).
        WithFields(logrus.Fields{"url": r.URL, "method": r.Method, "remote_addr":
r.RemoteAddr})

    // 定义可能的状态码
    statusCodes := []int{http.StatusOK, http.StatusBadRequest,
http.StatusInternalServerError}
    rand.Seed(time.Now().UnixNano()) // 用当前时间戳初始化随机数生成器
    randomStatusCode := statusCodes[rand.Intn(len(statusCodes))] // 随机选择一个状态码

    w.WriteHeader(randomStatusCode) // 设置响应状态码
    switch randomStatusCode {
    case http.StatusOK:
        loge.Info("ok") // 记录状态为 OK 的日志
        w.Write([]byte("Status OK")) // 返回状态 OK 的响应
    case http.StatusBadRequest:
        loge.Info("client error") // 记录状态为 Bad Request 的日志
        w.Write([]byte("Bad Request")) // 返回 Bad Request 的响应
    case http.StatusInternalServerError:
        loge.Info("server error") // 记录状态为 Internal Server Error 的日志
        w.Write([]byte("Internal Server Error")) // 返回 Internal Server Error 的响应
    }
}

func main() {
    tracer.Start() // 启动 DataDog 跟踪器
    defer tracer.Stop() // 在程序结束时停止跟踪器

    r := muxtrace.NewRouter() // 创建一个新的路由器
    r.HandleFunc("/", randomStatusHandler) // 将根路径与处理函数关联

    log.Println("Started") // 记录服务器启动的信息
    log.Fatal(http.ListenAndServe(":8080", r)) // 启动 HTTP 服务器，监听 8080 端口
}
```

上述代码实现了如下功能。

❑ Datadog APM 跟踪：代码中使用了 Datadog 的 APM 跟踪功能，它可以监控和追踪应用程序的性能和调用链。通过创建跟踪 span，可以记录请求处理的时间以及跨服务的调用情况，从而帮助识别性能瓶颈和优化机会。

❑ 日志记录：使用 logrus 进行日志记录，可以将应用程序的日志信息输出到日志文件中。这在容器化环境中特别有用，因为容器中的日志通常集中管理，可以用于

诊断问题和监控应用程序状态。

❑ HTTP 服务器：代码创建了一个 HTTP 服务器来处理请求。在容器化环境中，可以通过容器编排工具(如 Kubernetes 或 Docker Compose)来管理这些容器化的应用程序，从而实现高可用性和弹性。

(3) 编写 api/logger.go 文件实现日志记录功能，它包括一个用于创建日志记录器的函数 NewLogger。这个函数使用了 logrus 和 Datadog 的 dd-trace-go 模块，用于实现更高级的日志记录和跟踪功能。这对于容器监控和调度是相关的，因为日志记录和性能监控是在容器环境中进行管理和分析的重要方面。具体实现代码如下。

```
package main

import (
    "io" // 引入 I/O 包
    "os" // 引入操作系统包

    "github.com/sirupsen/logrus" // 引入 logrus 用于日志记录
    ddtracelogrus "gopkg.in/DataDog/dd-trace-go.v1/contrib/sirupsen/logrus"
    // 引入 DataDog 的 logrus 钩子，用于集成跟踪
)

// 定义 Logger 结构体，嵌入 logrus.Logger
type Logger struct {
    *logrus.Logger // 使用 logrus.Logger 作为基础
}

// NewLogger 函数用于创建一个新的 Logger 实例
func NewLogger(fpath string) *Logger {
    log := logrus.New() // 创建一个新的 logrus 日志记录器

    // 打开日志文件，如果失败则使用标准错误输出
    file, err := os.OpenFile(fpath, os.O_CREATE|os.O_WRONLY|os.O_APPEND, 0666)
    // 打开或创建日志文件
    if err == nil {
        mw := io.MultiWriter(os.Stdout, file) // 创建一个多写入器，将日志同时写入标准输出和文件
        log.SetOutput(mw) // 设置日志输出为多写入器
    } else {
        log.Info("Failed to log to file, using default stderr") // 记录无法写入文件的信息，改为使用标准错误输出
    }

    log.SetFormatter(&logrus.JSONFormatter{}) // 设置日志格式为 JSON 格式
    log.SetLevel(logrus.InfoLevel) // 设置日志级别为 Info
```

```
    log.AddHook(&ddtracelogrus.DDContextLogHook{}) // 添加 DataDog 的上下文日志钩
子，以支持日志跟踪
    return &Logger{log} // 返回自定义 Logger 实例
}
```

（4）在 Dockerfile 文件中构建 Docker 镜像的脚本，用于将 Go 语言代码、日志配置，以及其他相关信息打包到容器中，具体内容如下。

```
FROM golang:1.19
ARG DD_API_KEY
RUN test -n "$DD_API_KEY" || (echo "!!DD_API_KEY  not set" && false)
ARG DD_ENV=dev
ARG DD_SERVICE='sample-api'
ARG DD_VERSION='0.1.0'
ARG DD_HOSTNAME=local
ENV DD_API_KEY=$DD_API_KEY \
   DD_SERVICE=$DD_SERVICE \
   DD_VERSION=$DD_VERSION \
   DD_ENV=$DD_ENV \
   DD_LOGS_ENABLED=true
RUN DD_INSTALL_ONLY=true \
   DD_API_KEY=$DD_API_KEY \
   DD_SITE="datadoghq.com" \
   DD_HOSTNAME=$DD_HOSTNAME \
   bash -c "$(curl -L
https://s3.amazonaws.com/dd-agent/scripts/install_script_agent7.sh)"
RUN sed -i "s/^# env:.*/env: $DD_ENV/g" /etc/datadog-agent/datadog.yaml
RUN sed -i 's/ *# logs_enabled: false/logs_enabled: true/g'/etc/datadog-agent/
datadog.yaml
COPY --chown=dd-agent:dd-agent ./go.d /etc/datadog-agent/conf.d/go.d

WORKDIR /app
COPY . .
RUN go build -o main .
ENTRYPOINT ["scripts/entrypoint.sh"]
```

上述 Dockerfile 文件定义了如何构建包含 Go 语言应用程序、Datadog Agent 和相关配置的容器镜像。容器化的应用程序将在容器中运行，并使用 Datadog 进行性能监控和日志记录。这对于在容器环境中管理和监控应用程序非常有用。

容器文件执行后将在 http://localhost:8080 上监听请求，Nginx 服务器将在 http://localhost:8888 上监听请求，Datadog Agent 会开始监控和收集性能数据。可以在浏览器中访问 http://localhost:8080 来测试 Go 语言项目的响应，同时可以通过 Datadog Dashboard 查看性能监控数据和日志信息，如图 5-1 所示。

图 5-1　Datadog Dashboard 查看性能监控数据和日志信息执行效果

第 6 章

消息传递与异步通信

消息传递与异步通信是计算机科学中的两个核心概念，它们在分布式系统、并发应用程序和微服务架构中发挥着重要作用，用于实现不同组件之间的通信与交互。在分布式系统和微服务架构中，消息传递和异步通信极为常见，它们可以用于解耦不同的微服务，通过消息队列实现事件驱动的架构，或者在分布式系统中实现数据同步和通知机制。本章将详细讲解消息传递与异步通信的原理和应用，为读者学习本书后续章节的知识打下基础。

6.1　消息传递的基本概念

消息传递是一种通信模式，其中不同的组件或实体通过发送和接收消息来进行交互。在消息传递中，消息是数据包或信息的载体，包含请求、响应、命令、通知等内容。消息传递可以在同一进程内部或不同进程之间进行。通过消息传递，组件之间可以实现解耦，从而实现更灵活和可扩展的架构。消息传递既可以是同步的(发送方等待接收方的响应)，也可以是异步的(发送方不需要等待接收方的响应)。

扫码看视频

1. 消息传递模式

消息传递模式是一种通信模式，其中不同的实体(可以是应用程序、进程、线程等)通过发送和接收消息进行交互。消息传递既可以是同步的，也可以是异步的。在同步消息传递中，发送方发送消息后会等待接收方的响应；而在异步消息传递中，发送方发送消息后则不需要等待接收方的响应。

消息传递模式用于解耦不同的组件，可以提高系统的可扩展性和灵活性，也有助于处理并发和分布式场景下的通信需求。

2. 消息队列

消息队列是一种实现消息传递模式的技术，可以用于在分布式系统中传递消息，实现异步通信。在消息队列中，消息发送方将消息发送到队列中，消息接收方从队列中获取消息并进行处理。消息队列可以用于实现应用程序之间的解耦、数据同步、事件驱动架构等。

常见的消息队列系统包括 RabbitMQ、Apache Kafka、ActiveMQ、Amazon SQS(Amazon Simple Queue Service)等。这些消息队列系统提供了持久化、消息分发、消息重试、流量控制等特性，可以帮助构建高性能、可靠的分布式系统。

3. 可靠性

可靠性(Reliability)是指在消息传递过程中保证消息不会丢失、不会被重复发送，而且能够按照预期的方式被传递到目标。确保消息的可靠性对于保障系统的稳定性和数据的准确性至关重要。在实现可靠性时，需要考虑以下几个方面。

- ❑ 确认机制(Acknowledgement)：发送方在发送消息后等待接收方的确认，以确保消息已经成功被接收。如果接收方未能确认，发送方可以采取相应的重试机制。

❑ 重试机制(Retry)：如果消息发送失败或未得到确认，发送方会尝试重新发送消息，直到得到确认为止。重试机制可以确保消息的送达。

❑ 幂等性(Idempotence)：接收方需要保证多次接收同一消息时，处理结果与一次接收时相同，避免因重复消息造成不必要的副作用。

4. 持久化

持久化(Persistence)是指将消息存储到持久化存储介质中，以确保即使在系统故障或重启的情况下，消息也不会丢失。消息队列通常会将消息存储在硬盘或其他持久性存储介质中，以保证数据的持久性。持久化在以下情况下特别重要。

❑ 可靠的消息交付：如果消息队列崩溃或中断，持久化的消息可以在系统恢复后继续传递，确保消息的可靠交付。

❑ 保留消息：持久化存储允许消息被保留一段时间，以便后续的消费者可以获取并处理这些消息，即使消费者在消息发送时未处于活动状态。

持久化通常会涉及磁盘 IO，可能会带来一些性能开销，但它是确保消息不会丢失的关键机制，特别适用于重要的业务场景。

6.2　消息传递的编解码和协议

消息传递涉及将数据从一个点传递到另一个点。在进行消息传递时，需要对数据进行编码与解码，并遵循特定的通信协议。

1. 编码与解码

扫码看视频

编码是将数据转换为一种特定格式，以便在网络中传输或存储。而解码则是将接收到的编码数据转换回原始格式。编、解码的过程确保数据在传递过程中保持完整性不会丢失或损坏。常见的编解码方式包括以下几种。

❑ 序列化和反序列化：序列化是将数据结构转换为字节流，以便传输或存储。反序列化是将接收到的字节流转换回原始数据结构。常用的序列化格式包括 JSON、XML、Protocol Buffers、MessagePack 等。

❑ 消息格式：消息格式指数据在传递过程中的结构和排列方式。消息格式需要在编解码过程中定义数据的字段和类型，以确保发送和接收双方都能正确解析数据。不同的消息格式适用于不同的应用场景，如 REST API、gRPC、Thrift 等。

2. 通信协议

通信协议是定义数据在网络中传输方式和交换过程的一组规则和标准。通信协议规定了消息的格式、传输方式、错误处理等细节。常见的通信协议包括以下几种。

- □ 超文本传输协议(HTTP/HTTPS)：用于客户端和服务器之间传输数据。HTTP 使用 URI(统一资源标识符)来标识资源，而 HTTPS 在 HTTP 的基础上增加了安全性，使用加密通信。
- □ 消息队列遥测传输协议(MQTT)：专门用于物联网设备之间的通信。它支持发布—订阅和请求—响应模式，具有轻量级和低带宽需求的特点。
- □ 高级消息队列协议(AMQP)：用于不同应用程序之间进行异步通信。它支持多种消息传递模式和可靠性保证，适用于企业级应用。
- □ WebSocket：一种在单个 TCP 连接上进行全双工通信的协议。WebSocket 支持双向通信，适用于实时应用场景，如聊天应用和实时数据更新。
- □ gRPC：一种高性能远程过程调用(RPC)协议，使用 Protocol Buffers 作为消息格式。gRPC 支持多种编程语言和平台，适用于微服务架构。

编码与解码以及通信协议在消息传递中起着关键作用，可确保数据在不同组件或系统之间能够正确地传递和解释，实现可靠和有效的通信。

6.3 异步通信的基本概念

异步通信是一种通信方式，发送方发送消息后不需要立即等待接收方的响应，可以继续执行其他任务。接收方在消息到达时才会处理消息。异步通信适用于需要处理比较耗时的操作，或者在高并发环境中，以避免发送方在等待响应时被阻塞，从而提高系统的整体效率和响应能力。异步通信的常见实现方式包括消息队列、发布—订阅模式、回调函数等。异步通信可以提高系统的性能和响应性，并支持分布式和并发场景。

扫码看视频

同步通信和异步通信是两种不同的通信方式，用于应用程序、系统或组件之间的交互。它们在通信方式和时序上有明显区别。

1. 同步通信

在同步通信中，发送方发送消息后会等待接收方的响应，直到收到响应后才继续执行。这意味着发送方和接收方之间存在依赖关系，发送方需等待接收方处理完消息并回复后才能继续其他操作。同步通信的主要特点如下。

❑ 阻塞式：发送方在发送消息后会阻塞，直到接收到响应。

❑ 实时性：通常情况下，同步通信能在较短时间内获取响应。

❑ 顺序性：消息的发送和接收按顺序进行，先发的消息先得到响应。

2. 异步通信

在异步通信中，发送方发送消息后不会立即等待接收方的响应，而是会继续执行其他操作。接收方在接收到消息后进行处理，并在处理完成后发送响应，这样，发送方在等待响应的同时可以继续执行其他任务，提高了整体的工作效率。异步通信的主要特点如下。

❑ 非阻塞式：发送方在发送消息后不会阻塞，可以继续执行其他操作。

❑ 不一定实时：接收方的处理时间可能较长，发送方不会立即得到响应。

❑ 并行性：发送方和接收方的操作可以并行执行。

6.4 常用的消息传递中间件

常用的消息传递中间件是指在分布式系统和异步通信中用于实现消息传递的软件工具。

扫码看视频

6.4.1 Apache Kafka

Apache Kafka 是一个分布式流数据处理平台，用于构建实时数据流处理和事件驱动应用程序。它最初由 LinkedIn 开发，并于 2011 年成为 Apache 项目。Kafka 具有高吞吐量、持久性、可扩展性和容错性，适用于处理大规模的数据流，如日志、事件、指标等。

Apache Kafka 的主要特点如下。

❑ 发布—订阅模型：Kafka 使用发布—订阅模型，生产者将数据发布到主题(topic)，而消费者可以订阅这些主题以获取数据。

❑ 分区和副本：主题可以分成多个分区，每个分区又可以有多个副本。分区和副本的结构支持数据的分布式存储和冗余备份。

❑ 高吞吐量：Kafka 具有出色的吞吐量，能够处理大量的消息流，并保持低延迟。

❑ 持久性：Kafka 的消息是持久化存储的，可以在磁盘上长期保存。这使 Kafka 可以用于构建可靠的数据管道和数据存储。

❑ 可扩展性：Kafka 可以在多个服务器节点上分布数据和负载，实现横向扩展。

❑ 容错性：副本机制和分布式存储使 Kafka 具备容错性，即使一些节点宕机也不会丢失数据。

❑ 流处理：Kafka 不仅是消息队列，还支持流处理，允许实时分析和转换数据。

另外，Kafka 生态系统还包括工具和库，例如，Kafka Connect 用于连接外部数据源和目标，Kafka Streams 用于构建实时流处理应用，KSQL 用于实时 SQL 查询和分析。

6.4.2　RabbitMQ

RabbitMQ 是一个开源的消息代理软件，实现了高级消息队列协议(AMQP)及其他消息传递模式，用于构建分布式应用程序和系统之间的异步通信。RabbitMQ 在企业应用、微服务架构、消息驱动架构以及异步任务处理等领域得到广泛应用。其灵活性、可靠性和丰富性使其成为一个强大的消息中间件，适用于构建各种类型的分布式系统。RabbitMQ 的主要特点如下。

❑ 发布—订阅模型：RabbitMQ 支持发布—订阅模型，其中生产者将消息发布到交换机(Exchange)，消费者则通过订阅队列(Queue)来接收消息。

❑ 消息持久性：RabbitMQ 可以将消息持久化到磁盘，以确保消息不会因为代理重启而丢失。

❑ 消息确认机制：生产者可以选择等待消费者确认消息接收，以确保消息可靠性传递。

❑ 消息路由和交换机：RabbitMQ 支持多种消息路由模式，交换机根据路由键将消息路由到不同的队列。

❑ 可靠性：RabbitMQ 提供高可靠性，支持持久化、复制和故障转移，以确保数据不丢失。

❑ 扩展性：RabbitMQ 支持集群和分布式部署，可以在多个节点上扩展负载和容量。

❑ 多语言支持：RabbitMQ 提供了多种语言的客户端库，适用于不同编程语言的应用。

❑ 插件系统：RabbitMQ 具有丰富的插件系统，可以扩展其功能，如消息转换、认证等。

RabbitMQ 在企业应用、微服务架构、消息驱动架构、异步任务处理等领域得到广泛应用。其灵活性、可靠性和丰富的特性使其成为一个强大的消息中间件，有助于构建可扩展的分布式系统。

6.4.3　Apache ActiveMQ

Apache ActiveMQ 是一个开源的消息代理(Message Broker)和消息队列(Message Queues)

服务器,它实现了 Java Message Service(JMS)规范。ActiveMQ 是 Apache 软件基金会的一个项目,旨在提供一个高性能、稳定可靠的消息中间件解决方案,用于构建分布式、可扩展的应用系统。Apache ActiveMQ 的主要特点和功能如下。

- ❑ 消息队列:ActiveMQ 提供了强大的消息队列功能,支持生产者—消费者模型。它允许应用程序通过消息进行异步通信,提高了系统的灵活性和可扩展性。
- ❑ JMS 支持:ActiveMQ 实现了 JMS 规范,这是 Java 平台中用于消息通信的 API。这使 ActiveMQ 可以与其他支持 JMS 的系统进行集成,实现消息的可靠传递和异步通信。
- ❑ 多种通信协议:ActiveMQ 支持多种通信协议,包括 OpenWire、AMQP、Stomp、MQTT 等,可以让不同的客户端使用不同的协议与 ActiveMQ 进行交互,提高了灵活性。
- ❑ 持久性:ActiveMQ 支持消息的持久化存储,确保消息在系统宕机或重启后不会丢失。这对于需要可靠消息传递的应用程序非常重要。
- ❑ 集群和负载均衡:ActiveMQ 具有集群和负载均衡功能,可以通过搭建多个 ActiveMQ 实例来增加系统的可用性和性能。
- ❑ 插件和扩展性:ActiveMQ 支持插件和扩展,可以通过插件来添加新的功能或定制特定的行为,使其更好地适应不同的应用场景。
- ❑ 管理和监控:ActiveMQ 提供了丰富的管理和监控工具,帮助管理员监视系统状态、进行配置管理以及故障排除。
- ❑ 安全性:ActiveMQ 提供了对消息传递的安全性支持,包括认证、授权和加密等功能,确保消息的安全传递。
- ❑ 广泛的集成:ActiveMQ 可以与多种应用服务器和开发框架集成,如 Apache Tomcat、Apache Camel 等,使开发者能够更轻松地构建复杂的分布式应用系统。

总体而言,Apache ActiveMQ 是一个功能强大、灵活且可靠的消息中间件,适用于各种规模的应用系统,尤其在需要异步通信和分布式系统中起到关键作用。

6.4.4　NATS

NATS(可用于异步传输系统的高效消息发布和订阅系统)是一个轻量级和高性能的消息传递系统,专注于实时通信和事件驱动架构。NATS 的主要特点如下。

- ❑ 轻量级:NATS 的设计目标之一是轻量级和简单,便于部署和维护。
- ❑ 发布—订阅模型:NATS 支持发布—订阅模型,生产者发布消息到主题(subject),

而消费者可以订阅主题以接收消息。

- 请求—响应模型：NATS 也支持请求—响应模型，允许发送请求并等待响应。
- 低延迟：NATS 设计了低延迟的协议和通信机制，适用于实时通信场景。
- 高性能：NATS 具有出色的性能，可以处理大量的消息传递并保持较低的资源消耗。
- 主题层级：NATS 支持主题的层级结构，可以使用通配符进行订阅，实现更灵活的消息过滤。
- 可扩展性：NATS 可以在多个节点上构建集群，以实现负载均衡和高可用性。
- 插件式的认证和加密：NATS 支持插件式的认证和加密机制，保护通信的安全性。
- 多语言支持：NATS 提供多种编程语言的客户端库，适用于各种应用场景。

NATS 适用于需要快速、可靠和实时通信的应用，如微服务、IoT、实时数据流处理等领域。它的设计理念使它成为一个轻量级但性能强大的消息传递系统，有助于构建分布式系统和事件驱动应用。

6.5 异步通信模式

异步通信是一种通信模式，其中发送方和接收方的操作是相互独立的，它们不需要实时交互或等待对方的响应。这种通信模式允许发送方发送消息或请求，然后继续执行其他任务，而不必等待接收方的响应。接收方在接收到消息后可以进行处理，并在需要时发送响应。

扫码看视频

6.5.1 异步通信模式的常见形式

异步通信模式在现代计算机系统中非常常见，它可以提高系统的响应性能和资源利用率，尤其是在涉及网络通信、I/O 操作和多任务处理时。异步通信模式有以下几种常见的形式。

- 消息队列(Message Queues)：消息队列是一种基于发布—订阅机制的异步通信方式。发送方将消息放入队列中，接收方从队列中获取消息并进行处理。这使发送方和接收方之间的解耦成为可能，因为它们不需要直接通信。常见的消息队列系统有 RabbitMQ 和 Apache Kafka。
- 回调(Callbacks)：回调是一种常见的异步通信方式，通常在编程中使用。发送方通过指定一个回调函数(或回调方法)来定义在某个事件发生时需要执行的操作。接收方在事件发生后会调用这个回调函数，从而完成相应的操作。

- 异步函数(Async Functions)：在编程中，异步函数是一种通过使用关键字(如async/await)来实现异步通信的方式。发送方可以调用异步函数来发起请求，然后继续执行其他任务。接收方在处理完成后，可以通过 await 关键字等待异步函数的响应。

- 观察者模式(Observer Pattern)：观察者模式是一种设计模式，用于在对象之间建立一种发布—订阅关系。当一个对象的状态发生变化时，所有订阅该对象的观察者都会收到通知，从而进行相应的处理。

- 定时器(Timers)：定时器是一种简单的异步通信方式，在一段时间后通过触发某个操作来实现。发送方设置一个定时器，当定时器计时结束时，接收方会执行相应的操作。

6.5.2　发布/订阅模式

发布/订阅模式是一种常见的软件设计模式，用于实现组件之间的解耦和异步通信。在这种模式中，一个组件(发布者)发布消息，而其他组件(订阅者或观察者)则订阅对特定类型感兴趣的消息，以便在消息发布时接收通知并执行相应的操作。发布/订阅模式通常涉及三个主要角色。

- 发布者(Publisher)：发布者负责生成消息并将其发送到一个或多个主题。它并不关心谁会订阅这些消息，只需将消息发送出去。

- 订阅者(Subscriber)：订阅者选择性地订阅一个或多个主题，以便在与之相关的消息发布时接收通知。当消息发布者发送消息时，订阅者会收到通知并执行相应的操作。

- 主题(Topic)：主题是一种分类或标签，用于将消息进行分组。订阅者可以选择性地订阅特定的主题，从而只接收与其相关的消息。

在实际应用中，发布/订阅模式在很多地方都有应用，如事件驱动系统、消息队列系统、UI 框架中的事件处理等。常见的发布/订阅模式的实现包括使用消息队列、观察者模式、回调函数等。

6.5.3　请求/响应模式

请求/响应模式是一种常见的通信模式，用于实现系统中不同组件之间的交互。在这种模式中，一个组件发送一个请求(通常是一个操作或查询)，而另一个组件接收请求并发送一个相应的响应。这种模式通常用于实现同步通信，即发送方需要等待接收方的响应才能继续执行。

请求/响应模式的主要角色如下。

- ❑ 请求方(Client)：发送请求的组件。请求方向另一个组件(通常是服务端)发送一个请求，请求包括一些数据或操作指令。
- ❑ 响应方(Server)：接收请求并发送响应的组件。响应方接收来自请求方的请求，根据请求的内容执行相应的操作，然后生成一个响应并发送回请求方。
- ❑ 请求(Request)：由请求方发送给响应方的消息，包含请求的类型、数据和必要的信息。
- ❑ 响应(Response)：由响应方发送给请求方的消息，包含对请求的响应，可能是数据、状态信息或其他信息。

请求/响应模式的主要流程如下。

- ❑ 请求方发送一个请求给响应方，通常包括请求的类型和所需的数据。
- ❑ 响应方接收请求，根据请求的类型和数据执行相应的操作。
- ❑ 响应方生成一个响应，包括操作的结果、数据等，并将响应发送回请求方。
- ❑ 请求方接收响应，根据响应的内容进行下一步处理。

6.6 微服务消息传递和异步通信实战

通过前文的学习，我们已经掌握了消息传递和异步通信的基本知识。本节将通过一个具体实例，讲解 Go 语言微服务项目中使用消息传递和异步通信的过程。

扫码看视频

实例 6-1：使用 Docker 构建容器镜像(源码路径：codes\6\)

6.6.1 系统配置

请看配置文件 docker-compose.yaml，用于定义一个多服务的微服务应用的部署。该配置文件详细描述了如何创建和配置多个 Docker 容器，使它们协同工作，从而构建一个完整的应用系统。具体内容如下。

```
version: "3.7"

services:
  postgres:
    build: "./service"
```

```
    environment:
      POSTGRES_USER: postgres
      POSTGRES_PASSWORD: myPassword
      POSTGRES_DB: mydb
    restart: always

  nats:
    image: "nats-streaming:0.9.2"
    restart: always

  elastic:
    image: "docker.elastic.co/elasticsearch/elasticsearch:7.17.8"
    environment:
      - "discovery.type=single-node"

  feed:
    build: "."
    command: "cmd-feed"
    depends_on:
      - "postgres"
      - "nats"
    ports:
      - "8089"
    environment:
      POSTGRES_USER: postgres
      POSTGRES_PASSWORD: myPassword
      POSTGRES_DB: mydb
      NATS_ADDRESS: "nats:4222"

  query:
    build: "."
    command: "cmd-search"
    depends_on:
      - "postgres"
      - "nats"
      - "elastic"
    ports:
      - "8089"
    environment:
      POSTGRES_USER: postgres
      POSTGRES_PASSWORD: myPassword
      POSTGRES_DB: mydb
      NATS_ADDRESS: "nats:4222"
      ELASTCISEARCH_ADDRESS: "elasticsearch:9200"

  pusher:
    build: "."
```

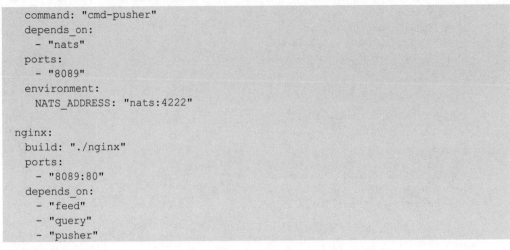

```
    command: "cmd-pusher"
    depends_on:
      - "nats"
    ports:
      - "8089"
    environment:
      NATS_ADDRESS: "nats:4222"

  nginx:
    build: "./nginx"
    ports:
      - "8089:80"
    depends_on:
      - "feed"
      - "query"
      - "pusher"
```

在上述 services 中定义了不同的服务组件，具体说明如下。

❏ postgres：构建了一个 PostgreSQL 数据库容器。设置了环境变量，用于配置数据库的用户名、密码和数据库名。容器会在需要时自动重启。

❏ nats：使用预先构建的 NATS 消息中间件镜像。容器会在需要时自动重启。

❏ elastic：使用 Elasticsearch 官方镜像，设置了环境变量并配置 Elasticsearch 为单节点模式。容器会在需要时自动重启。

❏ feed：构建了一个应用容器，其中运行 cmd-feed 命令，该容器依赖于 postgres 和 nats 服务。设置了环境变量来配置 PostgreSQL 和 NATS 的地址。将应用容器的端口映射到主机的 8089 端口。

❏ query：构建了另一个应用容器，运行 cmd-search 命令，依赖于 postgres、nats 和 elastic 服务。设置了环境变量来配置 PostgreSQL、NATS 和 Elasticsearch 的地址。将应用容器的端口映射到主机的 8089 端口。

❏ pusher：构建了另一个应用容器，运行 cmd-pusher 命令，依赖于 nats 服务。设置了环境变量来配置 NATS 的地址。将应用容器的端口映射到主机的 8089 端口。

❏ nginx：构建了一个 Nginx 服务器容器，将其设置为反向代理，并依赖于 feed、query 和 pusher 服务。将主机的 8089 端口映射到 Nginx 容器的 80 端口。

通过运行 docker-compose up 命令，可以将这些服务一起启动，多个服务将在一个隔离的网络中运行，并且会根据它们之间的依赖关系自动协同工作。

6.6.2 消息处理

(1) 编写 internal/events/messages/messages.go 文件，定义一个名为 messages 的 Go 语

言包，用于定义不同类型的消息结构体。每个消息结构体都实现了 Message 接口，该接口定义了一个 Type 方法，用于指示消息类型。具体实现代码如下。

```
package messages
import "time"
// Message 接口定义了消息的通用方法
type Message interface {
    Type() string
}
// CreatedFeedMessage 结构体表示创建新 Feed 的消息
type CreatedFeedMessage struct {
    Id          string   'json:"id"'
    Title       string   'json:"title"'
    Description string   'json:"description"'
    CreatedAt   time.Time 'json:"created_at"'
}
// Type 方法返回消息类型
func (message CreatedFeedMessage) Type() string {
    return "created_feed"
}
```

上述消息模块被用于实现项目中的事件发布、订阅机制以及异步通信等功能。消息可以被序列化为 JSON 格式，然后通过事件存储或消息中间件在不同的服务之间传递和交互。

(2) 编写 internal/events/event.go 文件，定义一个名为 events 的 Go 语言包，用于处理事件相关的功能。本程序文件实现了事件的发布和订阅机制，以及处理与事件相关的操作。具体实现代码如下。

```
package events
import (
    "context"
    "github.com/hajduksanchez/go_cqrs/internal/events/messages"
    "github.com/hajduksanchez/go_cqrs/internal/models"
)
// EventStore 接口定义了事件存储的方法
type EventStore interface {
    Close()
    PublishCreatedFeed(ctx context.Context, feed *models.Feed) error
    SuscribeCreatedFeed(ctx context.Context) (<-chan messages.CreatedFeedMessage, error)
    OnCreatedFeed(function func(messages.CreatedFeedMessage)) error
}
var _eventStore EventStore
// SetEventStore 函数用于设置事件存储的实例，实现了依赖注入
func SetEventStore(eventStore EventStore) {
    _eventStore = eventStore
```

```
}
// Close 函数用于关闭事件存储的连接
func Close() {
    _eventStore.Close()
}
// PublishCreatedFeed 函数用于发布创建新 Feed 事件
func PublishCreatedFeed(ctx context.Context, feed *models.Feed) error {
    return _eventStore.PublishCreatedFeed(ctx, feed)
}
// SuscribeCreatedFeed 函数用于订阅创建新 Feed 事件
func SuscribeCreatedFeed(ctx context.Context) (<-chan messages.CreatedFeedMessage,
error) {
    return _eventStore.SuscribeCreatedFeed(ctx)
}
// OnCreatedFeed 函数用于注册当新 Feed 被创建时的事件处理函数
func OnCreatedFeed(function func(messages.CreatedFeedMessage)) error {
    return _eventStore.OnCreatedFeed(function)
}
```

在上述代码中，EventStore 接口定义了一组方法，用于处理不同类型的事件。这些方法与消息中间件(如 NATS)一起工作，以便在不同的服务之间实现异步通信和事件处理。另外，上述代码还提供了一些用于配置和操作事件的辅助函数。

(3) 编写 internal/events/nats.event.go 文件，实现了一个名为 NatsEventStore 的类型，用于将事件存储在 NATS 消息中间件中。本实例文件定义了与事件相关的方法，包括发布事件、订阅事件和处理事件等。具体实现代码如下。

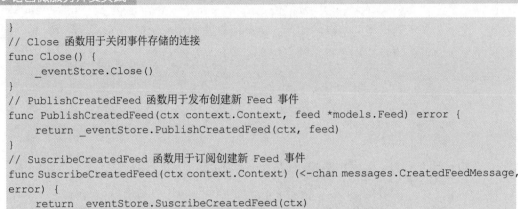

```
package events
import (
    "bytes"
    "context"
    "encoding/gob"
    "github.com/hajduksanchez/go_cqrs/internal/events/messages"
    "github.com/hajduksanchez/go_cqrs/internal/models"
    "github.com/nats-io/nats.go"
)
// NatsEventStore 结构体表示将事件存储在 NATS 中间件中
type NatsEventStore struct {
    conn            *nats.Conn                              // 连接到 NATS 的连接
    feedCreatedSub  *nats.Subscription                      // 订阅创建新事件的订阅
    feedCreatedChan chan messages.CreatedFeedMessage        // 关联的通道
}
// NewNatsEventStore 函数用于创建一个新的 NatsEventStore 实例
func NewNatsEventStore(url string) (*NatsEventStore, error) {
    conn, err := nats.Connect(url)
    if err != nil {
```

```
        return nil, err
    }
    return &NatsEventStore{
        conn: conn,
    }, nil
}
// encodeMessage 函数用于编码特定类型的消息
func (natsStore *NatsEventStore) encodeMessage(message messages.Message) ([]byte,
error) {
    b := bytes.Buffer{}
    err := gob.NewEncoder(&b).Encode(message)
    if err != nil {
        return nil, err
    }
    return b.Bytes(), nil
}
// decodeMessage 函数用于将字节数据解码为特定的接口类型
func (natsStore *NatsEventStore) decodeMessage(data []byte, message interface{})
error {
    b := bytes.Buffer{}
    b.Write(data)
    return gob.NewDecoder(&b).Decode(message)
}
// Close 方法用于关闭与存储相关的连接和通道
func (natsStore *NatsEventStore) Close() {
    if natsStore.conn != nil {
        natsStore.conn.Close()
    }
    if natsStore.feedCreatedSub != nil {
        natsStore.feedCreatedSub.Unsubscribe()
    }
    close(natsStore.feedCreatedChan)
}
// PublishCreatedFeed 方法用于发布创建新 Feed 事件
func (natsStore *NatsEventStore) PublishCreatedFeed(ctx context.Context, feed
*models.Feed) error {
    message := messages.CreatedFeedMessage{
        Id:          feed.Id,
        Title:       feed.Title,
        Description: feed.Description,
        CreatedAt:   feed.CreatedAt,
    }
    data, err := natsStore.encodeMessage(message)
    if err != nil {
        return err
    }
    return natsStore.conn.Publish(message.Type(), data)
}
```

```go
// OnCreatedFeed 方法用于注册创建新 Feed 事件的处理函数
func (natsStore *NatsEventStore) OnCreatedFeed(function
func(messages.CreatedFeedMessage)) (err error) {
    message := messages.CreatedFeedMessage{}
    natsStore.feedCreatedSub, err = natsStore.conn.Subscribe(message.Type(),
func(msg *nats.Msg) {
        natsStore.decodeMessage(msg.Data, &message)
        function(message)
    })
    return
}
// SuscribeCreatedFeed 方法用于订阅创建新 Feed 事件
func (natsStore *NatsEventStore) SuscribeCreatedFeed(ctx context.Context) (<-chan
messages.CreatedFeedMessage, error) {
    var err error
    message := messages.CreatedFeedMessage{}
    natsStore.feedCreatedChan = make(chan messages.CreatedFeedMessage, 64)
    ch := make(chan *nats.Msg, 64)
    natsStore.feedCreatedSub, err = natsStore.conn.ChanSubscribe(message.Type(), ch)
    if err != nil {
        return nil, err
    }
    go func() {
        for {
            select {
            case msg := <-ch:
                natsStore.decodeMessage(msg.Data, &message)
                natsStore.feedCreatedChan <- message
            }
        }
    }()
    return (<-chan messages.CreatedFeedMessage)(natsStore.feedCreatedChan), nil
}
```

上述代码定义了一个 NatsEventStore 类型，实现了 EventStore 接口。它处理了与事件
相关的操作，包括连接到 NATS 消息中间件、编码和解码消息、发布和订阅事件等。
NatsEventStore 类型用于在应用程序中实现基于 NATS 的事件存储和消息传递机制，以支
持异步通信和事件处理。

6.6.3　入口文件

（1）编写 cmd-feed/main.go 文件，用于处理 HTTP 请求，并与数据库和事件存储进行交
互。通过使用 NATS 消息中间件库，实现了消息传递。NewNatsEventStore()函数创建了一
个与 NATS 消息中间件的连接，并将其作为事件存储使用。这样就可以通过事件存储来进

行消息的发布和订阅，实现了异步通信。具体实现代码如下。

```go
package main
import (
    "fmt"
    "log"
    "net/http"
    "github.com/gorilla/mux"
    "github.com/hajduksanchez/go_cqrs/internal/database"
    "github.com/hajduksanchez/go_cqrs/internal/events"
    "github.com/hajduksanchez/go_cqrs/internal/handlers"
    "github.com/hajduksanchez/go_cqrs/internal/repository"
    "github.com/kelseyhightower/envconfig"
)
// 从环境变量中读取的配置信息
type Config struct {
    PostgresDB       string 'envconfig:"POSTGRES_DB"'        // PostgreSQL 数据库名
    PostgresUser     string 'envconfig:"POSTGRES_USER"'      // PostgreSQL 用户名
    PostgresPassword string 'envconfig:"POSTGRES_PASSWORD"'  // PostgreSQL 密码
    NatsAddress      string 'envconfig:"NATS_ADDRESS"'       // NATS 消息中间件地址
}
func main() {
    var config Config
    err := envconfig.Process("", &config)
    if err != nil {
        log.Fatalf("%v", err)
    }
    // 创建 PostgreSQL 连接地址并初始化数据库仓库
    addr := fmt.Sprintf("postgres://%s:%s@postgres/%s?sslmode=disable",
config.PostgresUser, config.PostgresPassword, config.PostgresDB)
    repo, err := database.NewFeedDataBase(addr)
    if err != nil {
        log.Fatal(err)
    }
    repository.SetRepository(repo)
    // 创建 NATS 连接地址并初始化事件存储
    nats := fmt.Sprintf("nats://%s", config.NatsAddress)
    eventStore, err := events.NewNatsEventStore(nats)
    if err != nil {
        log.Fatal(err)
    }
    events.SetEventStore(eventStore)
    // 在最后关闭 NATS 连接
    defer events.Close()
    // 创建新的路由器用于服务器
    router := newRouter()
    if err := http.ListenAndServe(":8089", router); err != nil {
```

```
        log.Fatal(err)
    }
}
// 创建新的 mux 路由器
func newRouter() (router *mux.Router) {
    router = mux.NewRouter() // 创建路由器
    // 为路由添加新的处理器函数
    router.HandleFunc("/feeds",
handlers.CreatedFeedHandler).Methods(http.MethodPost)
    return
}
```

(2) 编写 cmd-pusher/main.go 文件，使用 WebSocket 和 NATS 来实现异步通信，并将事件广播到 WebSocket 客户端集线器中，从而在创建新 Feed 事件时实现了异步消息传递和通知。具体实现代码如下。

```
package main
import (
    "fmt"
    "log"
    "net/http"
    "github.com/hajduksanchez/go_cqrs/internal/events"
    "github.com/hajduksanchez/go_cqrs/internal/events/messages"
    "github.com/hajduksanchez/go_cqrs/internal/websocket"
    "github.com/kelseyhightower/envconfig"
)
// 从环境变量中读取的配置信息
type Config struct {
    NatsAddress string 'envconfig:"NATS_ADDRESS"'   // NATS 消息中间件地址
}
func main() {
    var config Config
    err := envconfig.Process("", &config)
    if err != nil {
        log.Fatalf("%v", err)
    }
    // 创建新的客户端集线器(hub)
    hub := websocket.NewHub()
    // 创建新的 NATS 存储
    nats := fmt.Sprintf("nats://%s", config.NatsAddress)
    natsStore, err := events.NewNatsEventStore(nats)
    if err != nil {
        log.Fatal(err)
    }
    // 定义一个处理创建新 Feed 时的函数
    err = natsStore.OnCreatedFeed(func(m messages.CreatedFeedMessage) {
```

```
            // 在 WebSocket 的客户端集线器(hub)中广播新 Feed 的信息
            hub.Broadcast(NewCreatedFeedMessage(m.Id, m.Title, m.Description,
m.CreatedAt), nil)
        })
        if err != nil {
            log.Fatal(err)
        }
    events.SetEventStore(natsStore)
    defer events.Close()
    // 启动 WebSocket 作为并发进程
    go hub.Run()
    // 启动带有 WebSocket 的服务器
    http.HandleFunc("/ws", hub.HandleWebSocket)
    if err := http.ListenAndServe(":8089", nil); err != nil {
        log.Fatal(err)
    }
}
```

（3）编写 cmd-search/main.go 文件实现一个服务，它通过连接数据库、与 Elasticsearch
交互、订阅事件、处理搜索请求等，实现了一种基于 CQRS 架构的微服务，其中涉及数据
库操作、异步通信、消息传递和搜索功能。具体实现代码如下。

```
package main
import (
    "fmt"
    "log"
    "net/http"
    "github.com/gorilla/mux"
    "github.com/hajduksanchez/go_cqrs/internal/database"
    "github.com/hajduksanchez/go_cqrs/internal/events"
    "github.com/hajduksanchez/go_cqrs/internal/handlers"
    "github.com/hajduksanchez/go_cqrs/internal/repository"
    "github.com/hajduksanchez/go_cqrs/internal/search"
    "github.com/kelseyhightower/envconfig"
)
// 从环境变量中读取的配置信息
type Config struct {
    PostgresDB           string 'envconfig:"POSTGRES_DB"'        // PostgreSQL 数据库名
    PostgresUser         string 'envconfig:"POSTGRES_USER"'      // PostgreSQL 用户名
    PostgresPassword     string 'envconfig:"POSTGRES_PASSWORD"'  // PostgreSQL 密码
    NatsAddress          string 'envconfig:"NATS_ADDRESS"'       // NATS 消息中间件地址
    ElasticSearchAddress string 'envconfig:"ELASTICSEARCH_ADDRESS"'
        // Elasticsearch 地址
}
func main() {
    var config Config
    err := envconfig.Process("", &config)
```

```
    if err != nil {
        log.Fatalf("%v", err)
    }
    // 创建 PostgreSQL 连接地址并初始化数据库仓库
    addr := fmt.Sprintf("postgres://%s:%s@postgres/%s?sslmode=disable",
            config.PostgresUser, config.PostgresPassword, config.PostgresDB)
    repo, err := database.NewFeedDataBase(addr)
    if err != nil {
        log.Fatal(err)
    }
    repository.SetRepository(repo)
    // 创建 Elasticsearch 连接地址并初始化搜索仓库
    elastic := fmt.Sprintf("http://%s", config.ElasticSearchAddress)
    es, err := search.NewElasticSearchRepository(elastic)
    if err != nil {
        log.Fatal(err)
    }
    search.SetSearchRepository(es)
    defer es.Close()
    // 创建 NATS 连接地址并初始化事件存储
    nats := fmt.Sprintf("nats://%s", config.NatsAddress)
    eventStore, err := events.NewNatsEventStore(nats)
    if err != nil {
        log.Fatal(err)
    }
    events.SetEventStore(eventStore)
    defer events.Close()
    // 订阅事件，将创建 Feed 的事件与搜索处理函数关联起来
    err = events.OnCreatedFeed(handlers.OnCreatedFeed)
    if err != nil {
        log.Fatal(err)
    }
    // 创建新的路由器用于服务器
    router := newRouter()
    if err := http.ListenAndServe(":8089", router); err != nil {
        log.Fatal(err)
    }
}

// 创建新的 mux 路由器
func newRouter() (router *mux.Router) {
    router = mux.NewRouter() // 创建路由器
    // 为路由添加新的处理器函数
    router.HandleFunc("/feeds", handlers.ListFeedHandler).Methods(http.MethodGet)
    router.HandleFunc("/search", handlers.SearchHandler).Methods(http.MethodGet)
    return

}
```

上述三个入口文件是相互关联的组成部分，它们在一个整体架构中协同工作。为了正确运行它们，应该按照以下顺序依次运行。

❑ cmd-feed/main.go 文件：这个入口文件涉及消息传递和异步通信的一部分。它启动一个 HTTP 服务器，等待创建 Feed 的请求，并将相关事件发布到消息中间件 (NATS)。

❑ cmd-pusher/main.go 文件：这个入口文件实现了消息传递和异步通信的一部分。它创建 WebSocket 客户端集线器，监听 NATS 中的事件，并将相关信息广播到 WebSocket 客户端。

❑ cmd-search/main.go 文件：这个入口文件涉及数据库连接、消息传递、搜索功能等。它启动一个 HTTP 服务器，处理来自客户端的搜索请求，从 Elasticsearch 中检索数据。

注意：为了正确地运行这些入口文件，需要保证以下两点。

❑ 每个入口文件的依赖项都已安装，可以使用 go get 命令来获取缺少的依赖项。

❑ 环境变量已设置，包括 PostgreSQL、NATS 和 Elasticsearch 的相关配置信息。为节省本书篇幅，本实例的数据库设置文件的代码不再讲解。请读者参阅配套资料的源码。

第 7 章

远程过程调用

　　远程过程调用(Remote Procedure Call，RPC)是一种计算机通信技术，用于在分布式系统中实现不同计算机之间的进程间通信。它允许像调用本地过程一样调用远程计算机上的过程(也称为函数、方法等)，从而使分布式系统的各个部分能够协同工作。本章将详细讲解远程过程调用的知识，为读者学习本书后续章节的知识打下基础。

7.1 远程过程调用的概念和原理

远程过程调用(RPC)的工作方式类似于本地过程调用，但实际上，调用的过程位于远程计算机上。这使开发人员可以通过简单的函数调用来触发远程计算机上的代码执行，而无须关注底层的网络通信细节。

扫码看视频

7.1.1 远程过程调用的基本工作流程

使用 RPC 的基本流程如下。

(1) 定义接口：首先需要定义远程过程的接口，包括方法名、参数和返回值等。这个接口需要在客户端和服务器端都有对应的实现。

(2) 客户端调用：客户端应用程序通过调用本地的 RPC 代理函数，就像调用本地函数一样。

(3) 代理函数：客户端的代理函数负责将函数调用及其参数打包成网络可传输的数据，并将其发送到远程服务器。

(4) 网络通信：客户端通过网络将打包的数据发送到远程服务器。

(5) 服务器处理：远程服务器接收到数据后，解包数据，根据请求调用相应的远程过程，并将结果打包发送回客户端。

(6) 客户端处理：客户端接收到结果后，解包数据，得到最终的结果。

7.1.2 远程对象和远程方法调用

远程对象和远程方法调用(Remote Method Call，RMC)是与分布式系统中的远程过程调用相关的概念，两者的具体说明如下。

❑   远程对象是指在一个计算机上的应用程序可以通过网络访问另一个计算机上的对象。这些远程对象实际上是在远程计算机上创建和维护的，但客户端可以通过类似于本地对象调用的方式来访问它们。远程对象的存在允许分布式系统中的不同部分能够以面向对象的方式进行通信和协作。

❑   远程方法调用是指在分布式系统中，一个应用程序通过网络调用远程计算机上对象的方法。这类似于在本地调用对象的方法，但实际上方法的执行发生在远程计算机上。远程方法调用的背后是底层的网络通信和数据传输，使客户端可以透明地调用远程对象上的方法，就像它们是本地对象一样。

远程对象和远程方法调用在分布式系统中被广泛应用，它们允许不同计算机上的应用程序协同工作、共享数据和功能，而无须开发人员直接处理底层的网络通信和数据传输。这种抽象层次的提升简化了分布式系统的开发，但也带来了挑战，例如，网络延迟和安全性等问题需要合理应对。

在实际应用中，常用的技术包括 Java RMI(远程方法调用)、CORBA、.NET Remoting(已过时)和 gRPC(用于更现代的微服务架构)。这些技术提供了不同的抽象和功能，以满足各种分布式系统的需求。

7.1.3 常见的 RPC 框架和协议

在分布式系统中，有许多常见的 RPC 框架和协议，用于实现远程方法调用和通信。以下是一些常用的 RPC 框架和协议。

- ❑ gRPC：由 Google 开发的高性能 RPC 框架，基于 HTTP/2 协议和 Protocol Buffers(protobuf)序列化机制。它支持多种编程语言，包括 Java、Python、Go 等，适用于构建跨语言的分布式系统。
- ❑ Go kit：一个用于构建分布式应用和微服务的工具集，它提供了一组库和工具，帮助开发者在 Go 语言中实现可扩展、可维护的微服务架构。Go kit 的目标是解决微服务架构中的常见问题，如服务发现、负载均衡、请求追踪、日志记录等。
- ❑ Apache Thrift：由 Apache 基金会开发的跨语言的 RPC 框架，支持多种编程语言，包括 C++、Java、Python 等。它使用自定义的 IDL(接口定义语言)来定义数据结构和服务接口，支持多种传输协议和序列化格式。
- ❑ Java RMI：Java 平台提供的远程方法调用机制，允许 Java 对象在不同的 Java 虚拟机之间进行通信。虽然主要用于 Java 之间的通信，但它也可以通过序列化来支持跨语言通信。
- ❑ CORBA：一种面向对象的分布式系统通信框架，支持多种编程语言，包括 C++、Java 等。它使用 IDL 来定义接口和数据类型，使用 ORB(Object Request Broker)进行对象之间的通信。
- ❑ XML-RPC：一种基于 XML 的远程方法调用协议，可以使用 HTTP 作为传输协议。它虽然相对简单，但由于使用了 XML 作为数据格式，可能会导致性能较低。
- ❑ JSON-RPC：一种基于 JSON 的轻量级远程方法调用协议，类似于 XML-RPC。它使用 HTTP 作为传输协议，适合在 Web 应用中使用。
- ❑ RESTful Web Services：虽然不是传统意义上的 RPC 协议，但基于 HTTP 的 RESTful

架构允许通过 HTTP 方法调用远程服务，通常使用 JSON 或 XML 作为数据格式。

❑ ZeroMQ：虽然它不是严格意义上的 RPC 框架，但是 ZeroMQ 是一个高性能的消息传递库，可以用于构建分布式系统中的通信部分。

> **注意：** 这只是一小部分常见的 RPC 框架和协议，每个框架都有其适用的场景和特点。选择适合的 RPC 框架和协议取决于项目需求、语言选择、性能要求和团队的经验等因素。

7.2 RPC 的序列化和传输

在 RPC 中，序列化和传输是两个关键的步骤，用于将方法调用和参数从客户端传递到服务器端，以及将结果从服务器端传递回客户端。这两个步骤是实现分布式系统通信的重要组成部分。

扫码看视频

7.2.1 序列化和反序列化的概念

序列化(serialization)和反序列化(deserialization)是计算机科学中的两个重要概念，它们用于在数据存储、网络传输和内存中的数据表示之间进行转换。这些概念在分布式系统、数据交换以及持久化存储中起着关键作用。

❑ 序列化：序列化是将内存中的数据结构(如对象、数组、字典等)转换为一种可以在不同环境中进行传输、存储或持久化的格式。序列化的结果通常是字节流(binary stream)或字符流(text stream)，这使数据可以在网络上传输，或者存储在磁盘或数据库中。序列化的目的是将数据转换成一种通用格式，以便于在不同系统之间交换数据，或者在不同时间点保存数据状态。

❑ 反序列化：反序列化是序列化的逆过程，即将序列化后的数据重新转换为内存中的数据结构。通过反序列化，可以从存储或传输的数据中还原出原始数据。这使在不同环境中传输的数据能够在内存中重建，从而进行处理、操作或展示。

序列化和反序列化在分布式系统中尤为重要，因为它们允许不同计算机之间通过网络进行数据交换。例如，在 RPC 中，客户端和服务器之间需要将方法调用和参数序列化后传递，然后在服务器端反序列化以执行相应的操作。同样，在存储数据时，数据通常需要序列化后才能被写入文件或数据库，并在需要时通过反序列化进行读取。

7.2.2 常用的序列化协议

序列化协议是用于将数据结构转换为可以在网络上传输或存储的格式，以及将这些格式转换回数据结构的一种方式。常用的序列化协议如下。

- ❑ Protocol Buffers(Protobuf)：由 Google 开发的二进制序列化协议，具有高效的编码和解码性能，适用于跨语言通信。Protobuf 使用 .proto 文件定义数据结构和接口，然后可以使用生成的代码在不同编程语言之间进行序列化和反序列化。
- ❑ JSON(JavaScript Object Notation)：轻量级的文本序列化协议，易于阅读和调试。JSON 格式使用键值对表示数据，广泛用于 Web 应用程序和 RESTful API 中。
- ❑ XML(eXtensible Markup Language)：另一种常见的文本序列化协议，使用标签和属性来表示数据结构。虽然相对于 JSON 来说格式较为烦琐，但在某些应用中仍然有用。
- ❑ MessagePack：类似于 JSON 的二进制序列化协议，具有更高的性能和较小的序列化后的数据体积。MessagePack 支持多种编程语言。
- ❑ Avro：由 Apache 提供的二进制序列化协议，具有动态模式、较小的数据体积和跨语言支持。它在数据存储和大数据领域中被广泛使用。
- ❑ Thrift：由 Apache 提供的跨语言序列化协议，支持多种编程语言。Thrift 使用自定义的 IDL 文件来定义数据结构和接口，并生成相应的代码进行序列化和反序列化。
- ❑ BSON(Binary JSON)：一种用于存储和交换文档的二进制序列化格式，通常与 MongoDB 数据库一起使用。
- ❑ CBOR(Concise Binary Object Representation)：一种轻量级的二进制序列化格式，类似于 JSON。CBOR 在 IoT(物联网)和低带宽环境中很受欢迎。

上述序列化协议各有优劣，选择合适的协议取决于应用需求，如性能、数据体积、跨语言支持等。在不同的领域和场景中，可能会更适合特定的序列化协议。

7.3 在微服务架构中使用 RPC

在微服务架构中，使用 RPC 可以实现不同服务之间的通信，从而实现分布式系统各个组件之间的协作。RPC 在微服务架构中有助于将系统拆分成更小的、独立的服务，并使它们能够通过网络相互通信。

扫码看视频

7.3.1 Go 语言原生 RPC 实战

Go 语言的原生 RPC 应用时，通过下面的实例展示使用 Go 语言标准库中的 net/rpc 包来设置 RPC 服务器端和客户端的过程。

实例 7-1：服务器端和客户端的远程过程调用(源码路径：codes\7\7-1\)

(1) 编写 server.go 文件实现 RPC 服务器的功能，具体实现代码如下。

```go
package main

import (
    "log"
    "net"
    "net/rpc"
)

type MathService struct{}

func (m *MathService) Add(args [2]int, reply *int) error {
    *reply = args[0] + args[1]
    return nil
}

func main() {
    mathService := new(MathService)
    rpc.Register(mathService)

    listener, err := net.Listen("tcp", ":1234")
    if err != nil {
        log.Fatal("Listen error:", err)
    }
    defer listener.Close()

    log.Println("Server listening on :1234")
    for {
        conn, err := listener.Accept()
        if err != nil {
            log.Fatal("Accept error:", err)
        }
        go rpc.ServeConn(conn)
    }
}
```

对上述代码的具体说明如下。

❑ 导入了必要的包，包括 log 和 net/rpc。

❑ 定义一个名为 MathService 的类型，该类型具有一个名为 Add 的方法。在此例中，Add 方法用于将两个整数相加。

❑ 在 main 函数中创建一个 MathService 的实例，并将它注册到 RPC 系统中，以便客户端可以调用它。

❑ 使用 net.Listen 方法在端口 1234 上监听连接，使用 rpc.ServeConn 方法来接受连接并提供 RPC 服务，从而使客户端能够调用 Add 方法。

(2) 编写 client.go 文件，实现 RPC 客户端的功能，具体实现代码如下。

```go
package main

import (
    "log"
    "net"
    "net/rpc"
)

type MathService struct{}

func (m *MathService) Add(args [2]int, reply *int) error {
    *reply = args[0] + args[1]
    return nil
}

func main() {
    mathService := new(MathService)
    rpc.Register(mathService)

    listener, err := net.Listen("tcp", ":1234")
    if err != nil {
        log.Fatal("Listen error:", err)
    }
    defer listener.Close()

    log.Println("Server listening on :1234")
    for {
        conn, err := listener.Accept()
        if err != nil {
            log.Fatal("Accept error:", err)
        }
        go rpc.ServeConn(conn)
    }
}
```

对上述代码的具体说明如下。

- 在 main 函数中，使用 rpc.Dial 连接到服务器，该服务器在 IP 地址 127.0.0.1 和端口号 1234 上运行。
- 定义一个整数数组 args，其中包含要传递给服务器的两个整数。
- 通过使用 client.Call 方法来调用服务器上的 MathService.Add 方法，将参数传递给服务器。结果将被存储在 result 变量中。
- 最后输出计算结果。

本实例演示了如何在 Go 语言中使用原生的 RPC 库创建一个简单的 RPC 服务器和客户端的方法，以及如何进行远程方法调用和数据传递的方法。运行 server.go 文件后将启动一个 RPC 服务器，监听端口 1234。而运行 client.go 文件后将连接到该服务器，调用 Add 方法并打印结果：

```
Result: 30
```

7.3.2　gRPC 高性能远程过程调用实战

在使用 gRPC 前需要先安装，在 Linux 或 macOS 系统上安装 gRPC 的一般步骤如下。

(1) 安装 Protocol Buffers(Protobuf)。gRPC 使用 Protocol Buffers 来定义接口和消息格式，因此需要安装 Protobuf 编译器。具体方法如下。

① 前往 Protobuf 官方 GitHub 仓库(https://github.com/protocolbuffers/protobuf/releases)。

② 下载适合操作系统的最新版本的 Protobuf 编译器。

③ 解压下载的文件，并将可执行文件(protoc)添加到系统 PATH 中。

(2) 安装 gRPC Go 库。接下来，需要安装 gRPC Go 库，这是 Go 语言的 gRPC 实现。在终端运行以下命令：

```
go get -u google.golang.org/grpc
```

(3) 安装 gRPC 工具。gRPC 还提供了一些实用工具，如代码生成工具。可以通过安装 gRPC 工具来使用这些功能。在终端运行以下命令：

```
go get -u github.com/golang/protobuf/protoc-gen-go
```

(4) 安装 gRPC Web 工具(可选)。如果计划在 Web 浏览器中使用 gRPC，则需要安装 gRPC Web 工具。在终端运行以下命令：

```
go get -u github.com/grpc/grpc-web/protoc-gen-grpc-web
```

安装完成后，能够使用 gRPC 来构建和使用远程过程调用服务。注意，需要使用 Protobuf

来定义接口和消息格式，并使用 protoc 命令来生成相关的 Go 语言代码。下面的实例演示了使用 gRPC 实现高性能远程过程调用的过程，其主要功能如下。

- ❑ 基本传输：实现了简单的 gRPC 方法调用，进行基本的请求和响应。
- ❑ 双向传输：支持双向流式传输，客户端和服务器可以持续发送和接收消息。
- ❑ 服务发现与负载均衡：通过注册服务集群，实现服务发现和负载均衡。
- ❑ 拦截器：包含了普通拦截器和鉴权拦截器，进行请求和响应的拦截和处理。
- ❑ 附加内容传输：使用元数据传递附加信息，如头部内容。
- ❑ 鉴权：验证访问令牌，确保请求的合法性。
- ❑ 安全关闭：处理系统关闭信号，确保服务完成后安全关闭。

实例 7-2：使用 gRPC 实现高性能远程过程调用(源码路径：codes\7\7-2\)

(1) 编写 server/server.go 文件，使用 Go 语言的 gRPC 库来创建一个服务器。在这个文件中，代码逻辑主要集中在服务器的启动、注册服务和关闭处理方面。hello.Server{}是一个自定义地实现了 gRPC 服务的结构体，可以根据需要进行替换，以实现不同的功能。这个示例提供了一个基本的框架，可以在其中添加业务逻辑和服务实现。

(2) 编写 server/hello/helloserver.go 文件，定义一个名为 hello 的包，其中包含 gRPC 服务的各种方法和拦截器。具体实现代码如下。

```
type Server struct {
    //嵌入了 pb.UnimplementedHelloServer 接口
    //这样做的目的是确保结构体实现了该接口的所有方法，并且保持与未来可能添加的新方法的向前兼容性
    pb.UnimplementedHelloServer
}

func (s *Server) Hello(ctx context.Context, in *pb.ParBody) (*pb.ParBody, error) {
    res := &pb.ParBody{Value: ":8001 " + in.GetValue()}
    log.Printf("service 收到: %v", in.GetValue())
    // time.Sleep(time.Second * 3)
    return res, nil
}

func (s *Server) Channel(stream pb.Hello_ChannelServer) error {
    t := time.NewTicker(time.Millisecond * 500)
    for i := 0; ; i++ {
        // 接收消息
        recv, err := stream.Recv()
        if err != nil {
            if err == io.EOF {
                return nil
```

```
        }
        return err
    }
    fmt.Println("服务端接收客户端的消息", recv)
    <-t.C
    // 发送消息
    rsp := &pb.ParBody{Value: strconv.Itoa(i)}
    err = stream.Send(rsp)
    if err != nil {
        return err
    }
  }
}

// UnaryServerInterceptor 普通拦截器 获取一些基本信息
func UnaryServerInterceptor(ctx context.Context, req interface{}, info
*grpc.UnaryServerInfo, handler grpc.UnaryHandler) (resp interface{}, err error) {
    remote, _ := peer.FromContext(ctx)
    remoteAddr := remote.Addr.String()
    start := time.Now()
    defer func() {
        in, _ := json.Marshal(req)
        out, _ := json.Marshal(resp)
        log.Println("ip", remoteAddr, "access_end", info.FullMethod, "in",
string(in), "out", string(out),
            "err", err, "duration/ms", time.Since(start).Milliseconds())
    }()
    // 获取附加信息
    md, ok := metadata.FromIncomingContext(ctx)
    if ok {
        accessTokenList := md.Get("access-token")
        fmt.Println('accessTokenList', accessTokenList, len(accessTokenList))
        header := md.Get("my-header")
        fmt.Println('my-header', header, len(header))
        metadataHeader := md.Get("metadata-my-header")
        fmt.Println('metadata-my-header', metadataHeader, len(metadataHeader))
    }
    resp, err = handler(ctx, req)
    return
}

// 以下API接口不需要用户登录即可访问，其他接口访问前需要进行用户身份验证
var publicAPIMapper = map[string]bool{
    "/cashapp.CashApp/PingPong": true,
    "/cashapp.CashApp/Register": true,
    "/cashapp.CashApp/Login":    true,
}
```

```go
func IsPublicAPI(fullMethodName string) bool {
    return publicAPIMapper[fullMethodName]
}
// SentryUnaryServerInterceptor 鉴权拦截器
func SentryUnaryServerInterceptor() grpc.UnaryServerInterceptor {
    return func(ctx context.Context, req interface{}, info *grpc.UnaryServerInfo,
handler grpc.UnaryHandler) (result interface{}, err error) {
        fullMethodName := info.FullMethod
        if !IsPublicAPI(fullMethodName) {
            accessToken := GetAccessToken(ctx)
            userID, err := GetUserIDByAccessToken(accessToken)
            if err != nil || userID == 0 {
                log.Printf("failed to find user by %s: %s", accessToken, err)
                return nil, status.Errorf(codes.Unauthenticated, '', 'err.')
            }
            ctx = context.WithValue(ctx, "access_token", accessToken)
            ctx = context.WithValue(ctx, "user_id", userID)
        }
        log.Printf("got request with %v", req)
        result, err = handler(ctx, req)
        return
    }
}


// GetUserIDByAccessToken 通过 accessToken 得到用户 id    accessToken 应该是需要调用另一
些登录方法获得的
func GetUserIDByAccessToken(accessToken string) (int, error) {
    return 1, nil
}


// GetAccessToken 用于从传入的 Context 中获取存储在 metadata 中的访问令牌
// 这个时候，客户端只需要统一添加一个 Access-Token 的头部，值为对应用户的 access_token 即可
func GetAccessToken(ctx context.Context) string {
    md, ok := metadata.FromIncomingContext(ctx)
    if !ok {
        return ""
    }
    accessTokenList := md.Get("access-token")
    if len(accessTokenList) == 1 {
        return accessTokenList[0]
    }
    return ""
}
```

上述代码实现了一个名为 hello 的包，这是一个完整的 gRPC 服务实现，包含了不同类型的方法和拦截器，展示了如何在 Go 语言中构建和扩展 gRPC 服务。具体说明如下。

- ❏ Server 结构体实现了 pb.HelloServer 接口，包含两个方法：Hello 和 Channel。
- ❏ Hello 方法是一个简单的 gRPC 服务方法，接收一个参数，并返回一个相同的响应。
- ❏ Channel 方法是一个流式 gRPC 服务方法，它可以接收和发送多个消息。
- ❏ UnaryServerInterceptor 是一个普通的拦截器，用于记录基本信息和附加信息。
- ❏ SentryUnaryServerInterceptor 是一个鉴权拦截器，用于验证访问令牌并进行鉴权检查。

(3) 编写 server/hello/t.go 文件，定义一些用于拦截 gRPC 服务器的方法，并获取请求和响应信息的功能。具体实现代码如下。

```go
// UnaryTest 获取各种数据的方法
func UnaryTest() grpc.UnaryServerInterceptor {
    return func(ctx context.Context, req interface{}, info *grpc.UnaryServerInfo,
handler grpc.UnaryHandler) (resp interface{}, err error) {
        start := time.Now()
        // 请求日期
        requestDate := start.Format(time.RFC3339)
        defer func() {
            // metadata
            md, _ := metadata.FromIncomingContext(ctx)
            // User Agent 和 host
            ua, host := extractFromMD(md)
            // 请求 IP
            clientIp := getPeerAddr(ctx)
            // 请求耗时
            delay := time.Since(start).Milliseconds()
            // 请求调用的 rpc 方法 i.e., /package.service/method.
            fullMethod := info.FullMethod
            // 请求内容
            requestBody := req
            // 响应的状态码
            responseStatus := int(status.Code(err))
            // 响应数据
            responseBody := resp
            fmt.Println(requestDate, ua, host, clientIp, delay, fullMethod,
requestBody, responseStatus, responseBody)
        }()
        resp, err = handler(ctx, req)
        return resp, err
    }
}

func extractFromMD(md metadata.MD) (ua string, host string) {
    if v, ok := md["x-forwarded-user-agent"]; ok {
        ua = fmt.Sprintf("%v", v)
```

```
    } else {
        ua = fmt.Sprintf("%v", md["user-agent"])
    }
    if v, ok := md[":authority"]; ok && len(v) > 0 {
        host = fmt.Sprintf("%v", v[0])
    }
    return ua, host
}

func getPeerAddr(ctx context.Context) string {
    var addr string
    if pr, ok := peer.FromContext(ctx); ok {
        if tcpAddr, ok := pr.Addr.(*net.TCPAddr); ok {
            addr = tcpAddr.IP.String()
        } else {
            addr = pr.Addr.String()
        }
    }
    return addr
}
```

在上述代码中定义了一个拦截器 UnaryTest()函数，它可以作为 gRPC 服务器的拦截器使用。这个拦截器将在每次调用 gRPC 服务器方法时记录一些请求和响应的信息，如请求日期、User Agent、Host、请求 IP、耗时、调用的方法、请求内容、响应状态码等。

(4) 编写 server/hello/t.go 文件，用于定义拦截 gRPC 服务器的方法并记录请求和响应信息。在此文件中，定义了一个拦截器函数 UnaryTest()，它可以作为 gRPC 服务器的拦截器使用。每次调用 gRPC 服务器方法时，该拦截器都会记录一些关键信息，如请求日期、User Agent、Host、请求 IP、请求耗时、调用的方法、请求内容、响应状态码等。

client/main.go 文件用于演示如何在拦截器中获取各种信息并记录日志，以便调试和监控 gRPC 服务的运行情况。总的来说，这个项目演示了如何使用 gRPC 服务来实现远程过程调用，包括定义服务接口、实现服务方法、设置拦截器、实现负载均衡、传输安全和附加头部等功能。它涵盖了 RPC 中的很多核心概念和实际应用场景，下面列出整个项目的功能清单。

1. gRPC 服务实现

❏ 项目中的 server/server.go 文件包含一个 gRPC 服务的实现。它通过创建一个 TCP 连接并注册 gRPC 服务方法来提供 RPC 服务。

❏ pb.RegisterHelloServer(s, &hello.Server{})将一个实现了 HelloServer 接口的 hello.Server 结构体注册到 gRPC 服务器，使客户端可以调用其中的方法。

2. 实现 gRPC 服务方法

- 在 server/hello/helloServer.go 文件中，定义一个 Server 结构体，实现了 pb.HelloServer 接口，其中包含一些 gRPC 服务方法。这些方法可以通过 gRPC 客户端进行调用，实现远程调用过程。
- Hello 方法和 Channel 方法演示了普通方法调用和双向流方法调用。

3. 设置拦截器

- 项目中的 server/hello/helloServer.go 文件中实现了一些服务端和客户端的拦截器。拦截器用于在请求和响应之间进行处理，如记录日志、鉴权等。
- UnaryServerInterceptor 是一个服务端的拦截器，用于记录基本信息和附加信息。
- SentryUnaryServerInterceptor 是一个服务端的鉴权拦截器，用于验证访问令牌并进行鉴权检查。
- UnaryClientInterceptor 是一个客户端的拦截器，用于记录请求和响应的信息。

4. 实现负载均衡

项目中的 client/main.go 文件中演示了如何使用负载均衡连接到多个服务器。使用 grpc.WithDefaultServiceConfig 设置负载均衡策略为 roundrobin，并且注册了一个服务注册器 db 来实现负载均衡。

5. 传输安全和附加头部

- 客户端通过 grpc.WithTransportCredentials 设置了传输安全，但是在示例中使用了 insecure.NewCredentials() 来实现不安全的连接。
- 在客户端的 extraMetadata 结构体中，定义了一些附加头部内容，通过 grpc.WithPerRPCCredentials 将其添加到请求中。

运行这个项目后，将在客户端终端窗口中看到一些关于请求和响应的输出。这些输出将显示调用的方法、请求内容、响应内容等信息，以及拦截器中记录的其他信息。

7.3.3 使用 Go-kit 实现 RPC 实战

Go-kit 提供了一套工具和模式，帮助开发者在构建微服务应用时解决常见的分布式系统问题。它的设计哲学强调了可组合性、可测试性和清晰的架构。如果计划使用 Go 语言构建微服务架构，Go-kit 可能是一套很有价值的工具集。虽然 Go-kit 的主要功能是构建微服务和分布式应用，但它也提供了一些用于实现 RPC 的组件和模式。

在 Go-kit 中，可以使用以下方式实现 RPC 功能。

❏ Transport 层：Go-kit 的 Transport 层提供了对 HTTP、gRPC、JSON-RPC 等传输协议的支持。你可以选择其中一种传输协议来实现 RPC 功能。比如，可以使用 HTTP transport 通过 HTTP 请求和响应进行远程调用。

❏ Endpoint 和 Service 层：Go-kit 鼓励使用 Endpoint 和 Service 来定义服务方法的输入和输出，并将业务逻辑和通信逻辑分开。通过使用 Endpoint，可以将服务方法映射到具体的通信方式，实现远程过程调用。

❏ Client 和 Server：Go-kit 提供了 Client 和 Server 组件，用于实现客户端和服务器端的通信。可以在客户端使用 Client 创建并调用服务方法，同时在服务器端使用 Server 处理客户端的请求。

❏ 中间件：Go-kit 的中间件机制可以用于在服务调用的过程中添加额外的逻辑，如日志、鉴权等。这些中间件可以应用在客户端和服务器端，以实现通用的功能。

Go-kit 提供的组件和模式使开发人员在构建分布式系统时可以很方便地实现 RPC 功能，无论是使用 HTTP，还是使用其他传输协议，都可以利用 Go-kit 的工具实现远程过程调用，并在微服务架构中有效地进行通信。

实例 7-3：使用 Go-kit 实现 RPC(源码路径：codes\7\7-3\)

(1) 编写 hello/dao/hello_dao.go 文件，实现数据访问层，定义一个用于操作数据库的接口 HelloDAO，并提供一个具体的实现 helloDAOImpl。这种设计模式可以将数据访问层与其他业务逻辑解耦，使代码更加清晰和可维护。在实际应用中，可以根据需要将这个数据访问层与 Go kit 的微服务框架集成，以实现更复杂的业务功能。具体实现代码如下。

```go
package dao
import (
    "context"
    "log"
)
// HelloEntity 数据库实体模型
type HelloEntity struct {
    Name string
    Age  uint
}
type HelloDAO interface {
    Query(ctx context.Context) *HelloEntity
}
// ------------------接口实现------------------
type helloDAOImpl struct {
    //db *DB
```

```
}
func NewHelloDAOImpl() HelloDAO {
    return &helloDAOImpl{}
}
func (helloDAO *helloDAOImpl) Query(ctx context.Context) *HelloEntity {
    log.Println("dao 层-Query")
    // 模拟查询数据库
    return &HelloEntity{Name: "togettoyou", Age: 22}
}
```

(2) 编写 hello/service/hello_service.go 文件，实现服务层(业务逻辑实现)，定义一个服务层的接口 HelloService，并提供一个具体的实现 helloServiceImpl。服务层负责处理业务逻辑，通过调用数据访问层的方法获取数据，并对数据进行业务处理。这样的分层架构可以使代码更加模块化和可测试。

(3) 编写 hello/endpoints/hello_endpoint.go 文件，实现终端层/端点层(负责接收请求并返回响应)，作用是将服务层的方法封装成 endpoint，用于 Go kit 中处理请求和响应。endpoint 是 Go kit 中的一个重要概念，它用于将业务逻辑与通信逻辑分离，使每个业务方法都可以被独立地调用，并且可以添加中间件进行处理。具体实现代码如下。

```
package endpoints
import (
    "context"
    "github.com/go-kit/kit/endpoint"
    "github.com/togettoyou/go-kit-example/hello/service"
    "log"
)
type HelloEndPoints struct {
    GetNameEndpoint endpoint.Endpoint
    GetAgeEndpoint  endpoint.Endpoint
}
func MakeGetNameEndpoint(helloService service.HelloService) endpoint.Endpoint {
    return func(ctx context.Context, request interface{}) (response interface{},
err error) {
        log.Println("endpoint 层-MakeGetNameEndpoint")
        return helloService.GetName(ctx), nil
    }
}
func MakeGetAgeEndpoint(helloService service.HelloService) endpoint.Endpoint {
    return func(ctx context.Context, request interface{}) (response interface{},
err error) {
        log.Println("endpoint 层-MakeGetAgeEndpoint")
        return helloService.GetAge(ctx), nil
    }
}
```

(4) 开始实现传输层(网络通信选择 grpc 或 http)功能，首先编写 hello/transport/grpc/handler.go 文件，将 Go kit 的 endpoint 封装为 gRPC 的处理器，用于处理 gRPC 请求并调用对应的业务逻辑。它实现了 gRPC 服务的处理逻辑，并提供了一些拦截函数对请求和响应进行处理。

然后编写 hello/transport/http/handler.go 文件，将 Go kit 的 endpoint 封装为 HTTP 的处理器，用于处理 HTTP 请求并调用对应的业务逻辑。它实现了 HTTP 服务的处理逻辑，并提供了一些拦截函数对请求和响应进行处理。

(5) 编写 hello/cmd/http_client 文件，实现一个简单的 gRPC 客户端，用于向指定的 gRPC 服务发送请求，并输出响应的内容。具体实现代码如下。

```
package main
import (
    "io/ioutil"
    "log"
    "net/http"
)
func main() {
    log.Println(get("http://127.0.0.1:8888/name"))
    log.Println(get("http://127.0.0.1:8888/age"))
}
func get(url string) (string, error) {
    response, err := http.Get(url)
    if err != nil {
        return "", err
    }
    data, err := ioutil.ReadAll(response.Body)
    if err != nil {
        return "", err
    }
    return string(data), nil
}
```

(6) 编写 hello/cmd/grpc_client/main.go 文件，使用 Go 标准库中的 http 包来创建一个简单的 HTTP 客户端，发送 GET 请求并处理响应。具体实现代码如下。

```
package main
import (
    "context"
    "github.com/togettoyou/go-kit-example/hello/transport/grpc/pb"
    "google.golang.org/grpc"
    "log"
)
func main() {
```

```
    conn, err := grpc.Dial("127.0.0.1:9999", grpc.WithInsecure())
    if err != nil {
        log.Fatal(err)
    }
    defer conn.Close()
    client := pb.NewHelloServiceClient(conn)
    log.Println(client.GetName(context.Background(), &pb.Request{}))
    log.Println(client.GetAge(context.Background(), &pb.Request{}))
}
```

到此为止，整个项目的核心功能介绍完毕，这个项目的主要目的是演示如何使用 Go-kit 构建微服务架构中的各个组件，以及如何在不同通信层(gRPC 和 HTTP)中使用这些组件的方法。本项目的功能包括数据访问、业务逻辑、服务接口、通信层等各个组件，如果运行了 hello/cmd/http_client/main.go 文件，它会向 http://127.0.0.1:8888/name 和 http://127.0.0.1:8888/age 发送 GET 请求，然后输出两次请求的响应内容。如果运行了 hello/cmd/grpc_client/main.go 文件，它会连接到 127.0.0.1:9999 的 gRPC 服务，并分别调用 GetName 和 GetAge 方法，然后输出两次请求的响应内容。

第 8 章

构建 RESTful API

RESTful API 是一种用于构建网络应用程序的架构风格和设计原则，它强调网络资源的状态转移和表现层之间的交互。通过遵循这些原则，可以创建出易于理解、扩展和维护的 API。本章将详细讲解在 Go 语言项目中使用 RESTful API 的知识。

8.1 RESTful API 介绍

RPC 的工作方式类似于本地过程调用，但实际上，调用的过程位于远程计算机上。这使开发人员可以通过简单的函数调用来触发远程计算机上的代码执行，而无须关注底层的网络通信细节。

扫码看视频

8.1.1 REST 的基本概念

REST(Representational State Transfer)是一种架构风格和设计原则，用于构建网络应用程序和服务。它由罗伊菲尔丁(Roy Fielding)在他的博士学位论文中首次提出，并在 Web 的发展过程中得到广泛应用。以下是 REST 的基本概念和原则。

(1) 资源(Resources)：在 REST 中，一切都被视为资源，如文本、图像、视频、数据库记录等。每个资源都有唯一的标识符(通常是 URL)，客户端通过访问这些 URL 来获取或操作资源。

(2) 表现层(Representation)：资源可以有多种表现形式，如 JSON、XML、HTML 等。客户端和服务器之间通过这些表现形式交换数据。

(3) 状态转移(State Transfer)：客户端通过 HTTP 方法对资源进行操作，方法如下。

- ❑ GET：获取资源的当前表示。
- ❑ POST：在服务器上创建新的资源。
- ❑ PUT：更新服务器上的资源。
- ❑ DELETE：删除资源。

(4) 无状态性(Statelessness)：服务器不会存储客户端的状态信息。每个请求都应该包含足够的信息，以便服务器可以理解并处理它，这样服务器和客户端可以相互独立。

(5) 统一接口(Uniform Interface)：RESTful API 应该具有统一的接口，这有助于简化客户端和服务器之间的交互，并提高系统的可见性。这一原则包括以下几个方面。

- ❑ 资源的标识：使用 URL 来标识资源。
- ❑ 资源的处理：通过 HTTP 方法进行资源的操作。
- ❑ 自描述性：每个资源都应该包含足够的信息，使客户端能够理解如何操作该资源。
- ❑ 超媒体作为应用状态的引擎(HATEOAS)：服务器在响应中提供与资源相关的链接，客户端可以根据这些链接进行进一步的操作，从而将应用状态引导至不同的状态。

8.1.2　RESTful 架构的优点和约束

RESTful 架构具有许多优点，同时也受到一些约束。

1. 优点

- 可伸缩性(Scalability)：由于 RESTful 架构无状态性和分层结构，系统更易于水平扩展，从而能够应对不断增长的用户和负载。
- 灵活性和可扩展性：REST 允许客户端和服务器之间的松耦合，使系统能够更容易地进行组件的添加、修改和替换，从而保持灵活性和可扩展性。
- 简单性和可读性：RESTful API 设计倡导使用简单的 HTTP 方法和清晰的 URL 表示资源操作，这使 API 易于理解和使用，降低了学习曲线。
- 兼容性：由于 RESTful API 使用 HTTP 标准，可与各种编程语言和平台兼容，这就使不同技术栈之间的集成更加容易。
- 缓存支持：RESTful 架构支持缓存机制，可以显著提高性能，减少对服务器的请求量。
- 安全性：RESTful 架构可以通过 HTTPS 进行数据传输，从而保障数据的安全性。
- 可测试性：由于 RESTful API 是基于 HTTP 标准的，可以使用各种工具进行 API 测试，从而确保其正确性和可靠性。

2. 约束

- 无状态性(Statelessness)：虽然无状态性是 RESTful 的优点之一，但在某些情况下，需要客户端在请求之间保持一些状态，这可能会增加一些复杂性。
- 缺乏标准化：尽管 REST 本身是一种架构风格，但在实际应用中，缺乏一致性和标准化的实现方式导致 API 之间的差异性。
- 性能问题：虽然缓存可以提高性能，但有些情况下，频繁的网络请求和响应会引起一些性能瓶颈。
- HATEOAS 复杂性：RESTful 架构的 HATEOAS 约束要求服务器提供与资源相关的链接，导致在一些情况下增加了 API 的复杂性。
- 安全性挑战：尽管 RESTful 架构本身支持安全性，但在设计和实现安全性方面，仍需要开发人员采取额外的措施，例如，认证和授权机制。

RESTful 架构具有这些优点和约束，在实际应用中可根据具体的需求和情况，综合考虑各种因素来选择适合的架构风格和设计决策。

8.2 设计 RESTful API

设计一个良好的 RESTful API 涉及多个方面，包括资源的定义和命名、HTTP 方法和状态码的使用、请求和响应的数据格式等。

扫码看视频

8.2.1 资源的定义和命名

设计 RESTful API 的第一步是明确定义和命名资源，资源是 API 的核心部分，其代表着应用程序中的数据和功能。以下是资源定义和命名的一些指导原则。

- 明确资源：首先要确定应用程序中有哪些核心资源。资源可以是实体(如用户、文章、评论)，也可以是一些操作(如搜索、过滤等)。确保每个资源在业务逻辑中有清晰的定义和用途。
- 使用名词：在命名资源时，使用名词而不是动词。名词更能准确地表示一个实体或概念，而动词会使 API 看起来不够清晰和一致。
- 使用单数形式：资源名通常应使用单数形式，因为资源表示的是一个个体实体。例如，要使用/user 而不是/users。
- 使用连字符或下划线：在资源名中，使用连字符或下划线来分隔单词，使其更易于阅读和理解。例如，使用/article-comments 或/article_comments 表示文章评论资源。
- 避免缩写和简写：尽量避免使用过多的缩写和简写，以确保资源名的可读性。如果必须使用缩写，那么就要确保它们是广泛理解的。
- 清晰且一致：资源名应该尽量保持清晰且一致。相似类型的资源应使用类似的命名方式，这有助于 API 的可维护性和可读性。
- 遵循命名惯例：根据你所选的编程语言和平台，遵循相应的命名惯例。例如，对于 Java，使用驼峰命名法(Camel Case)；对于 Python，使用下划线分隔命名法。
- 避免保留字：确保资源名与编程语言或平台的保留字不冲突，以避免潜在的问题。

下面是一些常用的资源定义和命名方案。

- 用户：/users
- 文章：/articles
- 评论：/comments
- 订单：/orders

❑　标签：/tags
❑　图像：/images
❑　搜索：/search

总之，资源的定义和命名是设计 RESTful API 的基础。选择清晰、一致且易于理解的资源名可以使 API 更易于使用和维护，并提供良好的开发体验。

8.2.2　HTTP 方法和状态码的使用

在设计 RESTful API 时，选择适当的 HTTP 方法和正确的状态码非常重要，因为它们直接影响 API 的功能和用户体验。下面列出了 HTTP 方法和状态码的一些概念和使用原则。

1. HTTP 方法的使用

❑　GET：用于获取资源的信息。不应该对服务器状态产生影响，多次请求同一个 GET 接口应该返回相同的结果。
❑　POST：用于在服务器上创建新的资源。通常在请求体中包含要创建的资源的数据。
❑　PUT：用于更新服务器上的资源。通常在请求体中包含要更新的资源的数据。
❑　DELETE：用于删除资源。使用时需谨慎，因为这是一个不可逆的操作。
❑　PATCH：用于部分更新资源。与 PUT 不同，PATCH 只更新资源的部分属性，而不是整个资源。
❑　HEAD：与 GET 类似，但只返回响应头部，不返回实际数据。可以用于检查资源是否存在或获取资源的元信息。
❑　OPTIONS：用于获取关于资源支持的 HTTP 方法和其他信息。

2. HTTP 状态码的使用

❑　2xx(成功)：表示请求成功处理。常见的状态码有以下几种。
　　❖　200 OK：请求成功，并返回数据。
　　❖　201 Created：资源创建成功。
　　❖　204 No Content：请求成功，但响应中没有数据。
❑　4xx(客户端错误)：表示客户端发送了无效的请求。常见的状态码有以下几种。
　　❖　400 Bad Request：请求格式有误或参数无效。
　　❖　401 Unauthorized：需要身份验证或认证失败。
　　❖　403 Forbidden：无权限访问资源。
　　❖　404 Not Found：请求的资源不存在。

□ 5xx(服务器错误)：表示服务器无法完成有效的请求。常见的状态码有以下几种。

◇ 500 Internal Server Error：服务器内部错误。

◇ 502 Bad Gateway：服务器作为网关或代理，从上游服务器接收到无效的响应。

◇ 503 Service Unavailable：服务器暂时不可用，通常是由于过载或维护。

3. 自定义状态码和错误信息

如果标准 HTTP 状态码不足以表达特定情况，可以考虑使用自定义状态码和错误信息。在使用时，请确保在响应中提供有关错误的详细信息，以便客户端能够理解和处理错误。

> **注意**：正确选择适当的 HTTP 方法和状态码，对于设计清晰、可靠的 RESTful API 至关重要。它们能够提供明确的 API 行为和有效的错误处理，使用户和开发人员能够更好地理解并使用 API。

8.2.3 请求和响应的数据格式

在设计 RESTful API 时，选择合适的请求和响应数据格式对于客户端与服务器之间的数据交换至关重要。常用的数据格式包括 JSON 和 XML，以下是对常用的请求数据格式和响应数据格式的一些说明。

1. 请求数据格式

(1) JSON 格式：JSON(JavaScript Object Notation)是一种轻量级的数据交换格式，易于阅读和编写。大多数现代编程语言都提供了对 JSON 的支持。在请求体中发送 JSON 格式的数据通常是首选方式，例如：

```
HTTP/1.1 200 OK
Content-Type: application/json

{
  "id": 1,
  "title": "Sample Article",
  "content": "This is the content of the article.",
  "author": "John Doe"
}
```

上述 JSON 代码是一个 HTTP 响应例子，用于表示一个成功的响应，状态码为 200 OK，同时返回一个 JSON 格式的数据。每个部分的含义如下。

□ HTTP/1.1 200 OK：这是响应的起始行，表示 HTTP 协议版本为 1.1，状态码为 200，状态消息为"OK"。状态码 200 表示请求成功处理，服务器成功地响应了客户端的请求。

❑ Content-Type: application/json：这是响应头部的一部分，指示响应体的数据格式为 JSON。客户端可以根据这个头部来正确解析响应体中的数据。

❑ 响应体：响应体包含实际的响应数据。在这个示例中，响应体是一个 JSON 对象，包含了以下字段。

    ✧ id：文章的唯一标识符。

    ✧ title：文章的标题。

    ✧ content：文章的内容。

    ✧ author：文章的作者。

这种格式的响应可以被客户端解析，并根据需要使用其中的数据。通常，客户端会根据响应的状态码来确定请求是否成功，然后根据 Content-Type 决定如何解析响应体中的数据。

(2) 表单数据：可以使用表单数据格式(application/x-www-form-urlencoded)来发送简单的键值对数据，例如：

```
POST /login
Content-Type: application/x-www-form-urlencoded
username=johndoe&password=secret
```

2. 响应数据格式

(1) JSON 格式：JSON 是通用的响应数据格式，易于解析和处理。响应中的 JSON 数据应该使用明确的字段名和结构。例如：

```
HTTP/1.1 200 OK
Content-Type: application/json
{
  "id": 1,
  "title": "Sample Article",
  "content": "This is the content of the article.",
  "author": "John Doe"
}
```

(2) XML 格式：虽然不如 JSON 流行，但 XML(eXtensible Markup Language)也是一种有效的响应数据格式。例如：

```
HTTP/1.1 200 OK

Content-Type: application/xml
<article>
  <id>1</id>
```

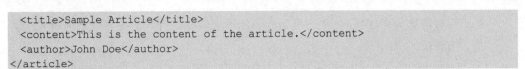

```
<title>Sample Article</title>
<content>This is the content of the article.</content>
<author>John Doe</author>
</article>
```

3. 错误响应格式

对于错误响应，应确保提供清晰的错误信息，包括错误码和错误消息。下面是一个示例：

```
HTTP/1.1 400 Bad Request
Content-Type: application/json

{
  "error": {
    "code": "400",
    "message": "Invalid input data"
  }
}
```

总之，选择合适的请求和响应数据格式取决于设计团队的技术栈和偏好。无论选择哪种格式，都应该保持一致性，提供清晰的字段名和结构，以便客户端能够轻松地解析和处理数据。

> **注意**：实现 RESTful API 是一个综合性的任务，涉及多项技术和步骤。选择合适的工具、框架和技术栈，并严格遵循 RESTful 设计原则，有助于构建出高效、可扩展和易于维护的 API。

8.3　数据验证和输入校验

在设计 RESTful API 时，数据验证和输入校验是非常重要的环节，它们能够确保传入的数据是合法、正确的，从而提高系统的安全性和可靠性。RESTful API 的验证和校验在确保系统安全、数据一致性、用户满意度以及减少开发和维护成本方面都起着重要作用。合适的验证策略可以帮助你构建更健壮、可靠和高质量的 API。

扫码看视频

在 Go 语言中进行 RESTful API 数据验证时，可以借助以下方法和工具实现。

1) 使用结构体验证

Go 语言的结构体可以通过标签(tag)来定义字段的验证规则，例如，使用 validate 标签。

可以使用第三方库如 go-validator、go-validator-benchmarks 等来进行结构体字段的验证。

2) 使用第三方验证库

市面上有许多专门用于数据验证的第三方库。例如：

❑ validator 库：提供丰富的验证功能，包括字段必填、长度限制、正则表达式等。

❑ go-playground/validator 库：一个功能强大的验证库，支持自定义验证规则。

3) 自定义验证器

可以根据自己的需求编写自定义的验证器函数，来检查字段的值是否符合预期。

实例 8-1：使用 validator 库进行结构体验证(源码路径：codes\8\8-1\)

main.go 文件的具体实现代码如下。

```
package main
import (
    "fmt"
    "log"
    "github.com/go-playground/validator/v10"
)
type User struct {
    Username string 'json:"username" validate:"required"'
    Email    string 'json:"email" validate:"required,email"'
    Age      int    'json:"age" validate:"required,gt=0"'
}
func main() {
    validate := validator.New()
    user := User{
        Username: "johndoe",
        Email:    "invalidemail",
        Age:      0,
    }
    err := validate.Struct(user)
    if err != nil {
        for _, e := range err.(validator.ValidationErrors) {
            fmt.Println(e.Namespace(), e.Tag())
        }
        log.Fatal("Validation failed")
    }
    fmt.Println("Validation passed")
}
```

在上述代码中，使用了 validator 库来验证一个用户结构体的字段。validate 标签定义了每个字段的验证规则。如果验证失败，则会返回一个包含验证错误的错误对象，我们可以根据需求进行错误处理。执行后会输出：

```
email email
age gt
Validation failed
```

在这个例子中，我们创建了一个 User 结构体并使用 validator 库对其进行验证。在验证过程中，发现 Email 字段的值不是有效的电子邮件地址，并且 Age 字段的值不大于 0，因此输出了相应的验证错误。最后，由于验证失败，输出了"Validation failed"。

8.4   RESTful API 的版本控制

在设计 RESTful API 时，版本控制是不可忽视的重要环节，它确保了 API 的稳定性和向后兼容性。随着 API 的发展和变化，版本控制允许引入新的功能和修改，而不会影响现有客户端的使用。

扫码看视频

8.4.1   版本控制的需求和策略

RESTful API 版本控制是为了满足不同客户端和业务需求的变化，同时保持向后兼容性。以下是一些可能导致需要版本控制的情况和一些常用的版本控制策略。

1. 需求

❑   引入新功能：随着业务需求的变化，可能需要引入新的功能、端点或字段，这可能会影响现有客户端的使用。

❑   修改或优化现有功能：有时候需要对现有的 API 进行修改或优化，以提高性能、修复错误或调整行为。

❑   保持向后兼容性：为了不中断现有客户端的使用，需要确保对 API 的更改不会破坏现有客户端的功能。

❑   支持不同的数据格式：客户端可能需要不同的数据格式，例如，不同版本的 JSON 或 XML。

❑   不同的业务需求：不同客户端可能有不同的业务需求，需要根据需求提供不同版本的 API。

2. 策略

❑   URL 版本控制：将版本号作为 URL 的一部分，例如，/v1/articles 和/v2/articles，这是一种清晰直观的方法。

❑ Header 版本控制：使用 Accept 或自定义请求头来指定所需的 API 版本，例如，设置 Accept: application/vnd.myapp.v1+json。

❑ 路由前缀版本控制：在 API 路由前添加版本前缀，例如，/v1/articles 和/v2/articles。

❑ 子域名版本控制：使用子域名来区分不同版本的 API，例如，api.v1.example.com 表示 v1 版本的 API。

❑ QueryParam 版本控制：在 URL 中使用查询参数来指定 API 版本，例如，/articles?v=1。

❑ 不断兼容的设计：采用不断兼容的方式设计 API，避免破坏现有客户端。如果需要引入不兼容的更改，则使用新的 URL 或版本控制策略。

❑ API 文档和迁移指南：为每个版本提供清晰的文档和迁移指南，帮助开发人员理解变更和如何迁移到新版本。

❑ 稳定的主版本：在 API 版本号中，将主版本号(例如 v1)保持稳定，以确保客户端可以持续使用。

❑ 向后兼容性测试：在引入新版本之前，进行向后兼容性测试，以确保新版本不会影响现有客户端的功能。

根据项目的需求和团队的偏好，可以选择合适的版本控制策略。重要的是，在版本控制方案中提供清晰的指导，以便开发人员正确使用不同版本的 API。

8.4.2 URI 和请求头的版本控制

在 RESTful API 中，URI(Uniform Resource Identifier)和请求头都可以用于版本控制。下面将分别介绍 URI 版本控制和请求头版本控制的知识。

1. URI 版本控制

1) 优点

❑ 直观清晰：版本号作为 URI 的一部分，很容易理解和识别。

❑ 易于切换版本：客户端可以通过更改 URI 中的版本号切换到所需的 API 版本。

2) 缺点

❑ URI 膨胀：随着 API 版本的增多，URI 会变得冗长。

❑ 不利于缓存：版本号的变化可能导致缓存失效。

例如，下面的演示代码：

```
/v1/articles
/v2/articles
```

2. 请求头版本控制

1) 优点

❑　更干净的 URI：URI 可以保持简洁，不受版本号的影响。

❑　不影响缓存：请求头中的版本号变化不会影响缓存。

2) 缺点

❑　不直观：需要通过请求头来识别 API 版本，不够直观。

❑　增加复杂性：客户端需要在请求中设置适当的请求头，增加了实现和调试的复杂性。

例如：

```
GET /articles
Accept: application/vnd.myapp.v1+json
```

在实际应用中，选择 URI 还是选择请求头版本控制取决于项目需求和团队偏好。通常情况下，请求头版本控制更加灵活，不会让 URI 变得冗长，也能更好地支持缓存机制。但是，如果希望版本信息能够直接在 URI 中看到，那么 URI 版本控制可能更合适。

> **注意：** 无论选择哪种方式，都应该在 API 文档中明确指出如何使用版本控制，并提供迁移指南及新旧版本之间的差异。最重要的是保持一致性，避免在项目中混合使用不同版本控制策略。

8.4.3　URL 重写和命名空间

在 RESTful API 设计中，URL 重写和命名空间是两个相关但不同的概念，用于管理和组织 API 的 URL 结构。

1. URL 重写

URL 重写是指在服务器端通过配置或规则将用户请求的 URL 映射到实际处理逻辑的 URL。它可以用于美化 URL、实现重定向、统一 URL 风格等。在 RESTful API 中，URL 重写可以用于隐藏实际资源路径，提高 URL 的可读性，或者在引入版本控制时对 URL 进行重写。重写后的 URL 与实际处理逻辑的 URL 可能不同，但用户可通过重写后的 URL 来访问资源。

2. 命名空间

命名空间是指将资源按照一定的层次结构和命名规则进行组织，以避免资源冲突和混淆。在 RESTful API 中，命名空间可以用于将相关的资源进行分组，更好地组织 API 的结构。通常可以通过 URL 路径中的子目录来表示命名空间。

假设准备开发一个博客系统的 API，其中包括文章和评论资源，下面是 URL 重写的例子：

❑ 实际处理逻辑的 URL 是：

```
/api/v1/posts/123/comments
```

❑ 用户访问的 URL 是：

```
/latest-posts/123/comments
```

在这个例子中，用户访问的 URL 被重写为更友好的路径，但实际处理逻辑仍是 API 的版本控制下的路径。

下面是命名空间的例子：

```
/posts/123/comments
```

在这个例子中，可以将"/posts"看作文章资源的命名空间，"/posts/123/comments"表示文章 123 的评论资源。

综合来看，URL 重写和命名空间都是为了更好地组织和管理 RESTful API 的 URL 结构。URL 重写可以用于美化 URL，而命名空间可以帮助用户将相关的资源进行分组，以提高 API 的可读性和维护性。根据项目需求，可以选择合适的方式来设计 API 的 URL 结构。

8.5 RESTful API 实战：云原生图书管理系统

云原生应用开发是一种使用微服务、容器和编排工具加速构建 Web 应用程序的方式。在本项目中，展示了使用 Go 语言构建一个 Docker 化的 RESTful API 应用程序的过程，实现了一个云原生图书管理系统。

扫码看视频

实例 8-2：云原生图书管理系统(源码路径：codes\8\8-2\)

8.5.1 系统配置

编写 config/config.go 文件，用于加载应用程序的配置信息，在这个配置文件中使用 github.com/joeshaw/envdecode 库从环境变量中加载配置项。具体实现代码如下。

```
package config
import (
```

```
    "log"
    "time"
    "github.com/joeshaw/envdecode"
)

type Conf struct {
    Server ConfServer
    DB     ConfDB
}

type ConfServer struct {
    Port         int           'env:"SERVER_PORT,required"'
    TimeoutRead  time.Duration 'env:"SERVER_TIMEOUT_READ,required"'
    TimeoutWrite time.Duration 'env:"SERVER_TIMEOUT_WRITE,required"'
    TimeoutIdle  time.Duration 'env:"SERVER_TIMEOUT_IDLE,required"'
    Debug        bool          'env:"SERVER_DEBUG,required"'
}

type ConfDB struct {
    Host     string 'env:"DB_HOST,required"'
    Port     int    'env:"DB_PORT,required"'
    Username string 'env:"DB_USER,required"'
    Password string 'env:"DB_PASS,required"'
    DBName   string 'env:"DB_NAME,required"'
    Debug    bool   'env:"DB_DEBUG,required"'
}

func New() *Conf {
    var c Conf
    if err := envdecode.StrictDecode(&c); err != nil {
        log.Fatalf("Failed to decode: %s", err)
    }
    return &c
}

func NewDB() *ConfDB {
    var c ConfDB
    if err := envdecode.StrictDecode(&c); err != nil {
        log.Fatalf("Failed to decode: %s", err)
    }
    return &c
}
```

上述配置文件定义了 3 个结构体：Conf 和 ConfServer、ConfDB，分别用于表示整体配置、服务器配置和数据库配置。在 ConfServer 和 ConfDB 结构体中的字段都使用了 env 标签，这些标签指定了从环境变量中读取配置值的规则。例如，Port 字段使用了

env:"SERVER_PORT,required" 标签，它指示从名为 SERVER_PORT 的环境变量中读取该值，同时要求这个环境变量是必需的。New 和 NewDB 函数分别用于创建 Conf 和 ConfDB 结构体的实例，并从环境变量中读取配置信息。如果解码过程中出现错误，它们会使用日志记录致命错误。

上述配置文件允许用户从环境变量中加载应用程序的配置，这样就可以在不同环境中设置不同的配置值，而不需要直接修改代码。要确保你的环境中设置了与这些环境变量对应的值，以便在应用程序中使用。

8.5.2 数据库迁移

编写 cmd/migrate/main.go 文件，用于实现数据库迁移工作，通过命令行运行数据库迁移命令。它读取命令行参数，连接到数据库，使用 github.com/pressly/goose/v3 库执行数据库迁移命令，并提供了一些帮助信息。具体实现代码如下。

```go
package main
import (
    "flag"
    "fmt"
    "log"
    "os"
    _ "github.com/jackc/pgx/v5/stdlib"
    "github.com/pressly/goose/v3"
    "myapp/config"
)

// 常量和变量声明
const (
    dialect     = "pgx"
    fmtDBString = "host=%s user=%s password=%s dbname=%s port=%d sslmode=disable"
)
var (
    flags = flag.NewFlagSet("migrate", flag.ExitOnError)
    dir   = flags.String("dir", "migrations", "directory with migration files")
)

// 主函数
func main() {
    flags.Usage = usage
    flags.Parse(os.Args[1:])
    args := flags.Args()
    if len(args) == 0 || args[0] == "-h" || args[0] == "--help" {
        flags.Usage()
```

```
        return
    }
    command := args[0]
    // 从配置中获取数据库连接信息
    c := config.NewDB()
    dbString := fmt.Sprintf(fmtDBString, c.Host, c.Username, c.Password, c.DBName,
c.Port)
    // 打开数据库连接
    db, err := goose.OpenDBWithDriver(dialect, dbString)
    if err != nil {
        log.Fatalf(err.Error())
    }
    defer func() {
        if err := db.Close(); err != nil {
            log.Fatalf(err.Error())
        }
    }()
    // 运行数据库迁移命令
    if err := goose.Run(command, db, *dir, args[1:]...); err != nil {
        log.Fatalf("migrate %v: %v", command, err)
    }
}
// 显示帮助信息
func usage() {
    fmt.Println(usagePrefix)
    flags.PrintDefaults()
    fmt.Println(usageCommands)
}

// 帮助信息
var (
    usagePrefix = 'Usage: migrate COMMAND
Examples:
  migrate status
'
    usageCommands = '
Commands:
  up                 Migrate the DB to the most recent version available
  up-by-one          Migrate the DB up by 1
  up-to VERSION      Migrate the DB to a specific VERSION
  down               Roll back the version by 1
  down-to VERSION    Roll back to a specific VERSION
  redo               Re-run the latest migration
  reset              Roll back all migrations
  status             Dump the migration status for the current DB
  version            Print the current version of the database
  create NAME [sql|go] Creates new migration file with the current timestamp
```

```
        fix                     Apply sequential ordering to migrations'
)
```

在运行 cmd/migrate/main.go 文件时，需要提供命令和参数，例如，下面的命令将执行数据库的迁移操作，将数据库升级到最新的版本。另外，也可以执行不同的迁移操作，如上升、下降、重做、重置等。

```
go run cmd/migrate/main.go up
```

8.5.3　实现 RESTful API

（1）编写 api/router/router.go 文件设置和配置 URL 路由，用于处理不同的 HTTP 请求。具体实现代码如下。

```
package router
import (
    "github.com/go-chi/chi/v5"
    "github.com/go-playground/validator/v10"
    "gorm.io/gorm"

    "myapp/api/requestlog"
    "myapp/api/resource/book"
    "myapp/api/resource/health"
    "myapp/api/router/middleware"
    "myapp/util/logger"
)

// New 函数创建并配置一个新的 chi 路由
func New(l *logger.Logger, v *validator.Validate, db *gorm.DB) *chi.Mux {
    r := chi.NewRouter()

    // 设置 /livez 路由，用于健康检查
    r.Get("/livez", health.Read)

    r.Route("/v1", func(r chi.Router) {
        r.Use(middleware.ContentTypeJson) // 设置请求和响应的内容类型为 JSON

        // 创建书籍资源的 API 处理程序
        bookAPI := book.New(l, v, db)

        // 配置不同的 HTTP 方法和路由，以匹配书籍资源的不同操作
        r.Method("GET", "/books", requestlog.NewHandler(bookAPI.List, l))
        r.Method("POST", "/books", requestlog.NewHandler(bookAPI.Create, l))
        r.Method("GET", "/books/{id}", requestlog.NewHandler(bookAPI.Read, l))
        r.Method("PUT", "/books/{id}", requestlog.NewHandler(bookAPI.Update, l))
```

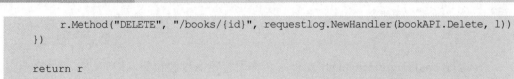

```
        r.Method("DELETE", "/books/{id}", requestlog.NewHandler(bookAPI.Delete, l))
    })

    return r
}
```

上述代码使用了 github.com/go-chi/chi/v5 路由库来创建路由,对上述代码的具体说明如下。

❑ New 函数:创建一个新的 chi 路由,并配置了不同的路由和处理程序。

❑ /livez 路由:用于健康检查,当访问 /livez 时,会执行 health.Read 处理函数。

❑ /v1 路由:实现 v1 版本的 API 路由,通过 r.Route 创建一个嵌套的子路由,用于分组相关的路由。

❑ r.Use(middleware.ContentTypeJson):使用中间件设置请求和响应的内容类型为 JSON。

❑ 创建书籍资源 API 处理程序:通过 book.New 创建了处理书籍资源相关操作的 API 处理程序。

❑ 配置不同的 HTTP 方法和路由:使用 r.Method 配置不同的 HTTP 方法和路由,然后将处理函数包装在 requestlog.NewHandler 中,这个函数用于记录请求日志。

上述路由配置文件会根据路由规则分发请求到相应的处理程序,处理不同的 API 请求。根据项目需求,可以在这里配置不同的资源和操作,以满足用户的 API 设计和功能要求。

(2) 编写 api/resource/book/api.go 文件,定义一个 book 资源的 API 结构体,并提供了一个工厂函数 New 用于创建这个结构体的实例。这种结构可以帮助组织和管理与书籍资源相关的 API 操作,并在不同的功能模块中重复使用这些操作。具体实现代码如下。

```
package book
import (
    "github.com/go-playground/validator/v10"
    "gorm.io/gorm"
    "myapp/util/logger"
)
type API struct {
    logger     *logger.Logger
    validator  *validator.Validate
    repository *Repository
}
func New(logger *logger.Logger, validator *validator.Validate, db *gorm.DB) *API {
    return &API{
        logger:     logger,
        validator:  validator,
        repository: NewRepository(db),
```

```
    }
}
```

对上述代码的具体说明如下。

❑ API 结构体：这个结构体用于管理书籍资源的 API 操作，它包含以下三个字段。

◇ logger：用于记录日志的实例。

◇ validator：用于验证数据的实例。

◇ repository：用于与数据库交互的仓库实例。

❑ New 函数：这个函数用于创建一个新的 API 实例，接收以下三个参数。

◇ logger：用于记录日志的实例。

◇ validator：用于验证数据的实例。

◇ db：用于与数据库交互的 gorm.DB 实例。

在 New 函数中，通过调用 NewRepository(db) 来创建一个新的 Repository 实例，然后将实例作为字段值赋给 API 结构体的实例。这样，API 就能够使用这些实例来执行相应的操作，如读取、创建、更新和删除书籍信息。

(3) 编写 api/resource/book/handler.go 文件，定义一系列处理函数，用于处理与书籍资源相关的不同 HTTP 请求。每个处理函数都接收 HTTP 请求并执行相应的操作，如列出书籍、创建书籍、读取书籍、更新书籍和删除书籍。在文件 api/resource/book/handler.go 中各个函数的具体说明如下。

❑ List 函数从仓库中获取所有书籍，将它们转换为 DTO 并通过 JSON 编码返回客户端。

❑ Create 函数解析请求中的 JSON 数据到表单结构，然后使用验证器验证数据。如果验证失败，则返回相应的错误响应。然后调用仓库的方法创建新书籍，记录日志并返回 201 Created 响应。

❑ Read 函数解析 URL 参数中的书籍 ID，然后调用仓库的方法读取特定 ID 的书籍。如果找不到对应的书籍，则返回 404 Not Found 响应。如果读取成功，则将书籍转换为 DTO 并通过 JSON 编码返回客户端。

❑ Update 函数用于更新书籍信息，它首先解析 URL 参数中的书籍 ID，然后解析请求中的 JSON 数据到表单结构，之后使用验证器验证表单数据。如果验证失败，则会返回相应的错误响应。然后将表单数据转换为模型，设置其 ID，并调用仓库的方法来更新书籍信息。如果更新失败，则会根据不同情况返回相应的错误响应。

❑ Delete 函数用于删除书籍信息，它也解析 URL 参数中的书籍 ID，并调用仓库的方法来删除书籍。如果删除失败，则会返回相应的错误响应。如果成功删除，则会记录日志并返回成功响应。

上述处理函数会调用相关的仓库方法、验证器、记录日志等，以实现相应的功能。处理函数还会根据不同的情况返回不同的 HTTP 响应，如成功响应、错误响应等。

(4) 编写 api/resource/book/model.go 文件，定义与书籍资源相关的数据结构和转换方法。这个文件中的结构和方法用于定义书籍数据在不同上下文中的表示形式及相互之间的转换，具体说明如下。

- ❑ DTO 结构表示书籍数据在 API 响应中的格式。Form 结构用于在 API 请求中接收表单数据，同时使用标签指定了验证规则。

- ❑ Book 结构表示书籍数据在数据库中的模型，包含必要的字段和 GORM 的一些标签。Books 类型是 Book 的切片，用于在 API 响应中表示多个书籍数据。

- ❑ ToDto 方法用于将 Book 结构转换为 DTO 结构，以便在 API 响应中返回。ToDto 方法也在 Books 切片上定义，用于将整个切片转换为 DTO 切片。

- ❑ ToModel 方法用于将 Form 结构转换为 Book 模型，以便在数据库中创建新的书籍记录。在此方法中，将表单中的日期字符串解析为 time.Time 类型，并使用 uuid.New()函数生成一个新的 UUID 作为书籍的 ID。

8.5.4 验证处理

编写 util/validator/validator.go 文件，定义一个自定义验证器和用于将验证错误转换为错误响应的函数，这些函数和结构用于处理表单验证和将验证错误转换为自定义错误响应。具体实现代码如下。

```
package validator

import (
    "fmt"
    "reflect"
    "regexp"
    "strings"

    "github.com/go-playground/validator/v10"
)

const (
    alphaSpaceRegexString string = "^[a-zA-Z ]+$"
)

// ErrResponse 结构表示验证错误的响应
type ErrResponse struct {
    Errors []string 'json:"errors"'
```

```
}

// New 函数返回一个新的 validator.Validate 实例，并注册自定义验证函数
func New() *validator.Validate {
    validate := validator.New()
    validate.SetTagName("form")

    // 注册用于转换 JSON 结构字段名的函数
    validate.RegisterTagNameFunc(func(fld reflect.StructField) string {
        name := strings.SplitN(fld.Tag.Get("json"), ",", 2)[0]
        if name == "-" {
            return ""
        }
        return name
    })

    validate.RegisterValidation("alpha_space", isAlphaSpace)

    return validate
}

// ToErrResponse 函数将验证错误转换为自定义错误响应
func ToErrResponse(err error) *ErrResponse {
    if fieldErrors, ok := err.(validator.ValidationErrors); ok {
        resp := ErrResponse{
            Errors: make([]string, len(fieldErrors)),
        }

        for i, err := range fieldErrors {
            switch err.Tag() {
            case "required":
                resp.Errors[i] = fmt.Sprintf("%s is a required field", err.Field())
            case "max":
                resp.Errors[i] = fmt.Sprintf("%s must be a maximum of %s in length",
err.Field(), err.Param())
            case "url":
                resp.Errors[i] = fmt.Sprintf("%s must be a valid URL", err.Field())
            case "alpha_space":
                resp.Errors[i] = fmt.Sprintf("%s can only contain alphabetic and
space characters", err.Field())
            case "datetime":
                if err.Param() == "2006-01-02" {
                    resp.Errors[i] = fmt.Sprintf("%s must be a valid date",
err.Field())
                } else {
                    resp.Errors[i] = fmt.Sprintf("%s must follow %s format",
err.Field(), err.Param())
```

```
                    }
            default:
                resp.Errors[i] = fmt.Sprintf("something wrong on %s; %s",
err.Field(), err.Tag())
            }
        }

        return &resp
    }

    return nil
}

// isAlphaSpace 函数验证字符串是否只包含字母和空格
func isAlphaSpace(fl validator.FieldLevel) bool {
    reg := regexp.MustCompile(alphaSpaceRegexString)
    return reg.MatchString(fl.Field().String())
}
```

在上述代码中，New 函数创建一个新的 validator.Validate 实例，并注册了自定义的验证函数。ToErrResponse 函数将验证错误转换为自定义的错误响应格式，以便在 API 响应中返回验证错误信息。isAlphaSpace 函数用于验证字符串是否只包含字母和空格。

8.5.5 总结

本项目是一个基于 Go 编写的云原生应用示例，旨在展示构建使用微服务、容器和编排工具的 Web 应用程序的方法。项目的主要功能包括以下内容。

❑ Docker 支持：项目具备 Docker 支持，可以轻松将应用程序容器化，实现环境隔离和可移植性。

❑ RESTful API：项目提供一个 RESTful API，用于管理图书资源。支持健康检查以及基本的 CRUD(创建、读取、更新、删除)操作。

❑ 数据库集成：项目使用 GORM 作为 ORM 框架，通过数据库迁移管理数据库结构的变更。并演示如何使用 Goose 执行数据库迁移。

❑ 日志记录：项目采用 Zerolog 作为集中式 Syslog 日志记录工具，提供应用程序中的日志记录功能。

❑ 表单验证：项目使用 go-playground/validator 进行表单验证，确保从客户端接收的数据有效，并提供自定义验证错误响应。

❑ OpenAPI 规范：API 实现了 OpenAPI 规范，帮助文档化 API，使其更易于理解和集成。

❑ 错误处理：项目提供自定义错误处理和错误响应，确保在出现问题时向客户端提供有意义的错误信息。

❑ 环境配置：项目使用环境变量配置服务器、数据库连接等设置，增强了可配置性。

❑ Kubernetes 支持：项目包含 Kubernetes 部署文件，以便将应用程序部署到 Kubernetes 集群中。

❑ Swagger 支持：通过使用 swaggo/swag 工具生成 OpenAPI 规范，简化了 API 文档的创建过程。

❑ 多组件结构：项目拥有良好的组件结构，采用模块化和资源导向的设计，提升了代码的可维护性。

❑ Form 表单转换：项目通过将表单数据转换为模型对象，实现请求数据与数据库表格的映射。

总的来说，本项目展示了如何在 Go 语言中构建云原生应用程序，包括容器化、RESTful API、数据库集成、验证和错误处理等关键功能。通过这个项目，开发人员可以学习如何将不同的技术和工具结合起来，以构建具有高可用性、可伸缩性和易于维护的现代化应用程序。

第 9 章

统一认证与授权

统一认证与授权(Single Sign-On and Authorization)是分布式系统中常用的安全机制,用于管理用户在多个应用程序间的身份验证和授权访问。统一认证与授权是构建现代分布式系统的重要组成部分,它能够提高用户体验、简化管理并增强安全性。在开发和部署应用程序时,应采用成熟的统一认证与授权解决方案,以确保系统的安全性和可用性。本章将详细讲解统一认证与授权的知识,为读者学习本书后续章节的知识打下基础。

9.1　认证与授权的基本概念

认证(Authentication)和授权(Authorization)是计算机安全领域中的两个基本概念，用于确保系统和资源的安全访问。它们在构建安全系统和保护用户数据方面扮演着重要角色。

扫码看视频

9.1.1　认证的定义和作用

在计算机安全领域，认证是确认用户、实体或系统所声称的身份是否合法和有效的过程，以便为其提供合适的访问权限。认证通常涉及用户提供的身份信息，如用户名、密码、数字证书、生物特征等。

认证的作用如下。

- ❑　确保身份合法性。
- ❑　提供访问控制。
- ❑　维护用户隐私。
- ❑　追踪用户活动。
- ❑　个性化服务。
- ❑　遵守法规和政策。
- ❑　防止网络攻击。

总的来说，认证是确保系统安全性和进行数据保护的关键步骤。它为用户提供了安全、受限和个性化的访问，同时保护系统和数据免受恶意威胁。

9.1.2　授权的定义和作用

授权是指为经过认证的用户、实体或系统分配特定的权限和访问权限，使其能够访问资源、执行操作或执行特定任务。授权确定了哪些资源和功能用户可以访问，用户能够在系统中执行哪些操作。授权的作用如下。

- ❑　限制访问权限。
- ❑　数据保护。
- ❑　强制执行策略。
- ❑　操作级别控制。

- 防止误操作。
- 支持多角色访问。
- 合规性。
- 减少风险。

总的来说，授权是为了确保用户和实体只能访问其被授权的内容和功能，保护系统和资源免受未经授权的访问和滥用。授权在安全性和隐私保护方面起着关键作用，有助于维护系统的完整性和可靠性。

9.1.3　认证与授权的关系和流程

认证是验证用户或实体身份的过程。以确保其有效性。通常通过用户名和密码、令牌或证书等方式进行验证。认证一般用于登录系统。授权是在认证之后，根据用户的身份和权限决定其是否被允许访问特定资源或执行特定操作。授权明确了用户可以执行哪些操作，以及可以访问哪些内容。

认证的基本流程如下。

- 用户或实体提供身份凭据，例如，用户名和密码。
- 系统验证凭据的有效性，通常是与存储的凭据进行比较，比如数据库中的密码。
- 如果凭据有效，系统会将用户标识为已认证状态，允许用户进入系统。

授权的基本流程如下。

- 在认证成功后，系统获取已认证用户的身份信息，通常是通过会话、令牌或其他身份验证机制。
- 系统使用用户的身份信息来检查其在系统中的角色和权限。
- 根据用户的角色和权限，系统决定用户是否被允许访问特定资源或执行特定操作。
- 如果用户被授权，则可以访问资源或执行操作；否则，系统会拒绝访问。

9.1.4　常见的身份认证协议与技术

在计算机和网络安全领域，有许多常见的身份认证协议与技术，用于验证用户的身份和确保系统安全。接下来简要介绍这些常用的技术。

- 用户名和密码：这是最常见的身份认证方式，用户通过提供用户名和与之关联的密码来验证身份。这种认证方式存在被猜测、被泄露等安全风险。
- 单因素身份认证：除了用户名和密码认证外，还可以使用单一因素来验证身份，如指纹识别、面部识别、虹膜扫描等。这些方法可以增加安全性，但仍可能被仿冒。

- 双因素身份认证(2FA)：2FA 要求用户提供两种不同类型的身份验证信息，如密码和手机验证码、指纹和智能卡等。这种方法更安全，因为攻击者需要破解两个因素。

- 多因素身份认证(MFA)：MFA 类似于 2FA，但使用多种不同类型的身份验证因素，如指纹、面部识别、声音识别、令牌等。提供更高级的安全性。

- OAuth 2.0(Open Authorization 2.0)：一种开放标准的授权协议，用于授权第三方应用程序访问受保护的资源。OAuth 2.0 旨在提供一种安全、灵活的方式来进行身份验证和授权，无须暴露用户的凭据(例如用户名和密码)，适用于各种应用程序和场景，包括 Web 应用、移动应用和服务端对服务端通信。

- OpenID Connect：建立在 OAuth 2.0 基础上的身份验证协议，用于验证用户的身份信息，提供统一的用户身份标识。

- SAML(Security Assertion Markup Language)：一种基于 XML 的标准，用于在不同的安全域之间传递认证和授权数据，常用于单点登录(SSO)。

- Kerberos：是一个网络认证协议，通过使用票据来实现用户和服务之间的安全通信，常用于企业网络环境。

- JWT(JSON Web Token)：一种轻量级的身份验证和授权机制，通过在令牌中包含信息来验证用户身份。

- RADIUS(Remote Authentication Dial-In User Service)：一种远程用户身份认证和授权协议，常用于拨号连接和网络访问控制。

- Biometric Authentication：使用生物特征信息(如指纹、面部、虹膜等)来验证身份的技术，提供更高级的安全性。

- 面向服务的身份验证(Service-Oriented Authentication)：使用统一的身份验证服务为多个应用程序提供认证功能。

- FIDO2(Fast Identity Online 2)：一种新兴的开放标准，支持无密码的身份认证，使用公钥加密技术和生物特征验证。

- 静态令牌和动态令牌：静态令牌生成固定密码，而动态令牌生成随机密码，增加了身份认证的安全性。

上面介绍的协议和技术都有各自的优势和用途，根据应用场景和安全要求选择合适的身份认证方式非常重要。

9.2　统一认证的架构与实现

统一认证的架构与实现可以根据组织的需求和技术栈而异，本节将详细
讲解这方面的相关知识。

扫码看视频

9.2.1　单点登录

单点登录(Single Sign-On，SSO) 是一种身份验证和授权机制，允许用户在一次身份验
证后，无须再次输入凭证即可访问多个关联的应用程序或系统。SSO 解决了用户在多个应
用之间频繁登录和管理多个凭证的问题，提供了更好的用户体验和安全性。SSO 的基本原
理如下。

- □　认证中心：在一个 SSO 系统中，存在一个认证中心(也称为身份提供者)，它负责
验证用户的身份。用户登录时，认证中心会对其进行身份验证，并生成一个身份
令牌。

- □　身份令牌：用户在成功登录后，认证中心会颁发一个身份令牌(如 JWT、SAML 断
言等)。这个令牌包含用户身份、授权的信息和有效期等。

- □　令牌传递：用户尝试访问其他应用时，这些应用会将用户的请求重定向到认证中
心。认证中心会验证令牌的有效性，并根据需要重新生成一个授权令牌，然后将
用户重定向回应用。

- □　应用访问：应用接收到认证中心返回的授权令牌后，会对令牌进行验证，确定用
户的身份和权限。如果令牌有效，应用会创建会话并让用户访问受保护的资源。

SSO 的主要应用场景如下。

- □　企业内部：在企业内部，SSO 可以用于连接不同的内部应用，如电子邮件、办公
套件、人力资源系统等。

- □　SaaS 应用：在 SaaS 环境中，用户可以通过一次登录访问不同的 SaaS 应用，无须
为每个应用都创建不同的账号。

- □　教育机构：学生和教职工可以通过一次登录访问学校的多个在线资源。

- □　政府机构：市民可以通过一个登录访问政府提供的各种在线服务。

总之，SSO 通过中心化的身份验证和授权机制，提供了更便捷、安全和高效的用户身
份管理和访问控制方式，适用于各种不同的应用场景。

9.2.2　统一认证的架构和组件

统一认证的架构和组件可以因实际应用需求有所不同，但通常会包括以下核心组件。

❑　认证中心(Identity Provider，IdP)：认证中心是统一认证系统的核心组件，负责用户身份验证和颁发认证令牌，维护用户账号、密码，并管理用户会话。

❑　认证代理(Authentication Proxy)：作为连接应用和认证中心的中间件，认证代理负责将应用请求重定向到认证中心进行身份验证。认证代理会拦截应用的认证请求，将用户引导到认证中心，然后将认证令牌返回给应用。

❑　单点登录服务：SSO 服务实现了用户只需一次登录，就可以访问多个关联应用的功能。它负责管理用户会话状态并验证用户是否已通过身份验证。

❑　令牌管理服务：令牌管理服务负责生成、颁发和验证认证令牌，并管理令牌的生命周期。这些令牌可以是 JWT、SAML 断言等。

❑　用户存储和身份源：这是存储用户账号、密码和相关属性的数据存储系统，可以是 LDAP、数据库或其他身份管理系统。

❑　应用程序：实际的应用系统需要与认证中心进行集成，接收和验证令牌，并根据令牌中的信息授予用户访问权限。

❑　访问控制和授权策略：这些策略定义了用户访问不同应用资源的权限规则，可以基于角色、组织结构等进行控制。

❑　日志和监控：统一认证系统需要记录用户的登录、登出、授权请求等信息，并提供监控和审计功能。

❑　用户界面：认证中心和 SSO 服务通常提供用户界面，允许用户进行登录、登出和个人信息管理。

❑　集成接口：认证中心和应用之间的集成可以采用标准的协议和 API，如 SAML、OpenID Connect 等。

总体来说，统一认证的架构旨在为用户提供一种简化的身份管理和访问控制方式，同时提高安全性和用户体验。架构的具体组件和流程会根据实际情况进行定制化设计。

9.2.3　用户身份管理和存储

用户身份管理和存储是构建统一认证和授权系统中至关重要的一部分。它涉及管理用户的身份信息、凭证、权限和属性，以确保安全可控的访问和授权。用户身份管理和存储的相关概念如下。

- 用户账号和身份信息：用户账号和身份信息包括用户的用户名、电子邮件、电话号码等基本信息，也包括可能的扩展属性如姓名、地址等。这些信息用于标识和区分用户。

- 密码管理：用户的密码是身份验证的重要凭证，需要进行安全的存储和管理。通常会对密码进行哈希和加盐处理，以防止明文存储和泄露。

- 用户凭证：除了密码，还可以使用其他凭证，如证书、多因素身份验证(MFA)设备等，增强身份验证的安全性。

- 身份验证方式：身份验证可以通过用户名密码、社交账号(如 Google、Facebook)、企业认证(如 LDAP)、双因素身份验证等多种方式进行。

- 用户注册和验证：提供用户注册流程，包括验证用户提供的电子邮件或手机，以确保用户提交的信息是有效和准确的。

- 用户权限和角色：为用户分配不同的权限和角色，以确定他们可以访问的资源与操作。角色和权限可以按照组织结构、职位等进行定义。

- 用户属性管理：存储用户的扩展属性，如所属部门、工作职责等，这些属性可能在访问控制和审计中使用。

- 用户分组和组织：用户可以根据组织结构或业务需求进行分组，方便进行角色分配和资源访问控制。

- 账号状态管理：管理用户的账号状态，包括锁定、禁用、注销等，以响应安全风险和用户请求。

- 数据同步和集成：对于多个系统和应用，需要确保用户数据的同步与集成，避免重复管理和不一致。

- 安全性：用户身份信息需要得到保护，包括数据加密、访问控制、审计和监控等。

常见的用户身份存储解决方案如下。

- 关系数据库：传统的数据库可以用于存储用户身份信息，如 MySQL、PostgreSQL等。可以根据需要设计用户表和相关的属性。

- LDAP(轻量级目录访问协议)：用于存储和管理用户和组织信息的协议，常用于企业环境中，如 OpenLDAP、Microsoft Active Directory 等。

- NoSQL 数据库：适用于需要灵活的数据模型和扩展性的场景，如 MongoDB、Cassandra 等。

- 身份管理系统(Identity Management System)：这些系统专门用于管理用户身份信息、权限和访问控制，提供统一的管理界面和 API。

❑ 云服务：云厂商提供的托管式身份管理解决方案，如 Amazon Cognito、Azure Active Directory 等。

根据具体业务需求和安全要求，选择适合的用户身份管理和存储方案非常重要。它直接影响到统一认证和授权系统的安全性、性能和可扩展性。

9.3 授权与权限管理

授权与权限管理是信息系统中确保用户和资源之间访问的合法性与安全性的关键方面。授权是在认证成功后，根据用户的身份和权限，决定用户可以访问哪些资源和可以执行哪些操作。

扫码看视频

9.3.1 授权模型

授权模型定义了系统中的访问控制规则和权限分配方式。它决定了用户、角色或实体如何获得对资源的访问权限。常见的授权模型如下。

❑ 基于角色的访问控制(Role-Based Access Control，RBAC)：在 RBAC 中，权限分配给角色，而用户被分配到角色上。用户通过角色获得权限，从而可以访问相应的资源。这种模型简化了权限管理，特别适用于大型组织。

❑ 基于属性的访问控制(Attribute-Based Access Control，ABAC)：ABAC 基于资源的属性和用户的属性来决定访问权限。它使用条件语句来定义访问规则，允许更灵活的控制，例如，"如果用户的职位是经理且资源的部门与用户所属部门相同，则允许访问"。

❑ 基于策略的访问控制(Policy-Based Access Control，PBAC)：PBAC 是一种灵活的模型，其中访问决策由预定义的策略规则驱动。策略既可以是简单的条件语句，也可以是复杂的逻辑组合。

9.3.2 授权策略

授权策略是定义谁有权访问什么资源以及在什么情况下有权访问的规则集合，这些策略指定了访问控制的条件和规则，以确保系统的安全性和合规性。授权策略包括以下主要元素。

❑ 主体(subject)：可以是用户、角色、实体等，即希望访问资源的实体。

❑ 资源(resource)：需要保护的数据、功能或服务。

❑ 操作(action)：可以是读、写、删除等操作，表示主体对资源的操作。

❑ 环境(environment)：表示在何种环境下，如时间、地点、设备等。

❑ 条件(condition)：附加的条件，用于细化访问控制规则，如特定的属性、状态或上下文。

授权策略可以使用各种形式的规则语言编写，以描述上述元素之间的关系和条件。这些策略被应用于系统中的访问控制决策点，以决定允许或拒绝访问请求。

> **注意**：授权模型和授权策略的设计取决于应用程序的需求、安全性要求和复杂性。正确定义和实施这些模型和策略是确保系统安全性的关键一步。

9.4　在微服务架构中使用统一认证与授权

在微服务架构中，认证与授权的需求变得更加复杂和关键。由于微服务通常是分布式、独立部署的，每个微服务都可能提供不同的功能和服务，因此需要特定的认证与授权策略来保障系统的安全性和合规性。

扫码看视频

9.4.1　微服务单点登录实战

在 Go 语言微服务项目中，通过单点登录可以让用户在登录一次后访问多个微服务而无须重复登录，即用户只需在认证中心进行一次登录，认证中心会颁发一个令牌，该令牌可以在不同的微服务中验证，从而实现跨服务的登录状态共享。

在本项目中，使用单点登录 SSO 提供者实现一个基本的身份验证工作流程。在此选择了 Facebook，但是将代码移植到 Google 或 Github 也不难。本实例使用 Gin 框架编写网站程序，将利用由 SSO 提供者返回的信息将用户注册到数据库中。

> **实例 9-1：使用单点登录对用户进行身份验证(源码路径：codes\9\9-1\)**

1. 登录和首页页面

本实例将使用两个非常简单的 HTML 页面。

❑ index.html：一个简单的首页页面。

❑ login.html：允许用户登录/注册的页面。

index.html 文件的具体实现代码如下。

```html
<!DOCTYPE html>
<html>
   <head>
      <title>Simple Test</title>
   </head>
   <body>
      <h1>
         Hello, test!
      </h1>
   </body>
</html>
```

login.html 文件的具体实现代码如下。

```html
<!DOCTYPE html>
<html>
   <head>
      <title>Login</title>
   </head>
   <body>
      <a href="/auth/facebook">Login with Facebook</a>
   </body>
</html>
```

2. 构建后端

本项目基于 Go 语言实现，使用如下结构来构建这个项目。

```
.
├── api
│   ├── data_registy
│   │   └── data_registry.go
│   ├── entities
│   │   └── entities.go
│   ├── handlers
│   │   └── auth
│   │       └── auth.go
│   ├── main.go
│   └── templates
│       ├── index.html
│       └── login.html
├── docker-compose.yml
├── go.mod
├── go.sum
└── README.md
```

main.go 文件是本项目程序的入口，在 templates/中包含了上面讲解过的两个 HTML 页面，具体实现代码如下。

```
package main

import (
    "log"
    "net/http"
    "os"
    "github.com/gin-gonic/gin"
    data_registry "local/auth_example/api/data_registy"
    "local/auth_example/api/handlers/auth"
)

func health(c *gin.Context) {
    // 确保数据库可访问
    err := data_registry.PingDB()
    if err != nil {
        c.JSON(http.StatusInternalServerError, "不健康")
        return
    }
    c.JSON(http.StatusOK, "健康")
}

func index(c *gin.Context) {
    c.HTML(http.StatusOK, "index.html", gin.H{})
}

func login(c *gin.Context) {
    c.HTML(http.StatusOK, "login.html", gin.H{})
}

func main() {
    // 如果与数据库的连接失败，则尽早崩溃
    if err := data_registry.InitDB(os.Getenv("DATABASE_URL")); err != nil {
        log.Fatal("无法打开数据库连接：", err)
    }
    router := gin.Default()
    router.LoadHTMLGlob("templates/*")
    router.GET("/health", health)
    router.GET("/", index)
    router.GET("/login", login)
    authGroup := router.Group("/auth")
    {
        authGroup.GET("/:provider", auth.Login)
        authGroup.GET("/callback", auth.AuthCallback)
    }
    router.Run("localhost:8080")
}
```

在这个文件中，设置了路由，加载 HTML 模板，定义了一些处理程序函数，并启动了服务器。注意，其中使用了 Gin 框架来构建和处理 HTTP 路由。health()函数实现健康检查，如果该端点返回 200 HTTP 状态码，则说明应用程序是健康的；如果不是(例如返回 500)，则说明应用程序不健康。某些程序可以调用此端点，并在应用程序不健康时决定重新启动应用程序。例如，Kubernetes 使用此机制来确保应用程序始终保持健康。

3. Facebook 单点登录

本实例将使用 Facebook 作为单点登录提供商。使用 SSO 提供商的原因是它提供了良好的用户体验，并将身份验证委托给 Facebook。其工作原理具体如下。

- ❑ 在应用程序中，用户点击一个链接，将其重定向到 Facebook。
- ❑ Facebook 会询问用户是否要向应用程序授予某些权限(如访问姓名、电子邮件等)。
- ❑ 如果用户同意，Facebook 会调用应用程序的预定端点，并将用户信息附加到调用中。
- ❑ 应用程序处理用户信息，并在数据库中创建用户记录。

在第一步中，应用程序后端将需要与 Facebook 进行身份验证。为此，你需要在 Facebook 上注册应用程序并获取客户端 ID 和客户端密钥。一般步骤如下。

① 前往 https://developers.facebook.com/apps/创建一个应用程序。

② 单击"创建应用"按钮，按照引导步骤操作，直到创建应用程序完成。

③ 选择"消费者"作为应用程序类型。

④ 在左侧窗格中前往"设置 > 基本"，并记录下应用程序 ID 和应用程序密钥(客户端 ID 和客户端密钥)。

⑤ 添加名为"Facebook 登录"的产品，并在快速启动中选择"web"选项。

⑥ 当 Facebook 要求填写网站的 URL 时，输入 localhost:8080。

接下来开始编码，编写 api/handlers/auth/auth.go 文件，实现与 Facebook 单点登录相关的功能。其中，init()函数在应用启动时初始化了 Facebook SSO 提供商，使用了 Facebook 的客户端 ID、客户端密钥和认证回调 URL。Login 函数用于开始认证流程，它将提供商信息添加到上下文中并调用 gothic.BeginAuthHandler 来开始认证处理。AuthCallback 函数在认证完成后被调用，它获取用户信息并将其转换为本地用户，然后将用户信息写入数据库。具体实现代码如下。

```
package auth

import (
    "fmt"
```

```
    "net/http"
    "os"
    data_registry "local/auth_example/api/data_registy"
    ent "local/auth_example/api/entities"
    "github.com/gin-gonic/gin"
    "github.com/markbates/goth"
    "github.com/markbates/goth/gothic"
    "github.com/markbates/goth/providers/facebook"
)

func init() {
    facebookProvider := facebook.New(
        os.Getenv("FACEBOOK_CLIENT_ID"),
        os.Getenv("FACEBOOK_CLIENT_SECRET"),
        os.Getenv("AUTH_REDIRECT_URL"),
    )
    goth.UseProviders(facebookProvider)
}

func Login(c *gin.Context) {
    // 将提供商添加到上下文中
    // https://github.com/markbates/goth/issues/411#issuecomment-891037676
    q := c.Request.URL.Query()
    q.Add("provider", c.Param("provider"))
    c.Request.URL.RawQuery = q.Encode()
    fmt.Println("开始认证流程")
    gothic.BeginAuthHandler(c.Writer, c.Request)
}

func AuthCallback(c *gin.Context) {
    user, err := gothic.CompleteUserAuth(c.Writer, c.Request)
    if err != nil {
        c.AbortWithError(http.StatusUnauthorized, err)
        return
    }
    ourUser := ent.GothUser(user).ToUser()
    // 在数据库中创建或更新用户记录。如果指定的用户尚不存在，将创建一个新用户记录。
    // 如果用户已存在，将更新用户的基本信息(如名字和姓氏)，但保持其他信息不变，同时保留用户的
原始 ID。
    err = data_registry.UpsertUser(ourUser)
    if err != nil {
        c.AbortWithError(http.StatusInternalServerError, err)
        return
    }
    c.Redirect(http.StatusFound, "/")
}
```

4. 创建 Postgres 数据库

使用 Docker Compose 创建本地的 Postgres 数据库，以用于存储用户数据。在当今，Docker 和 docker-compose 是在本地快速启动数据库的最简单方式。编写 docker-compose.yml 文件创建 Postgres 数据库，具体实现代码如下。

```
version: "3.9"
services:
 pin_db:
   container_name: auth_db
   image: postgres:14
   restart: unless-stopped
   environment:
     POSTGRES_HOST_AUTH_METHOD: "trust"
     POSTGRES_DB: auth_example
     POSTGRES_USER: postgres
   ports:
     - 5432:5432
   healthcheck:
     test: pg_isready -U postgres -d auth_example
     interval: 10s
     timeout: 3s
     retries: 3
   mem_limit: 4g
   shm_size: 1g
```

要运行此数据库，请确保在存储文件 docker-compose.yml 的目录中运行以下命令：

```
docker-compose up -d
```

在后台将启动 Postgres 容器，并创建一个具有指定用户名、密码和数据库的数据库实例。然后，可以通过以下方式检查数据库是否已就绪：

```
> docker ps

CONTAINER ID   IMAGE                COMMAND               CREATED        STATUS
PORTS                                NAMES
5e3c78494ac4   postgres:14          "docker-entrypoint.s…"  4 seconds ago  Up 3
seconds (health: starting)   0.0.0.0:5432->5432/tcp, :::5433->5432/tcp   auth_db
```

在能够向数据库中写入任何内容之前，需要在数据库中创建用户表。可以使用手动方式执行此操作，但更好的方式是使用模式迁移。这个想法很简单：每当需要更改数据库的结构时，创建一个向上的迁移和一个向下的迁移。向上的迁移将使数据库结构变为新状态，而向下的迁移将撤销更改(如果出现任何问题，这很有用)。为了管理这些迁移，可以借助于 dbmate 实现，这是一个非常简单的工具，与语言无关，并且与任何 ORM 无关(与像

SQLAlchemy 之类的工具相反)。通过如下命令创建迁移:

```
dbmate new users_table
```

这将创建一个名为 db/migrations/SOME_TIMESTAMP_users_table.sql 的文件，内容如下。

```
-- migrate:up
create extension if not exists "uuid-ossp";
create type provider_type as enum (
  'facebook'
);
create table users (
   user_id uuid not null default uuid_generate_v4 (),
   creation_time timestamp with time zone not null default now(),
   provider provider_type not null,
   email text not null,
   primary key (user_id),
   unique (email, provider)
);
create index idx_hash_user_id on users using hash (user_id);
-- migrate:down
drop index idx_hash_user_id;

drop table users;
drop type provider_type;
```

接下来，详细介绍上述数据库查询。

❑ 使用 create extension 允许数据库创建 uuid。

❑ 为提供者创建了一个枚举类型：只有一种可能的提供者，即 Facebook，这个字段不能采用其他值，不需要这个字段是文本类型。

❑ 每个邮箱和提供者的组合应该是唯一的(以避免重复用户)。

❑ 在 user_id 字段上创建了一个哈希索引(与 BTREE 索引相对)。

❑ dbmate 需要设置一个环境变量才能连接到数据库，所以运行以下命令(或使用 .envrc 文件)：

```
export
DATABASE_URL="postgres://postgres@localhost:5433/auth_example?sslmode=disable"
```

现在可以通过以下命令来创建数据库表:

```
> dbmate up
Applying: 20230316175233_users_table.sql
Writing: ./db/schema.sql
```

此时会成功创建数据库表 user:

```
+---------------+------------------------+----------------------------------------+
| Column        | Type                   | Modifiers                              |
|---------------+------------------------+----------------------------------------|
| user_id       | uuid                   | not null default uuid_generate_v4()    |
| creation_time | timestamp with time zone | not null default now()               |
| provider      | provider_type          | not null                               |
| email         | text                   | not null                               |
+---------------+------------------------+----------------------------------------+
Indexes:
    "users_pkey" PRIMARY KEY, btree (user_id)
    "users_email_provider_key" UNIQUE CONSTRAINT, btree (email, provider)
    "idx_hash_user_id" hash (user_id)
```

5. 处理数据库事务

建议大家使用一个抽象层来与数据库进行交互，这里称为数据注册表，它负责处理数据库事务。请注意，它不是 ORM 的重新实现，而只是一个将应用程序与任何数据库逻辑解耦的抽象层。应用程序的其余部分将实体(如上面的 User 结构体)发送到数据注册表，而注册表则负责将数据写入数据库。编写 api/data_registy/data_registry.go 文件，创建一个名为 data_registry 的包，用于处理与数据库的交互。具体实现代码如下。

```
package data_registry
import (
    "fmt"
    ent "local/auth_example/api/entities"
    "github.com/jmoiron/sqlx"
    _ "github.com/lib/pq"
)

var db sqlx.DB

func InitDB(connStr string) error {
    db_con, err := sqlx.Open("postgres", connStr)
    db = *db_con
    if err != nil {
        return err
    }
    if err := db.Ping(); err != nil {
        return err
    }
    return nil
}

func PingDB() error {
    if err := db.Ping(); err != nil {
```

```
        return err
    }
    return nil
}

func UpsertUser(user ent.User) error {
    fmt.Println(user)
    _, err := db.NamedExec(
        "insert into users (user_id, creation_time, provider, email) values (:user_id,
:creation_time, :provider, :email) on conflict (email, provider) do nothing;",
        user,
    )
    if err != nil {
        fmt.Println(err)
        return err
    }
    return nil
}
```

对上述代码的具体说明如下。

❑ InitDB(connStr string) error：该函数在应用程序启动时打开数据库连接，并将数据库实例缓存在全局变量中。它将数据库连接字符串作为参数，并返回错误(如果出现问题)。

❑ PingDB() error：此函数检查数据库是否可访问，如果无法访问，则返回错误。

❑ UpsertUser(user ent.User) error：这个函数用于将用户实体插入数据库中。它使用预定义的 SQL 语句来将用户数据插入数据库中，如果发生冲突(根据邮箱和提供者)，则不会执行任何操作。如果插入操作出现错误，将返回错误。

注意：这个包充当了应用程序与数据库之间的中间层，使应用程序的其他部分无须直接处理数据库交互逻辑。相反，它们可以通过调用这些函数来实现与数据库的交互。

6. 运行程序

转到 api 目录并使用以下命令运行代码：

```
cd api
go run main.go
```

这将启动应用程序并监听端口 8080。如果一切正常，应该能够在浏览器中访问 http://localhost:8080 来访问应用程序。可以使用登录按钮来进行 Facebook 单点登录流程，然后应用程序将从 Facebook 获取用户信息并将其插入本地数据库中。

在控制台中运行应用程序，并在浏览器中单击"Login with Facebook"链接后，会看到下面的控制台输出：

```
〉go run .
[GIN-debug] [WARNING] Creating an Engine instance with the Logger and Recovery
middleware already attached.

[GIN-debug] [WARNING] Running in "debug" mode. Switch to "release" mode in production.
 - using env:   export GIN_MODE=release
 - using code:  gin.SetMode(gin.ReleaseMode)

[GIN-debug] Loaded HTML Templates (3):
	-
	- index.html
	- login.html

[GIN-debug] GET    /health                 --> main.health (3 handlers)
[GIN-debug] GET    /                       --> main.index (3 handlers)
[GIN-debug] GET    /login                  --> main.login (3 handlers)
[GIN-debug] GET    /auth/:provider         -->
local/auth_example/api/handlers/auth.Login (3 handlers)
[GIN-debug] GET    /auth/callback          -->
local/auth_example/api/handlers/auth.AuthCallback (3 handlers)
[GIN-debug] [WARNING] You trusted all proxies, this is NOT safe. We recommend you
to set a value.
Please check
https://pkg.go.dev/github.com/gin-gonic/gin#readme-don-t-trust-all-proxies for
details.
[GIN-debug] Listening and serving HTTP on localhost:8080
Starting auth flow
[GIN] 2023/03/17 - 21:43:40 | 307 |   1.196956ms |      127.0.0.1 | GET
"/auth/facebook"
[GIN] 2023/03/17 - 21:43:41 | 302 |  486.132495ms |      127.0.0.1 | GET
"/auth/callback?code=AQBKIiXXXXXXXXXXXXXXXXXXXXXXXXX"
[GIN] 2023/03/17 - 21:43:41 | 200 |    88.006µs |      127.0.0.1 | GET       "/"
```

如果查看数据库，将看到现在已注册了一个新用户：

```
+--------------------------------------+-------------------------------+----------+
--------------------------------------+
| user_id                              | creation_time                 | provider |
email                                 |
|--------------------------------------+-------------------------------+----------+
--------------------------------------|
| b42bf029-4423-43e9-b178-cb8972baa4ac | 2023-03-17 21:38:25.950247+00 | facebook |
jeanpatrick.francoia@gmail.com        |
+--------------------------------------+-------------------------------+----------+
--------------------------------------+
```

这意味着应用程序成功地使用 Facebook 单点登录将用户信息插入了本地数据库中。

9.4.2　微服务 OAuth 2.0 认证实战

在微服务架构中，引入一个独立的认证服务是一种常见做法。认证服务负责用户身份验证，通常使用标准的认证协议(如 OAuth 2.0)进行操作，它会颁发访问令牌(Access Token)给通过认证的用户。下面的实例使用 OAuth 2.0 实现了一个第三方登录验证系统，可以用谷歌、Github 等账户实现验证登录功能。

实例 9-2：使用 OAuth 2.0 实现登录验证(源码路径：codes\9\9-2\)

(1) 编写 frontend/login/index.html 文件实现登录主界面，提供三种第三方登录的方式供用户选择，主要实现代码如下。

```
<body>
  <div class="box">
    <h1>第三方登录</h1>
    <div class="login-list">
      <a id="google_login" href="/oauth/google">
        <img src="/img/google.svg" alt="">
        <span>Google Login</span>
      </a>
      <a id="facebook_login" href="/oauth/facebook">
        <img src="/img/facebook.svg" alt="">
        <span>Facebook Login</span>
      </a>
      <a id="github_login" href="/oauth/github">
        <img src="/img/github.svg" alt="">
        <span>Github Login</span>
      </a>
    </div>
  </div>
  <script>
  </script>
</body>
```

(2) 如果用户登录成功，则使用 frontend/Islogin/index.html 文件显示用户的账号信息，主要实现代码如下。

```
<script>

  (function () {
    //let url=new URL("https://ginoauth-example.herokuapp.com/Islogin?email=
fizzyelt8786%40gmail.com&name=%E7%B4%A2%E6%9F%8F%E9%98%8A%93&source=google#")
```

```
        let urlParams = new URLSearchParams(window.location.search)
        if (urlParams.get('name')) {
            let name = document.querySelector('#name h3')
            let email = document.querySelector('#email h3')
            let source=document.querySelector('#source h3')
            name.textContent = urlParams.get('name')
            email.textContent = urlParams.get('email')
            source.textContent='从 ${urlParams.get('source')} 登录'
        }
    })();

    </script>
</body>
```

(3) 编写 backend/option.go 文件，定义一个 Go 语言包(backend 包)，其中包含用于处理客户端选项的结构体和相关函数。这些函数用于创建和操作客户端选项，包括从环境变量中读取配置、设置字段值、生成唯一状态等。此外，代码还包括一个用于调试目的的函数，用于格式化和打印 JSON 数据。具体实现代码如下。

```
var StateError = errors.New("state error.")

const IsLoginURL = "/islogin" // "https://ginoauth-example.herokuapp.com/Islogin"

type ClientOption struct {
    clientID     string
    clientSecret string
    redirectURL  string
}

func createClientOptions(company, redirectURL string) *ClientOption {
    var ID, Secret string
    switch company {
    case "google":
        ID = os.Getenv("GoogleID")
        Secret = os.Getenv("GoogleSecret")
    case "facebook":
        ID = os.Getenv("FacebookID")
        Secret = os.Getenv("FacebookSecret")
    case "github":
        ID = os.Getenv("GithubID")
        Secret = os.Getenv("GithubSecret")
    case "twitter":
        ID = os.Getenv("TwitterID")
        Secret = os.Getenv("TwitterSecret")
    default:
        ID = ""
```

```
            Secret = ""
    }
    return &ClientOption{
        clientID:    ID,
        clientSecret: Secret,
        redirectURL:  redirectURL,
    }
}

func CreateClientOptions(company string, redirectURL string) *ClientOption {
    return createClientOptions(company, redirectURL)
}

func CreateClientOptionsWithString(ID, Secret, RedirectURL string) *ClientOption {
    c := new(ClientOption)
    c.setID(ID)
    c.setSecret(Secret)
    c.setRedirectURL(RedirectURL)
    return c
}

func (c *ClientOption) setRedirectURL(URL string) {
    c.redirectURL = URL
}

func (c *ClientOption) setID(ID string) {
    c.clientID = ID
}

func (c *ClientOption) setSecret(Secret string) {
    c.clientSecret = Secret
}

func (c *ClientOption) getID() string {
    return c.clientID
}

func (c *ClientOption) getSecret() string {
    return c.clientSecret
}

func (c *ClientOption) getRedirectURL() string {
    return c.redirectURL
}

func GenerateState() string {
    return xid.New().String()
```

```
}

func __debug__printJSON(js []byte) {
    var prettyJSON bytes.Buffer
    err := json.Indent(&prettyJSON, js, "", "\n")

    result := string(prettyJSON.Bytes())
    if err == nil {
        log.Println(result)
    } else {
        log.Println("Println Json error = ", err)
    }
}
```

(4) 编写 backend/github.go 文件，用于处理 GitHub OAuth 认证的功能，包括获取 GitHub OAuth 链接、登录、回调等功能。对 backend/github.go 文件代码的具体说明如下。

❑ 定义 GitHub 用户信息结构体：githubUser 结构体定义了从 GitHub 获取的用户信息字段。

❑ 获取 GitHub OAuth URL 和配置：getGithubOauthURL 函数获取了 GitHub OAuth 的配置和生成的 OAuth URL，同时创建了一个用于保存状态的字符串。

❑ 执行 GitHub OAuth 登录：GithubOauthLogin 函数生成 OAuth 登录链接并将状态保存在会话中，然后重定向用户到登录页面。

❑ GitHub OAuth 回调处理：GithubCallBack 函数处理用户成功登录后的回调。它检查状态、交换授权码获取访问令牌，使用令牌获取用户信息，然后将用户信息添加到重定向 URL 中，并将用户重定向到登录成功页面。

整体来说，这个文件实现了与 GitHub OAuth 认证相关的逻辑，包括生成认证链接、处理回调、获取用户信息等功能。

(5) 编写 backend/google.go 文件，实现处理 Google OAuth 认证的功能，包括获取 OAuth 链接、登录、回调等功能。对 backend/google.go 文件代码的具体说明如下。

❑ 定义 Google 用户信息结构体：googleUser 结构体定义了从 Google 获取的用户信息的字段。

❑ 获取 Google OAuth URL 和配置：getGoogleOauthURL 函数获取了 Google OAuth 的配置和生成的 OAuth URL，同时创建了一个用于保存状态的字符串。

❑ 执行 Google OAuth 登录：GoogleOauthLogin 函数生成 OAuth 登录链接并将状态保存在会话中，然后重定向用户到登录页面。

❑ Google OAuth 回调处理：GoogleCallBack 函数处理用户成功登录后的回调。它检查状态、交换授权码获取访问令牌，使用令牌获取用户信息，然后将用户信息添加到重定向 URL 中，并将用户重定向到登录成功页面。

（6）编写 main.go 文件，创建了一个基于 Gin 框架的 Web 服务器，并定义了一系列路由和处理函数。这是一个简单的 Web 服务器入口，使用了 Gin 框架来处理路由和请求，并与 backend 包中的函数一起实现了 OAuth2 登录和回调的功能。主要实现代码如下。

```go
func main() {
    server := gin.Default()
    store := cookie.NewStore([]byte("secret"))
    server.Use(sessions.Sessions("mysession", store))

    // 如果要使用 FB 的 api 服务，/route 必须要有内容
    server.GET("/", func(ctx *gin.Context) {
        ctx.String(200, "Hello world")
    })

    server.Static("/img", "./frontend/img")
    server.Static("login", "./frontend/login")
    server.Static("islogin", "./frontend/Islogin")

    // oauth2 group, if you want to login, visit these routes.
    oauth := server.Group("oauth")
    {
        oauth.GET("/google", backend.GoogleOauthLogin)
        oauth.GET("/facebook", backend.FacebookOauthLogin)
        oauth.GET("/github", backend.GithubOauthLogin)
    }

    // callback group
    callback := server.Group("callback")
    {
        callback.GET("/google", backend.GoogleCallBack)
        callback.GET("/facebook", backend.FacebookCallBack)
        callback.GET("/github", backend.GithubCallBack)
    }
    _ = server.Run("localhost:8089")
}
```

对上述代码的具体说明如下。

❑　创建服务器和会话存储：使用 gin.Default() 创建一个默认配置的 Gin 服务器，并使用 sessions.Sessions 设置了会话存储。

❑　定义根路由：将根路径“/”映射到一个处理函数，返回"Hello world"。

❑　静态文件服务：通过 server.Static 方法配置几个静态文件服务，分别将/img、/login

和 /islogin 路径映射到对应的文件夹下的静态资源。

- OAuth2 路由组：创建一个名为 oauth 的路由组，包含/google、/facebook 和/github 三个路由，分别映射到 backend.GoogleOauthLogin、backend.FacebookOauthLogin 和 backend.GithubOauthLogin 处理函数。这些路由用于处理用户的 OAuth2 登录。

- Callback 路由组：创建一个名为 callback 的路由组，包含/google、/facebook 和 /github 三个路由，分别映射到 backend.GoogleCallBack、backend.FacebookCallBack 和 backend.GithubCallBack 处理函数。这些路由用于处理 OAuth2 登录后的回调。

- 启动服务器：通过调用 server.Run("localhost:8089") 启动了服务器，监听在 localhost 的 8089 端口。

运行 main.go 文件，在浏览器中输入 http://127.0.0.1:8089/login/后可以选择 OAuth 2.0 授权登录的方式，执行效果如图 9-1 所示。

图 9-1　执行效果

第 10 章

数据库访问
与 ORM

数据库访问是指应用程序与数据库之间的交互过程,通过执行查询、插入、更新和删除等操作来管理数据。ORM(Object-Relational Mapping,对象关系映射)是一种技术,它在面向对象编程语言和关系型数据库之间建立映射,从而将对象模型和数据库模型之间的差异抽象化。ORM 工具将数据库中的表格、行和列映射到编程语言中的对象、属性和关系。本章将详细讲解数据库访问与 ORM 的知识。

10.1 数据访问层

数据访问层(Data Access Layer，DAL)是在软件架构中负责与数据库或其他数据存储系统进行交互的组件或模块。它充当了应用程序逻辑与底层数据存储之间的中间层，有助于解耦业务逻辑和数据访问操作，提高代码的可维护性和可扩展性。

扫码看视频

10.1.1 数据访问层的职责和重要性

数据访问层在软件架构中具有重要的地位，它通过提供抽象接口、数据操作封装、性能优化和数据验证等功能，使应用程序能够更加灵活、可维护和安全地与底层数据存储进行交互。

1. 职责

❑ 封装数据存储细节：数据访问层将数据库的细节隐藏在其内部，使其他部分的代码无须直接处理数据库操作。

❑ 数据操作抽象化：数据访问层提供了一个抽象的接口，通过函数或方法来执行数据库操作，使开发人员能够以更高级的抽象层次处理数据。

❑ 提供数据模型：数据访问层可以定义数据模型或实体对象，以表示数据库中的表和记录，从而在代码中帮助处理数据。

❑ 数据验证和授权：数据访问层可以处理数据的验证，确保插入或更新的数据符合预期的规则和约束。此外，它也可以执行访问控制，确保只有授权的用户能够访问特定的数据。

❑ 性能优化：数据访问层可以实施性能优化策略，如查询优化、缓存、批量操作等，以提高数据访问的效率。

❑ 事务管理：数据访问层可以管理数据库连接和事务，确保多个数据库操作要么全部成功，要么全部失败和回滚，以保持数据的一致性。

❑ ORM 集成：数据访问层可以整合对象关系映射(ORM)工具，使开发人员以面向对象的方式操作数据库。

2. 重要性

❑ 解耦业务逻辑和数据操作：数据访问层将业务逻辑层和数据存储层解耦，使这两个部分能够独立变更，提高了代码的可维护性。

- ❑ 安全性和一致性：数据访问层可以实施数据验证、授权和事务管理，确保数据的安全性和一致性。

- ❑ 易于维护和扩展：通过将数据库操作抽象化到数据访问层，可以更容易地进行代码维护和扩展，因为业务逻辑不需要直接关注数据库操作细节。

- ❑ 适应多种数据存储：如果应用程序需要切换到不同的数据存储系统(例如，从关系型数据库切换到 NoSQL 数据库)，只需修改数据访问层而不影响其他部分。

- ❑ 提高开发效率：数据访问层可以减少重复的数据库操作代码，使开发人员能够更专注于业务逻辑。

10.1.2　数据访问层的设计原则

在设计数据访问层(Data Access Layer，DAL)时，需要遵循一些设计原则，以帮助我们创建可维护、高效和灵活的数据访问组件。下面是一些重要的设计原则。

- ❑ 单一职责原则(SRP)：每个类或模块应有一个单一的责任。在 DAL 中，确保每个类专注于一种特定的数据访问操作，如查询、插入、更新等。

- ❑ 开闭原则(OCP)：软件实体(类、模块等)应对扩展开放，对修改关闭。设计 DAL 时，应尽量通过接口或抽象类定义通用的数据访问接口，以便未来能够轻松添加新的数据访问方式或存储系统。

- ❑ 依赖倒置原则(DIP)：高层模块不应依赖于低层模块,两者都应依赖于抽象。在 DAL 中，确保高层的业务逻辑不直接依赖于底层的数据库操作细节，而是依赖于抽象的数据访问接口。

- ❑ 接口隔离原则(ISP)：不应该强迫客户端依赖于它们不使用的接口。设计 DAL 接口时，避免将多个不相关的数据访问方法放在一个接口，以确保客户端只需关注所需的方法。

- ❑ 迪米特法则(LoD)：模块不应了解它不需要的信息。在 DAL 中，确保业务逻辑层只需调用所需的数据访问方法，而不需要了解底层数据库的细节。

- ❑ 单元测试可测性：设计 DAL 时考虑如何使数据访问操作易于单元测试。将数据库访问逻辑与业务逻辑解耦，以便能够模拟数据访问行为进行单元测试。

- ❑ 异常处理和错误处理：在 DAL 中，实施良好的异常处理机制，以确保在数据访问过程中出现问题时能够提供有用的错误信息，并且能够适当地处理异常情况。

- ❑ 安全性和验证：考虑在 DAL 中实施数据验证、授权和权限管理，以确保只有授权的用户能够执行特定的数据操作。

- □ 性能优化：根据具体的应用需求，实施性能优化策略，如查询优化、缓存、批量操作等，以提高数据访问的效率。
- □ 可扩展性和适应性：设计 DAL 时要考虑如何支持多种数据存储系统，并能够在需要时轻松扩展或切换数据访问方式。
- □ 文档和注释：在代码中提供清晰的注释和文档，解释每个数据访问方法的用途、参数、返回值，以及可能的异常情况。

总之，在设计数据访问层时需要考虑多个方面，包括原则、模式和最佳实践。通过合理的设计，可以创建一个稳定、可维护和高效的数据访问组件，为应用程序的数据管理提供良好的基础。

10.2 ORM 基础

ORM 是一种将数据库中的数据映射到编程语言中的对象的技术，它允许开发者使用面向对象的方式来操作数据库，避免直接编写复杂的 SQL 查询语句。

扫码看视频

10.2.1 关系映射

关系映射是一种软件技术，旨在解决面向对象编程语言和关系型数据库之间的数据模型差异问题。它的目标是将面向对象的程序设计语言(如 Java、Python、C#等)中的对象模型映射到关系型数据库中的数据模型，从而使开发人员能够使用面向对象的方式来操作数据库。

关系映射的核心思想是将数据库表、列和关系映射到编程语言中的对象、属性和关系。这样，开发人员便可以使用类和对象来表示数据库中的实体，将数据库操作转化为对象的操作，从而使代码更加直观和易于维护。

10.2.2 ORM 的定义和作用

ORM 是一种编程技术，用于在面向对象的编程语言和关系型数据库之间建立映射，从而将对象模型和数据库模型之间的差异抽象化。ORM 允许开发人员使用面向对象的方式来操作数据库，而不需要直接编写 SQL 查询。

ORM 的主要作用是简化和优化数据持久化和访问的过程，具体说明如下。

❏ 抽象数据库细节：ORM 工具将数据库的细节(如表格、列、关系等)隐藏在其背后，开发人员不需要直接与数据库交互，而是使用面向对象的语法来处理数据。

❏ 减少重复代码：通过 ORM，大部分数据库操作代码可以自动生成，避免了编写重复的 SQL 查询语句，从而提高开发效率并减少错误。

❏ 提高可维护性：ORM 将数据模型和数据库模型之间的映射关系集中管理，当数据库结构变化时，只需更新映射配置，而不必在整个代码库中查找和修改相关的查询语句。

❏ 跨数据库支持：ORM 工具通常支持多种数据库类型，使在不同数据库之间进行切换变得更加容易，因为大部分的数据库操作都由 ORM 处理。

❏ 事务管理：ORM 可以处理事务，确保一组操作要么全部成功，要么全部失败和回滚，从而维护数据的一致性。

❏ 查询优化：ORM 工具可以根据底层数据库的特性自动进行查询优化，提高数据检索的性能。

❏ 面向对象编程：ORM 使开发人员能够在编程中使用对象和类来表示数据库中的实体，更贴近于面向对象编程思维。

❏ 降低学习曲线：对于那些不熟悉 SQL 的开发人员，ORM 提供了更简单的方法来操作数据库，从而降低了学习和使用数据库的难度。

> **注意**：ORM 和关系映射是两个相关但不同的概念，关系映射是一个更广泛的概念，是指将不同数据模型之间的映射过程，而 ORM 是关系映射的一种具体实现，专注于解决面向对象编程语言和关系型数据库之间的映射问题。虽然它们紧密相关，但 ORM 更为具体，是一种特定的技术和工具，用于简化对象与关系型数据库之间的交互。

10.3 常见的 Go 语言 ORM 框架

在 Go 语言中，有几个流行的 ORM 框架，用于将 Go 语言程序中的对象模型映射到关系型数据库中。本节将详细讲解 Go 语言常用的几个 ORM 框架。

扫码看视频

10.3.1 GORM

GORM(Go Object Relational Mapping)是一个流行的 Go 语言 ORM 框架，用于将 Go 语言程序中的对象模型与关系型数据库进行映射。它提供了多种功能，使开发人员能够以面向对象的方式操作数据库，而无须直接编写 SQL 查询。以下是 GORM 的一些主要特点和功能。

- 模型定义：GORM 允许开发人员通过定义 Go 语言结构体来创建数据模型。这些结构体可以映射到数据库表格，并通过标签注释来指定字段名称、约束和关系。
- 查询构建：GORM 提供了强大的查询构建功能，允许以链式方式构建查询，从简单的查找操作到复杂的连接查询，一应俱全。
- 事务管理：GORM 支持数据库事务，可以轻松地将多个操作包装在一个事务中，以确保数据的一致性和完整性。
- 关联数据：GORM 支持预加载和延迟加载关联数据，这意味着可以轻松地在查询中包含关联的数据，避免了 N+1 查询问题。
- 钩子和回调：GORM 允许在数据操作的不同阶段附加钩子和回调函数，以便在某些事件发生时执行特定的逻辑。
- 迁移：GORM 提供了数据库迁移工具，可以在数据库结构发生变化时进行更新，保持数据库与代码模型的一致性。
- 多数据库支持：GORM 支持多种数据库，包括 MySQL、PostgreSQL、SQLite 和 Microsoft SQL Server 等。
- 复杂数据类型支持：GORM 可以处理复杂的数据类型，如 JSON、数组、切片等。
- 缓存：GORM 支持缓存功能，可以缓存查询结果，提高数据访问性能。
- 跨平台支持：GORM 可以在多个平台上运行，包括 Windows、Linux 和 macOS。
- 丰富的文档和社区支持：GORM 具有广泛的文档和社区支持，可以在文档中找到使用教程、示例代码以及常见问题的解答。

GORM 的灵活性和强大功能使它成为 Go 语言开发人员首选的 ORM 框架之一。无论小型项目还是大规模应用，GORM 都能提供简化数据库操作的便利性，同时在维护数据模型和数据一致性方面表现出色。因为 GORM 的强大功能，很多开发者创建了 GORM 的扩展和插件集合，如 GORM-Plus。这些扩展增强了 GORM 的功能，提供额外的特性和工具，以满足特定项目的需求。下面实例的功能是使用 GORM 的扩展 GORM-Plus 实现了对数据库表的创建、查询、更新和数据删除操作。

实例 10-1：使用 GORM 操作 MySQL 数据库(源码路径：codes\10\10-1\)

编写 main.go 文件，使用 GORM-Plus 实现数据库的 CRUD(创建、读取、更新和删除)操作。主要实现代码如下：

```
package main

import (
    "github.com/acmestack/gorm-plus/gplus"
    "gorm.io/driver/mysql"
    "gorm.io/gorm"
    "gorm.io/gorm/logger"
    "log"
    "time"
)

type Student struct {
    ID       int
    Name     string
    Age      uint8
    Email    string
    Birthday time.Time
    CreatedAt time.Time
    UpdatedAt time.Time
}

var gormDb *gorm.DB

func init() {
    dsn := "root:66688888@tcp(127.0.0.1:3306)/test888?charset=utf8mb4&parseTime=True&loc=Local"
    var err error
    gormDb, err = gorm.Open(mysql.Open(dsn), &gorm.Config{
        Logger: logger.Default.LogMode(logger.Info),
    })
    if err != nil {
        log.Println(err)
    }
    gplus.Init(gormDb)
}

func main() {
    var student Student
    // 创建表
    gormDb.AutoMigrate(student)

    // 插入数据
    studentItem := Student{Name: "zhangsan", Age: 18, Email: "123@11.com", Birthday: time.Now()}
    gplus.Insert(&studentItem)

    // 根据 Id 查询数据
```

```
    studentResult, resultDb := gplus.SelectById[Student](studentItem.ID)
    log.Printf("error:%v\n", resultDb.Error)
    log.Printf("RowsAffected:%v\n", resultDb.RowsAffected)
    log.Printf("studentResult:%+v\n", studentResult)

    // 根据条件查询
    query, model := gplus.NewQuery[Student]()
    query.Eq(&model.Name, "zhangsan")
    studentResult, resultDb = gplus.SelectOne(query)
    log.Printf("error:%v\n", resultDb.Error)
    log.Printf("RowsAffected:%v\n", resultDb.RowsAffected)
    log.Printf("studentResult:%+v\n", studentResult)

    // 根据 Id 更新
    studentItem.Name = "lisi"
    resultDb = gplus.UpdateById[Student](&studentItem)
    log.Printf("error:%v\n", resultDb.Error)
    log.Printf("RowsAffected:%v\n", resultDb.RowsAffected)

    // 根据条件更新
    query, model = gplus.NewQuery[Student]()
    query.Eq(&model.Name, "lisi").Set(&model.Age, 35)
    resultDb = gplus.Update[Student](query)
    log.Printf("error:%v\n", resultDb.Error)
    log.Printf("RowsAffected:%v\n", resultDb.RowsAffected)

    // 根据 Id 删除
    resultDb = gplus.DeleteById[Student](studentItem.ID)
    log.Printf("error:%v\n", resultDb.Error)
    log.Printf("RowsAffected:%v\n", resultDb.RowsAffected)

    // 根据条件删除
    query, model = gplus.NewQuery[Student]()
    query.Eq(&model.Name, "zhangsan")
    resultDb = gplus.Delete[Student](query)
    log.Printf("error:%v\n", resultDb.Error)
    log.Printf("RowsAffected:%v\n", resultDb.RowsAffected)
}
```

在上述代码中定义了一个 Student 结构体，表示数据库表的结构。在 init 函数中，通过 GORM 的配置连接到名为 test888 的 MySQL 数据库，并初始化 gplus。主函数 main() 的执行流程如下。

❑ 使用 gormDb.AutoMigrate(student)在 MySQL 数据库 test888 中创建了数据库表 Student。

❑ 将一条数据插入数据库表 Student 中。

- ❑ 使用 gplus.SelectById[Student](studentItem.ID)，根据 ID 查询数据，并输出结果。
- ❑ 使用 gplus.NewQuery[Student]() 创建一个查询，然后使用 query.Eq(&model.Name, "zhangsan") 设置查询条件，再通过 gplus.SelectOne(query) 查询数据。
- ❑ 使用 gplus.UpdateById[Student](&studentItem) 根据 ID 更新数据。
- ❑ 使用 gplus.NewQuery[Student]()创建一个查询，然后设置条件并使用 query.Set (&model.Age, 35) 来更新数据。
- ❑ 使用 gplus.DeleteById[Student](studentItem.ID) 根据 ID 删除数据。
- ❑ 使用 gplus.NewQuery[Student]() 创建一个查询，设置条件，然后使用 gplus.Delete [Student](query) 来删除数据。

执行后会在控制台中展示操作过程：

```
2023/08/05 10:56:57 F:/Go/codes/10/10-1/gorm-plus-demo-main/main.go:39
[3.048ms] [rows:-] SELECT DATABASE()

2023/08/05 10:56:58 F:/Go/codes/10/10-1/gorm-plus-demo-main/main.go:39
[12.633ms] [rows:1] SELECT SCHEMA_NAME from Information_schema.SCHEMATA where
SCHEMA_NAME LIKE 'test888%' ORDER BY SCHEMA_NAME='t
est888' DESC,SCHEMA_NAME limit 1

//省略后面的执行结果
```

10.3.2　XORM

XORM 是一个流行的 Go 语言 ORM 框架，它用于将 Go 语言程序中的对象模型映射到关系型数据库中。XORM 的目标是提供一种轻量级、易于使用的 ORM 解决方案，同时具备一些强大的功能。以下是 XORM 的一些主要特点和功能。

- ❑ 模型定义：XORM 允许开发人员通过定义 Go 结构体来创建数据模型。这些结构体可以映射到数据库表格，并通过标签注释来指定字段名称、约束和关系。
- ❑ 查询构建：XORM 提供了简洁的查询构建功能，可以使用链式方法来构建各种数据库查询，包括条件、排序、分页等。
- ❑ 事务管理：XORM 支持数据库事务，可以使用事务来包装多个操作，以确保数据的一致性。
- ❑ 关联数据：XORM 支持预加载和延迟加载关联数据，便于在查询中包含相关的数据，避免 N+1 查询问题。
- ❑ 多数据库支持：XORM 支持多种数据库，包括 MySQL、PostgreSQL、SQLite、Microsoft SQL Server 等。

- 缓存：XORM 支持缓存功能，可以缓存查询结果，提高数据访问性能。
- 自动迁移：XORM 提供了自动迁移工具，可以根据数据模型自动生成和更新数据库表格结构。
- 反射和代码生成：XORM 使用反射和代码生成技术，可以根据数据模型生成查询代码，提高了查询效率。
- 支持存储过程和自定义 SQL：XORM 允许使用存储过程和自定义 SQL 来执行一些特定的数据库操作。
- 轻量级：XORM 的设计理念是保持简洁和轻量级，它不像其他 ORM 框架那样过于复杂，适用于简单到中等规模的应用。
- 文档和社区支持：XORM 有详细的文档和活跃的社区，可以在文档中找到使用教程、示例代码以及问题的解答。

> **注意**：尽管 XORM 没有像 GORM 那样的复杂功能，但它的轻量级和简单性使它成为许多 Go 语言开发人员的选择。特别是对于小型项目和那些不需要过多复杂特性的应用来说，XORM 是一个优秀的 ORM 框架。

实例 10-2：使用 XORM 操作 SQLite3 数据库(源码路径：codes\10\10-2\)

编写 main.go 文件，使用 XORM 进行数据库操作，主要的操作包括插入数据、查询数据、更新数据和删除数据。同时使用 Team2 结构体的 TableName 方法来指定数据库表名，以及对于更新操作使用 Update 方法时的一些注意事项。此外，还使用了 SQLite 作为演示的数据库引擎。主要实现代码如下。

```go
package main

import (
    "fmt"
    "log"
    "time"

    _ "github.com/mattn/go-sqlite3"
    "xorm.io/xorm"
    "xorm.io/xorm/names"
)

type Team struct {
    ID      int       'xorm:"'id' pk autoincr"'    // 团队 ID，自增主键
    Name    string    'xorm:"name"'                // 团队名称
```

```
        OrgID     int        'xorm:"org_id"'                 // 组织 ID
        CreatedAt time.Time 'xorm:"'created'"'               // 创建时间
        UpdatedAt time.Time 'xorm:"'updated'"'               // 更新时间
        Email     string    // 邮箱
}

type Team2 struct {
        ID        int        'xorm:"'id' pk autoincr"'       // 团队 ID，自增主键
        Name      string     'xorm:"name"'                   // 团队名称
        // OrgID    int    当我们尝试不加标签时，实际上 xorm 会因为找不到标签而出错
        OrgID     int        'xorm:"org_id"'                 // 组织 ID
        CreatedAt time.Time 'xorm:"'created'"'               // 创建时间
        UpdatedAt time.Time 'xorm:"'updated'"'               // 更新时间
        Email     string    // 邮箱
}

func (t Team2) TableName() string {
        return "team"
}

func insertTeam(e *xorm.Engine, team1 Team) error {
        // 对于插入，xorm 实际上会检查所有填充字段是否有相应的列名，如果没有，会报错
        // 未设置的字段在创建时将直接填充为默认值
        var err error
        if _, err = e.Insert(&team1); err != nil {
            log.Fatal(err)
        }
        return err
}

func getTeam(e *xorm.Engine, name string) Team {
        teams := []Team{}
        err := e.Find(&teams)
        if err != nil {
            log.Fatal(err)
        }
        var team1 Team
        _, err = e.Where("name=?", name).Get(&team1)
        if err != nil {
            log.Fatal(err)
        }
        return team1
}

func deleteTeam(e *xorm.Engine, name string) {
        _, err := e.Exec("DELETE FROM team WHERE name=?", name)
        if err != nil {
```

```
        log.Fatal(err)
    }
}

func updateTeam(e *xorm.Engine, team Team) (int64, error) {
    affected, err := e.ID(team.ID).Update(team)
    return affected, err
}

func main() {
    engine, err := xorm.NewEngine("sqlite3", "grafana.db")
    if err != nil {
        log.Fatal(err)
    }
    engine.SetTableMapper(names.GonicMapper{})
    team1 := Team{Name: "myname4", OrgID: 1, CreatedAt: time.Now(), UpdatedAt:
time.Now()}
    err = insertTeam(engine, team1)
    if err != nil {
        log.Fatal(err)
    }

    team3 := getTeam(engine, team1.Name)
    fmt.Printf("团队 3 是 %v \n", team3)

    // 这里很令人困惑，因为 xorm 忽略了 OrgID 的默认值 0，需要强制使用 .AllCols().Update
或 .Cols("org_id").Update 来更新
    // 但如果使用 .AllCols()，需要将所有必填字段都放入其中，所以也不是很方便
    team2 := Team{ID: team3.ID, OrgID: 0, Name: "princess"}
    _, err = updateTeam(engine, team2)
    if err != nil {
        log.Fatal(err)
    }

    team4 := getTeam(engine, team2.Name)
    fmt.Printf("在更新后，团队 4 是 %v \n", team4)
    deleteTeam(engine, team2.Name)
}
```

上述代码演示了如何使用 XORM 进行数据库操作，包括插入、查询、更新和删除数据，同时介绍了结构体方法和一些注意事项。具体说明如下。

❑ 结构体 Team 和 Team2：这两个结构体表示数据库中的 team 表的结构。它们包括团队的各个字段，如 ID、名称、组织 ID、创建时间、更新时间和邮箱等。

❑ 函数 func (t Team2) TableName() string 方法：这是一个在 Team2 结构体上定义的方法，用于指定数据库表名。在这里，指定了表名为 "team"。

- 函数 func insertTeam(e *xorm.Engine, team1 Team) error：用于将给定的团队数据插入数据库中。它使用传入的 xorm.Engine 实例 e 进行插入操作。如果插入失败，会返回一个错误。

- 函数 func getTeam(e *xorm.Engine, name string) Team：这个函数用于根据团队名称查询并返回团队数据。它使用传入的 xorm.Engine 实例 e 进行查询操作。首先，它会查询所有团队，然后通过传入的名称来获取匹配的团队数据。

- 函数 func deleteTeam(e *xorm.Engine, name string)：这个函数用于根据团队名称删除团队数据。它使用传入的 xorm.Engine 实例 e 进行 SQL 执行操作。它会执行一个 DELETE SQL 语句来删除与给定名称匹配的团队。

- 函数 func updateTeam(e *xorm.Engine, team Team) (int64, error)：这个函数用于更新团队数据。它使用传入的 xorm.Engine 实例 e 进行更新操作。通过调用 e.ID(team.ID).Update(team)，它会根据给定的 ID 更新与之匹配的团队数据。函数会返回受影响的行数和可能的错误。

- 函数 func main()：这是程序的主函数，它初始化了 XORM 引擎，并使用 SQLite 数据库。然后，它演示了插入、查询、更新和删除团队数据的操作，同时展示了对应的操作结果。

10.3.3　SQLBoiler

SQLBoiler 是一个在 Go 语言中使用的 ORM 工具，它可以将 Go 语言的结构体映射到关系型数据库表格，并提供了丰富的查询和操作功能。SQLBoiler 的目标是为 Go 语言开发人员提供高性能、易用和类型安全的数据库操作解决方案。SQLBoiler 的一些主要特点和功能如下。

- 代码生成：SQLBoiler 使用代码生成技术，可以根据数据库模式和结构体定义自动生成查询和操作代码，从而减少手动编写大量 CRUD 操作的工作。

- 模型定义：通过定义 Go 语言的结构体，可以描述数据库表格和列的结构，以及它们之间的关系。SQLBoiler 根据这些定义生成相应的查询和操作代码。

- 查询构建：SQLBoiler 提供了查询构建工具，允许以更直观的方式构建各种查询，包括条件、排序、分页等。

- 事务管理：SQLBoiler 支持数据库事务，可以在事务中包装多个数据库操作，以确保数据的一致性和完整性。

- 预加载关联数据：SQLBoiler 允许预加载关联数据，以避免 N+1 查询问题，提高查询效率。

- 支持多种数据库：SQLBoiler 支持多种数据库，包括 MySQL、PostgreSQL、SQLite 和 Microsoft SQL Server 等。

- 原生 SQL 支持：尽管 SQLBoiler 生成大部分的查询代码，但它也提供了支持原生 SQL 查询和操作的选项。

- 模型方法和钩子：可以在生成的模型上定义自己的方法和钩子，以添加额外的业务逻辑或执行特定的操作。

- 模板自定义：SQLBoiler 的生成代码使用模板进行渲染，可以根据需要自定义这些模板，以满足项目的特定要求。

- 类型安全：SQLBoiler 生成的代码是类型安全的，这意味着可以在编译时捕获很多潜在的错误。

- 文档和社区支持：SQLBoiler 有详细的文档和一个活跃的社区，可以在文档中找到使用教程、示例代码以及一些问题的解答。

总之，SQLBoiler 是一个适用于 Go 语言的 ORM 工具，通过代码生成和丰富的功能，可以帮助开发人员更轻松地进行数据库操作，同时提供了高性能和类型安全的优势。

实例 10-3：使用 SQLBoiler 操作 Postgres 数据库：新闻管理系统(源码路径：codes\10\10-3\)

(1) 编写 sqlboiler.toml 文件设置连接数据库的参数，主要实现代码如下。

```
[psql]
dbname = "postgres"
host = "localhost"
port = 2345
user = "postgres"
pass = "postgres"
sslmode = "disable"
```

(2) 编写 Docker Compose 文件 docker-compose.yml，用于定义和配置一个包含 PostgreSQL 数据库服务的容器化环境。它使用 PostgreSQL 14 镜像来创建一个 PostgreSQL 数据库实例，并配置了一些参数、环境变量和挂载卷。具体实现代码如下。

```
version: "3.8"                                # 指定 Docker Compose 文件的版本

services:
  postgres:                                   # 定义一个名为 "postgres" 的服务
    container_name: sql_boiler_postgres       # 指定容器的名称
    image: postgres:14                        # 使用的 PostgreSQL 镜像版本
    ports:
```

```
    - 2345:5432                              # 将容器内的 5432 端口映射到主机的 2345 端口
  volumes:
    - ./init.sql:/docker-entrypoint-initdb.d/init.sql  # 挂载一个 SQL 初始化脚本
  command:
    - "postgres"                            # PostgreSQL 容器的启动命令
    - "-c"
    - "log_statement=all"                   # 设置 PostgreSQL 输出所有 SQL 语句到日志
  environment:
    - POSTGRES_USER=postgres                # 设置 PostgreSQL 数据库的用户名
    - POSTGRES_PASSWORD=postgres            # 设置 PostgreSQL 数据库的密码
    - POSTGRES_DB=postgres                  # 设置默认创建的数据库名称
```

上述 Docker Compose 文件创建了一个名为 "postgres" 的容器, 使用 PostgreSQL 14 镜像。它将容器内的 PostgreSQL 5432 端口映射到主机的 2345 端口, 可以通过主机的 2345 端口连接到 PostgreSQL 数据库, 还挂载了一个 SQL 初始化脚本, 以及设置了一些环境变量, 如用户名、密码和默认数据库名。容器启动后, PostgreSQL 会运行并使用指定的配置和环境变量。

(3) 编写 init.sql 文件, 这是一个 SQL 初始化脚本文件, 它在容器化的 PostgreSQL 数据库启动时被执行。这个脚本用于执行一系列 SQL 语句, 以初始化数据库的结构、表、索引、视图等对象, 或者插入一些初始数据。具体实现代码如下。

```
CREATE TABLE author(
  id serial primary key,
  email varchar not null,
  name varchar not null
);

CREATE TABLE article(
  id serial primary key,
  title varchar not null,
  body text,
  created_at timestamp default now(),
  author_id int not null,
  constraint fk_author_id foreign key(author_id) references author(id)
);
```

当运行上述 init.sql 脚本时, 会在数据库中创建这两个表, 这对于项目中的数据库操作和数据存储将非常有用。

(4) 运行以下命令, 根据数据库表结构生成与表相关的 Go 模型和查询代码。

```
sqlboiler psql
```

(5) 编写 main.go 文件, 使用 SQLBoiler 与 PostgreSQL 数据库交互, 并执行一系列的

操作，包括创建作者、创建文章、查询作者及查询作者与文章的关联。具体实现代码如下。

```go
package main

import (
    "context"
    "database/sql"
    "fmt"
    "log"
    _ "github.com/lib/pq"
    dbmodels "github.com/razak17/go-sqlboiler-example/db/models"
    "github.com/volatiletech/null/v8"
    "github.com/volatiletech/sqlboiler/v4/boil"
    "github.com/volatiletech/sqlboiler/v4/queries/qm"
)

func main() {
    ctx := context.Background()
    db := connectDB()
    boil.SetDB(db)
    author := createAuthor(ctx)
    createArticle(ctx, author)
    createArticle(ctx, author)
    selectAuthorWithArticlesJoin(ctx, 2)
}

func connectDB() *sql.DB {
    db, err := sql.Open("postgres", "postgres://postgres:postgres@localhost:2345/
postgres?sslmode=disable")
    if err != nil {
        panic(err)
    }
    return db
}

func createAuthor(ctx context.Context) dbmodels.Author {
    author := dbmodels.Author{
        Name:  "John Doe",
        Email: "johndoe@email.com",
    }
    err := author.InsertG(ctx, boil.Infer())
    if err != nil {
        log.Fatal(err)
    }
    return author
}
```

```go
func createArticle(ctx context.Context, author dbmodels.Author) dbmodels.Article {
    article := dbmodels.Article{
        Title:    "Hello World",
        Body:     null.StringFrom("This is an article."),
        AuthorID: author.ID,
    }
    err := article.InsertG(ctx, boil.Infer())
    if err != nil {
        log.Fatal(err)
    }
    return article
}

func selectAuthorWithArticles(ctx context.Context, authorID int) {
    author, err := dbmodels.Authors(dbmodels.AuthorWhere.ID.EQ(authorID)).OneG(ctx)
    if err != nil {
        log.Fatal(err)
    }
    fmt.Printf("Author: \n\tID:%d \n\tName:%s \n\tEmail:%s\n", author.ID,
author.Name, author.Email)
    articles, err := author.Articles().AllG(ctx)
    if err != nil {
        log.Fatal(err)
    }
    for _, a := range articles {
        fmt.Printf("Article: \n\tID:%d \n\tTitle:%s\n\tBody:%s\n\tCreatedAt:%v\
n", a.ID, a.Title, a.Body.String, a.CreatedAt.Time)
    }
}

func selectAuthorWithArticlesEager(ctx context.Context, authorID int) {
    author, err := dbmodels.Authors(
        dbmodels.AuthorWhere.ID.EQ(authorID),
        qm.Load(dbmodels.AuthorRels.Articles),
    ).OneG(ctx)
    if err != nil {
        log.Fatal(err)
    }
    fmt.Printf("Author: \n\tID:%d \n\tName:%s \n\tEmail:%s\n", author.ID,
author.Name, author.Email)
    for _, a := range author.R.Articles {
        fmt.Printf("Article: \n\tID:%d \n\tTitle:%s\n\tBody:%s\n\tCreatedAt:%v\
n", a.ID, a.Title, a.Body.String, a.CreatedAt.Time)
    }
}

func selectAuthorWithArticlesJoin(ctx context.Context, authorID int) {
```

```
type AuthorAndArticle struct {
    Article dbmodels.Article 'boil:"articles,bind"'
    Author  dbmodels.Author  'boil:"author,bind"'
}
authorAndArticles := make([]AuthorAndArticle, 0)
err := dbmodels.NewQuery(
    qm.Select("*"),
    qm.From(dbmodels.TableNames.Author),
    qm.InnerJoin("article on article.author_id = author.id"),
    dbmodels.AuthorWhere.ID.EQ(authorID),
).BindG(ctx, &authorAndArticles)
if err != nil {
    log.Fatal(err)
}
for _, authorAndArticle := range authorAndArticles {
    author := authorAndArticle.Author
    a := authorAndArticle.Article
    fmt.Printf("Author: \n\tID:%d \n\tName:%s \n\tEmail:%s\n", author.ID,
author.Name, author.Email)
    fmt.Printf("Article: \n\tID:%d \n\tTitle:%s\n\tBody:%s\n\tCreatedAt:%v\
n", a.ID, a.Title, a.Body.String, a.CreatedAt.Time)
    }
}
```

上述代码的运行流程如下。

- ❑ 连接数据库：在 main 函数中，通过调用 connectDB() 函数来连接数据库。这个函数使用 database/sql 包的 Open 函数来创建一个数据库连接。
- ❑ 设置数据库连接：使用 boil.SetDB(db) 设置 SQLBoiler 使用的数据库连接。
- ❑ 创建作者和文章：通过调用 createAuthor 和 createArticle 函数来创建作者和文章。这些函数使用 SQLBoiler 自动生成的模型方法来执行插入操作。
- ❑ 查询作者及其文章：调用 selectAuthorWithArticlesJoin 函数来查询指定作者及其关联的文章。这个函数使用 JOIN 查询，将作者及其文章信息一起查询出来，并进行格式化输出。

总之，本实例展示了使用 SQLBoiler 生成的模型和查询助手函数来进行数据库操作，以及执行各种操作的方法，如插入数据、查询数据和执行关联查询。其中各种操作都是基于 SQLBoiler 生成的代码构建的，这正是 SQLBoiler 的作用。

10.3.4 Gorp

Gorp(Go Relational Persistence)是一个轻量级的 Go 语言 ORM(对象关系映射)库，它的目标是提供一种简单且灵活的方式来进行数据库操作，而不需要过多的配置和复杂性。Gorp

的设计哲学是保持简单，适用于小型和中等规模的应用，同时提供基本的 CRUD 操作和数据库映射功能。Gorp 的一些主要特点和功能如下。

- ❑ 基本 CRUD 操作：Gorp 提供了基本的 Create、Read、Update 和 Delete 操作，允许通过结构体来映射数据库表格和列。
- ❑ 查询构建：Gorp 允许使用结构体和查询构建器来构建数据库查询，包括条件、排序、分页等。
- ❑ 事务管理：Gorp 支持数据库事务，可以在事务中执行多个数据库操作，以确保数据的一致性。
- ❑ 数据映射：可以通过在结构体中添加标签来定义数据库表格和列的映射关系，Gorp 使用反射来处理映射。
- ❑ 原生 SQL 支持：尽管 Gorp 提供了基本的 CRUD 操作，但也可以执行原生 SQL 查询和操作。
- ❑ 连接池管理：Gorp 可以管理数据库连接池，确保有效地管理和重用数据库连接。
- ❑ 自定义映射：可以自定义数据类型和结构体之间的映射，以适应特定的需求。
- ❑ 简单性：Gorp 的设计理念是保持简单，不会引入过多的抽象和复杂性。
- ❑ 文档和社区支持：Gorp 有简单的文档和一些社区支持，可以在文档中找到基本的使用说明和示例。

> **注意**：由于 Gorp 的设计目标是轻量级和简单性，所以适用于一些小型到中等规模的项目，或者适于那些只需基本数据库操作的场景。如果需要更丰富的功能和更强大的查询构建，则要考虑其他更复杂的 ORM 框架，如 GORM 或 XORM。

实例 10-4：使用 Gorp 操作数据库(源码路径：codes\10\10-4\)

编写实例文件 main.go，使用 Gorp 框架对 SQLite 数据库进行操作，包括连接数据库、初始化数据、插入、查询、更新、删除等。主要实现代码如下。

```go
package main

import (
    "database/sql"
    "gopkg.in/gorp.v1"
    _ "github.com/mattn/go-sqlite3"
    "log"
    "time"
)
```

```go
func main() {
    // 初始化 DbMap
    dbmap := initDb()
    defer dbmap.Db.Close()
    // 删除现有行
    err := dbmap.TruncateTables()
    checkErr(err, "TruncateTables 失败")
    // 创建两个文章
    p1 := newPost("Go 1.1 发布! ", "Lorem ipsum lorem ipsum")
    p2 := newPost("Go 1.2 发布! ", "Lorem ipsum lorem ipsum")
    // 插入行 - 自动递增的主键将在插入后正确设置
    err = dbmap.Insert(&p1, &p2)
    checkErr(err, "插入失败")
    // 使用方便的 SelectInt
    count, err := dbmap.SelectInt("select count(*) from posts")
    checkErr(err, "选择计数失败")
    log.Println("插入后的行数: ", count)
    // 更新行
    p2.Title = "Go 1.2 比以往更好"
    count, err = dbmap.Update(&p2)
    checkErr(err, "更新失败")
    log.Println("更新的行数: ", count)
    // 获取一行 - 注意在列名与结构字段名不同的情况下使用 "post_id"
    // PostgreSQL 用户应使用 $1 替代 ? 占位符
    // 请参阅下方的 "已知问题"
    err = dbmap.SelectOne(&p2, "select * from posts where post_id=?", p2.Id)
    checkErr(err, "选择一行失败")
    log.Println("p2 行: ", p2)
    // 获取所有行
    var posts []Post
    _, err = dbmap.Select(&posts, "select * from posts order by post_id")
    checkErr(err, "选择失败")
    log.Println("所有行: ")
    for x, p := range posts {
        log.Printf("    %d: %v\n", x, p)
    }
    // 根据主键删除行
    count, err = dbmap.Delete(&p1)
    checkErr(err, "删除失败")
    log.Println("已删除的行数: ", count)
    // 通过 Exec 手动删除行
    _, err = dbmap.Exec("delete from posts where post_id=?", p2.Id)
    checkErr(err, "Exec 失败")
    // 确认行数为零
    count, err = dbmap.SelectInt("select count(*) from posts")
    checkErr(err, "选择计数失败")
```

```
    log.Println("行数 - 应为零: ", count)
    log.Println("完成! ")
}

type Post struct {
    // db 标签允许你指定列名，如果与结构字段名不同
    Id      int64 'db:"post_id"'
    Created int64
    Title   string 'db:",size:50"'                    // 列大小设置为 50
    Body    string 'db:"article_body,size:1024"'      // 同时设置列名和大小
}

func newPost(title, body string) Post {
    return Post{
        Created: time.Now().UnixNano(),
        Title:  title,
        Body:   body,
    }
}

func initDb() *gorp.DbMap {
    // 使用标准的 Go database/sql API 连接数据库
    // 使用你喜欢的任何 database/sql 驱动
    db, err := sql.Open("sqlite3", "/tmp/post_db.bin")
    checkErr(err, "sql.Open 失败")
    // 构造 gorp DbMap
    dbmap := &gorp.DbMap{Db: db, Dialect: gorp.SqliteDialect{}}
    // 添加一个表，将表名设置为 'posts',
    // 并指定 Id 属性为自动递增的主键
    dbmap.AddTableWithName(Post{}, "posts").SetKeys(true, "Id")
    // 创建表。在生产系统中，通常会使用迁移工具，
    // 或通过脚本创建表
    err = dbmap.CreateTablesIfNotExists()
    checkErr(err, "创建表失败")
    return dbmap
}

func checkErr(err error, msg string) {
    if err != nil {
        log.Fatalln(msg, err)
    }
}
```

对上述代码的具体说明如下。

❑　定义结构体 Post：定义一个结构体 Post，用于映射数据库中的 posts 表。结构体
　　字段使用 db 标签来指定映射关系，如字段名、列名、大小等。

- ❑ newPost 函数：创建并返回一个新的 Post 结构体实例。
- ❑ initDb 函数：初始化数据库连接和 Gorp DbMap 实例。在这个函数中，使用 sql.Open 来连接 SQLite 数据库，然后创建一个 DbMap 实例并添加一个表映射。
- ❑ main 函数：程序入口，包含了数据库操作的示例。首先连接数据库，然后使用 initDb 初始化 Gorp 的 DbMap 实例，接着进行数据库操作示例，包括插入、查询、更新和删除数据。
- ❑ checkErr 函数：检查错误并打印错误信息，如果出现错误，则将终止程序执行。

本实例演示了使用 Gorp 框架来操作 SQLite 数据库的过程。大家可以根据需要，将数据库驱动和连接信息修改为其他数据库，然后使用类似的方式进行数据库操作。

第 11 章

事件驱动架构

　　事件驱动架构(Event-Driven Architecture，EDA)是一种软件架构模式，它强调系统内部组件之间的通信和协作是通过事件来驱动的。在事件驱动架构中，组件(或服务)之间通过发布和订阅事件的方式进行解耦，从而实现松耦合、可扩展和可维护的系统。本章将详细讲解事件驱动架构的知识。

11.1　事件驱动架构的基本概念

事件驱动架构在各种应用场景中都有广泛的应用，包括微服务架构、大数据处理、物联网系统等。它可以帮助系统更好地应对复杂性，提高系统的弹性，并支持快速开发和创新。

11.1.1　事件驱动架构的定义和特点

事件驱动架构是一种软件架构模式，其核心思想是将系统内部不同组件之间的通信和协作基于事件发布和订阅模式来实现。在这种架构中，组件不直接调用彼此的方法，而是通过事件进行交互，从而实现松耦合、可扩展和灵活的系统。

事件驱动架构的主要特点如下。

- 事件发布和订阅：组件通过发布事件将信息通知其他感兴趣的组件，其他组件可以订阅这些事件以接收并处理通知。这种方式实现了解耦，不同组件之间无须直接依赖或了解对方。

- 松耦合：事件驱动架构促使系统组件之间解耦。组件只需关心自己感兴趣的事件，而无须了解其他组件的细节。

- 可扩展性：新的组件可以轻松地加入系统，只需订阅适当的事件即可。这种模式下，系统可以在不中断现有组件的情况下进行扩展。

- 灵活性和适应性：由于事件可以根据需要添加、移除或更改，因此系统可以更加灵活地适应不同的业务需求和变化。

- 异步通信：事件驱动架构通常采用异步通信方式，使组件之间不需要立即相互通信，从而增强了系统的性能和弹性。

- 实时性：事件驱动架构支持实时处理和响应事件，使系统能够更好地应对需要即时处理的业务场景。

- 事件流：事件的发布和订阅可以形成事件流，通过监控事件流，可以追踪系统中发生的事情，然后进行监控和分析。

- 可观测性：事件驱动架构支持通过监听事件流来监控系统的状态和行为，从而实现更好的可观测性。

- 事件持久化：为了防止事件丢失，某些情况下需要将事件持久化到存储中，以便在需要的时候进行回放或重新处理。

事件驱动架构在现代应用开发中被广泛使用，特别是在微服务架构、大数据处理、实时分析和物联网等领域。它有助于构建灵活、高效且可扩展的系统，同时提供了更好的解耦和维护性。

11.1.2　事件与事件流

在事件驱动架构中，"事件"和"事件流"是两个关键概念，用于描述系统中发生的事实和状态变化，以及这些信息的传递和处理方式。

1. 事件

❑　事件(Event)是系统中发生的具体事实或状态变化的描述，它可以是任何与业务或系统状态有关的信息，如用户操作、数据更新、错误发生等。

❑　事件通常以数据结构的形式进行传递，包含了事件类型、时间戳、附加数据等。

❑　事件既可以由系统内部的组件产生，也可以来自外部系统的触发。

❑　事件是系统中的一个重要抽象，可以代表任何需要被感知和处理的行为或状态。

2. 事件流

❑　事件流(Event Stream)是一系列相关事件的序列，按照发生的顺序排列。

❑　事件流记录了系统中各种事件的发生，形成了一种时间顺序。

❑　事件流可以用于监控、分析、回放和预测系统行为。

❑　事件流可以包含一个或多个事件，这些事件可能属于同一类型，也可能属于不同类型。

❑　在事件驱动架构中，事件流起着重要作用，它是组织和跟踪系统中发生的事件的方式之一。事件流的使用有助于系统的可观测性、分析和实时反馈。通过分析事件流，可以获得关于系统行为、用户操作和数据变化的洞察，从而作出更好的决策和优化系统。

事件驱动架构中的事件和事件流在不同的系统和应用场景中具有广泛的应用，如微服务架构、大数据处理、实时监控、物联网等。通过合理设计和管理事件与事件流，可以构建出更灵活、高效且可观测的系统。

11.2　事件发布与订阅模式

事件发布与订阅模式(Event Publish-Subscribe Pattern)是事件驱动架构中的一种重要模式，用于实现系统内不同组件之间的松耦合通信。在此模式中，组件不直接依赖于彼此，而是通过事件的发布和订阅来进行通信。

扫码看视频

11.2.1　发布者—订阅者模式

发布者—订阅者模式(Publisher-Subscriber Pattern)是一种软件设计模式，用于实现组件之间的解耦通信。在这种模式下，一个组件(发布者)发布消息，而其他组件(订阅者)订阅并接收这些消息。这种模式在实现事件驱动架构和消息传递系统中非常有用。发布者—订阅者模式的主要概念如下。

- 发布者：发布者负责生成消息或事件，并将其发送到消息系统中。发布者不需要知道哪些订阅者会接收消息，也不需要直接与订阅者交互。
- 订阅者：订阅者是对特定类型的消息或事件感兴趣的组件。订阅者在消息系统中注册，以便在特定类型的消息发布时接收通知。
- 消息/事件：消息可以是任何类型的数据，如简单的文本、对象、事件等。发布者生成消息并将其发布到消息系统中。
- 消息系统(Message Broker)：消息系统是发布者和订阅者之间的中介。它负责接收发布者发送的消息，并将其分发给所有订阅了相关消息类型的订阅者。
- 订阅(Subscription)：订阅者在消息系统中注册对特定类型消息的订阅，使订阅者可以在消息发布时接收通知。
- 消息分发(Message Dispatching)：当发布者发布消息时，消息系统负责将该消息分发给所有订阅了相应类型的订阅者。
- 消息处理(Message Handling)：订阅者接收到消息后，可以执行与消息相关的逻辑处理。处理可能涉及更新状态、触发操作、发送响应等。
- 解耦：发布者和订阅者之间的松耦合性允许系统中的组件独立演化，不受其他组件的影响。

发布者—订阅者模式在许多场景中都有广泛的应用，包括事件驱动的架构、消息队列、消息中间件、UI 事件处理等。它有助于构建松散耦合、可扩展和高效的系统。

11.2.2 事件通道和消息代理

事件通道和消息代理都是在分布式系统中实现异步通信的重要工具，它们用于在不同组件之间传递消息和事件。

1. 事件通道

事件通道(Event Channels)是一种在组件之间传递事件的机制。它通常用于实现发布—订阅模式，其中一个组件(发布者)将事件发布到事件通道，而其他感兴趣的组件(订阅者)从通道中订阅事件。事件通道的特点如下。

- □ 事件通道通常是一种基于消息队列的机制，支持异步通信。
- □ 发布者将事件发布到事件通道，而订阅者可以从通道中订阅感兴趣的事件类型。
- □ 事件通道可以具有多种配置，例如，广播模式(所有订阅者都收到事件)或选择性推送(只有特定订阅者收到事件)等。
- □ 事件通道可以使用不同的协议和中间件来实现，如消息队列系统(RabbitMQ、Kafka)、消息中间件(NATS、ActiveMQ)等。

2. 消息代理

消息代理(Message Brokers)是一种更通用的概念，它涵盖了各种用于在分布式系统中传递消息的技术。消息代理可以用于实现事件通道，同时可以支持其他通信模式，如请求—响应、点对点通信等。消息代理的特点如下。

- □ 消息代理是一种中间件，负责接收消息并将其传递给目标组件。
- □ 消息代理可以实现不同的通信模式，如发布—订阅、队列、主题等。
- □ 消息代理通常支持消息的持久化，以确保消息在传递过程中不会丢失。
- □ 消息代理具有高可用性和容错性，以保证系统的稳定性。
- □ 消息代理可以在不同的语言和平台之间实现跨系统的通信。

综合而言，事件通道和消息代理都是在分布式系统中实现异步通信的工具，但事件通道更倾向于实现发布—订阅模式，而消息代理则更通用，可以支持多种通信模式和需求。在选择使用哪种工具时，需要考虑系统的通信需求、架构设计和可用技术。

11.2.3 基于主题的订阅和过滤

基于主题的订阅和过滤是消息传递系统中的一种重要概念，它在发布—订阅模式中用于对消息进行选择性订阅和过滤。这种机制允许订阅者只接收自己感兴趣的特定主题或类型的消息，而不会受其他无关消息的干扰。下面是基于主题的订阅和过滤的核心概念与工作原理。

- 主题：主题是一种分类标签，用于标识消息的类型、内容或关联性。发布者发布消息时，将消息与一个或多个主题关联。
- 订阅者：订阅者可以选择订阅特定的主题，只接收与其订阅的主题相关联的消息。
- 过滤(Filtering)：过滤是指订阅者选择仅接收符合特定条件的消息。过滤条件可以包括主题、消息内容、属性等。
- 发布者：发布者发布消息时，可以指定消息的主题。消息系统会将消息分发给订阅了相应主题的订阅者。
- 消息分发：消息系统根据订阅者订阅的主题，将消息分发给订阅者。
- 灵活性：基于主题的订阅和过滤机制使订阅者可以根据其需求选择性地接收消息，从而提高了消息传递的效率和精确度。

基于主题的订阅和过滤在许多场景中都非常有用，特别是在大规模的分布式系统、消息队列和事件驱动架构中。它提供了一种高效、灵活且可定制的消息传递方式，有助于实现更精确的信息交换。

11.3 事件溯源和 CQRS 模式

事件溯源(Event Sourcing)和 CQRS(Command Query Responsibility Segregation)是软件架构中常见的两个概念，它们通常一起使用以实现更灵活、可扩展和可维护的系统。

扫码看视频

11.3.1 事件溯源的概念

事件溯源是一种软件设计模式，它的核心思想是将系统的状态变更表示为一系列不可变的事件，并将这些事件按照发生的顺序持久化存储起来，而不是直接存储当前的状态。通过这种方式，可以追踪系统状态的变化历史，实现数据的溯源和重现。事件溯源的基本概念如下。

- 事件(Event)：事件是系统状态变更的表示，每个事件记录了一个特定操作或状态的改变，包括有关操作的信息、时间戳、相关的数据等。事件是不可变的，一旦创建就不能被修改。每个事件都有唯一的标识符。

❑　事件存储(Event Store)：事件存储是一个持久化的存储，用于保存所有发生的事件。事件按照发生的顺序存储，而不是按照表格形式存储。这样可以按照时间顺序重放事件，以还原系统的历史状态。

❑　状态重建(State Rebuilding)：通过重新应用事件存储中的事件，可以重建系统的状态。从初始状态开始，逐个应用事件，就可得到系统在任何时间点的状态。

事件溯源的主要目的和优势如下。

❑　可溯源性(Traceability)：可以准确地追溯每个数据项的变化历史，了解系统的状态是如何演化到当前状态的。这对于审计、法规遵从性、故障排查等非常有用。

❑　历史记录(History Tracking)：每个事件都是不可变的，系统的状态变更历史无法被篡改，可以准确地记录每个操作和状态的变化。

❑　时间旅行(Time Traveling)：通过重放事件，可以回溯系统在任意时间点的状态，有助于分析和回顾。

❑　灵活性和演进(Flexibility and Evolution)：可以轻松实现版本控制、回滚、重放等操作，使系统更具适应性。

❑　并发处理(Concurrency Handling)：事件溯源的模型支持并发处理，因为事件是不可变的，可以避免传统数据库中的并发问题。

事件溯源适用于复杂领域和需求的系统，特别是在金融、医疗、法律等领域，其中数据变更的追踪和准确性非常重要。然而，事件溯源也会带来一些挑战，如事件存储的管理、性能优化等，这就需要根据具体情况进行权衡和设计。

11.3.2　事件存储和事件日志

事件存储和事件日志(Event Log)都是与事件驱动架构和事件溯源模式相关的概念，用于持久化保存系统中发生的事件。

(1) 事件存储：一种用于保存系统中发生的事件的持久化存储机制。它是事件驱动架构和事件溯源模式的核心组成部分之一。事件存储以时间顺序记录每个事件的发生，并且提供查询和检索事件的能力。每个事件都是不可变的，一旦被添加到事件存储中，就不能被修改。事件存储通常为了支持事件溯源而设计，可以用于还原系统的历史状态，回溯事件流，实现数据的可溯源性。

(2) 事件日志：事件日志是记录系统中发生的事件的顺序化日志。事件日志的目的是保留事件的发生顺序，以便于追踪、审计和分析。事件日志通常不仅用于事件溯源，还可用于系统监控、故障排查、性能分析等方面。事件日志的格式可以是文本文件、数据库记录或专用的日志存储系统。

> **注意**：虽然事件存储和事件日志有相似之处，但也有区别。
> - ❑ 目的：事件存储的主要目的是保存事件以实现事件溯源和系统状态的回溯，而事件日志更加广泛，旨在记录事件顺序以支持审计、监控和分析等需求。
> - ❑ 数据结构：事件存储通常会更加关注事件的结构，因为它要支持事件溯源，而事件日志可能更注重记录事件的发生顺序和相关信息。
> - ❑ 查询能力：事件存储通常提供更丰富的查询和检索能力，可以根据不同的需求查询和分析事件历史。事件日志的查询可能相对简单，主要是为了追溯事件顺序。
> - ❑ 一致性和可靠性：事件存储通常需要确保事件的一致性、可靠性和不可变性，以支持系统状态的重建。事件日志也需要一定程度的可靠性，但不一定需要像事件存储那样高度关注一致性。

总之，事件存储和事件日志是事件驱动架构和事件溯源模式中重要的概念，它们都有助于实现数据的追溯、分析和审计，但具体实现和应用场景可能有所不同。

11.3.3 命令查询职责分离

命令查询职责分离(Command Query Responsibility Segregation，CQRS)是一种架构模式，用于将应用程序的读和写操作分开处理，从而优化应用程序的性能、可伸缩性和灵活性。CQRS 模式的核心思想是将写操作(命令)和读操作(查询)分离成独立的两个模型，每个模型都可以根据需求进行优化和扩展。

在传统的单一模型架构中，应用程序使用同一套数据模型处理读写操作，可能会导致以下一些问题。

- ❑ 性能问题：对于读和写操作，往往有不同的性能需求。将它们混合在一起可能会导致性能问题，因为某些操作可能会影响其他操作的性能。
- ❑ 复杂性增加：在单一模型中同时处理读写操作，可能会导致代码复杂性增加，使维护和扩展变得困难。
- ❑ 可伸缩性受限：单一模型的架构难以有效地实现水平扩展，因为读写操作之间会存在竞争和冲突。

CQRS 模式通过将读和写操作分开处理，解决了上述问题。具体来说，CQRS 模式包括以下主要特点。

- ❑ 模型分离：将应用程序的数据模型分成两部分——命令模型和查询模型。命令模型处理写操作，包括创建、更新和删除等操作。查询模型处理读操作，例如，数据的检索和展示。

❑ 优化和扩展：由于命令模型和查询模型分开，所以可根据各自的需求对它们进行优化和扩展。例如，可以针对查询模型使用不同的存储引擎或缓存策略，以提高查询性能。

❑ 职责清晰：通过明确分离的命令模型和查询模型，代码的职责变得清晰，更易于维护和理解。

❑ 可伸缩性：可以单独对命令模型和查询模型进行水平扩展，从而更好地支持高并发需求。

❑ 事件驱动：CQRS 模式通常与事件驱动架构(Event Sourcing)结合使用，以记录状态变更并支持数据溯源。

> **注意**：CQRS 模式在一些场景下会引入复杂性，因此在选择是否采用 CQRS 时，需要根据应用程序的需求权衡其优、劣势。在一些复杂的领域，特别是需要高性能和可伸缩性的场景下，CQRS 模式可以是一个有力的架构选择。

11.4　事件驱动的微服务架构

事件驱动的微服务架构是一种将微服务架构与事件驱动架构相结合的设计方式。在这种架构中，微服务之间通过事件进行通信和协作，从而实现松耦合、可伸缩和高度可扩展的系统。

扫码看视频

11.4.1　事件驱动与微服务的关系

事件驱动架构和微服务架构是两种独立的架构概念，但它们可以在实际应用中相互结合，以实现更灵活、可扩展和可维护的系统。事件驱动与微服务的关系如下。

❑ 事件驱动作为微服务通信的一种方式：在微服务架构中，微服务之间需要进行通信和协作。传统的方式是通过直接的 HTTP 调用或 RPC 来实现。而事件驱动架构提供了一种不同的通信方式，即通过发布和订阅事件来实现微服务之间的解耦合。微服务可以发布事件，而其他感兴趣的微服务可以订阅这些事件以作出相应的响应。这种异步的事件通信方式可以降低微服务之间的耦合度，使系统更具弹性。

❑ 事件驱动的微服务架构：在一些情况下，微服务架构会结合事件驱动架构的思想，从而构建更为复杂的系统。这种架构中，每个微服务均可以独立地处理自己的业务逻辑，并通过发布和订阅事件来与其他微服务通信。事件驱动的微服务架构可以更好地支持高并发、异步通信和松耦合。

❑ 事件驱动的数据流和状态同步：微服务架构中，可能会存在多个微服务共同维护某一实体的状态。通过事件驱动的方式，当某个微服务修改了实体的状态时，它可以发布一个事件，其他关联的微服务可以订阅这个事件来同步状态，从而避免了数据不一致的问题。

❑ 事件溯源：事件驱动架构常与事件溯源模式结合使用。事件溯源将系统中的每个状态变更记录为事件，并将这些事件存储起来。微服务架构中的每个微服务都可以通过订阅事件来恢复和重建其状态，从而实现数据的溯源和系统的复原。

❑ 松耦合和灵活性：结合事件驱动的方式可以进一步增强微服务架构的松耦合和灵活性。微服务可以根据自身的需求发布和订阅事件，而不需要依赖其他微服务的具体实现。

综上所述，事件驱动架构与微服务架构可以相互结合，从而创造出更强大、更具弹性的系统。通过事件驱动的方式，微服务之间可以实现松耦合的通信，同时保持高度的可扩展性和灵活性，适用于构建现代化的分布式应用程序。

11.4.2　事件驱动架构的组件和通信模式

在微服务架构中引入事件驱动架构的概念可以加强系统的松耦合性、可扩展性和可伸缩性。

1. 组件

❑ 事件：事件是系统内发生的事情，可以是状态变更、操作完成、业务事件等。每个事件都有一个明确的含义，可以通过事件类型和相关数据来描述。

❑ 事件发布者(Publisher)：微服务可以充当事件发布者，负责发布(发送)事件到事件总线或消息队列中。事件发布者确定何时发布事件，以及事件的内容和类型。

❑ 事件订阅者(Subscriber)：微服务可以充当事件订阅者，通过订阅事件总线中的特定事件类型来接收事件。订阅者可以根据自身需求决定订阅哪些事件，以及如何处理接收到的事件。

❑ 事件总线(Event Bus)：事件总线是事件的中央枢纽，负责分发事件给订阅者。它可以是一个消息队列、消息中间件或事件流处理平台。事件总线会确保事件的可靠传递，并支持订阅者的动态扩展。

❑ 事件存储：事件存储记录了系统中发生的所有事件，用于实现事件溯源和回放。每个事件都被持久化保存，可以在需要时用于重建系统状态、审计和分析。

2. 通信模式

❑ **发布—订阅模式**：发布者发布事件到事件总线，订阅者通过订阅特定事件类型来接收事件。这种模式实现了解耦，发布者和订阅者不需要直接通信，而是通过事件总线中转。

❑ **请求—响应模式**：有时候微服务需要根据某个事件的发生作出响应。此时，订阅者可以在接收事件后，向其他微服务发送请求，以获取所需信息或执行相应操作。

❑ **事件溯源模式**：微服务通过订阅事件来重建其状态。每个事件都会被记录下来，微服务可以按顺序将这些事件应用到当前状态，以重现过去的状态。

❑ **异步通信**：事件驱动架构采用异步通信方式，发布者发布事件后不需要等待订阅者的响应，这提高了系统的可伸缩性和弹性。

❑ **事件过滤和路由**：事件总线可以支持事件的过滤和路由，以便将事件传递给特定的订阅者，这使订阅者可以选择性地接收感兴趣的事件。

综合而言，将事件驱动架构引入微服务架构可以实现更加灵活和松耦合的通信方式。事件驱动的微服务架构适用于构建高度可扩展、可伸缩且适应变化的分布式系统，同时也支持事件溯源、系统的复原和实时数据流处理等需求。

11.5　Go 语言微服务事件驱动架构实战

在部署和扩展事件驱动的微服务架构时，需要考虑如何管理事件流、处理并发事件以及确保系统的可靠性。部署和扩展事件驱动的微服务架构需要综合考虑多个因素，包括异步处理、水平扩展、容错机制以及监控和追踪等。正确的部署和扩展策略可以保证系统的稳定性、性能和可靠性。本节将介绍

扫码看视频

一个著名的开源项目"go-distributed-sys"，这是一个基于 Go 语言的分布式系统示例，旨在通过使用 Go 语言和一些流行的开源技术，展示如何构建分布式系统和微服务架构。这个项目包含了多个示例，涵盖了不同方面的分布式系统开发，包括事件驱动架构、微服务、消息传递、数据库集成等。项目的目录结构和代码注释非常详细，适合初学者和有经验的开发者学习和探索分布式系统的实际开发。

11.5.1　项目介绍

1. 项目目标

本项目的主要目标是通过采用一种基于事件溯源和 CQRS 的方法，为构建事件驱动的

分布式系统提供一些见解。构建现实世界的基于微服务的分布式系统非常复杂，其中最困难的部分是处理分散在各个微服务拥有的多个数据库中的数据。因为无法在多个数据库中进行连接查询，这使构建跨多个微服务的业务交易及查询数据变得复杂，因此，必须使用一些架构方法从实际的角度构建基于微服务的分布式系统，其中可以考虑使用类似事件驱动架构的事件溯源。事件溯源架构最好与 CQRS 结合使用。在这个简单的示例演示中，使用了三种技术：gRPC、NATS 和 CockroachDB。

2. 背景介绍

微服务架构的核心是功能分解。虽然可能会在基础设施上使用容器和 Kubernetes，但微服务架构的基本思想是通过功能分解来构建高度可扩展的系统。将更大的系统分解成了多个自治服务，这会带来新的复杂性，特别是涉及跨多个微服务的事务和数据散布在多个由各个微服务拥有的数据库中进行查询时，可能会变得困难。

将一个单体系统分解为多个自治服务，数据分散在由各个微服务拥有的多个数据库中，这给应用程序和架构带来了复杂性。例如，一个业务交易可能跨越多个微服务。假设构建了一个微服务架构的电子商务系统，其中下订单最初由 OrderService(一个微服务)处理，然后支付处理可能由另一个名为 PaymentService 的服务处理，以此类推。另一个挑战是从多个数据库中查询数据。在单体数据库中，可以轻松执行来自单个数据库的连接查询。单体数据库在功能组件分解过程中被拆分为多个数据库，不能简单地执行连接查询，因此必须从多个数据库获取数据。在这里，没有任何集中式数据库。

3. 构建事件驱动架构以构建分布式系统

在分布式系统中，应用程序的各种系统和组件分布在不同的网络计算机中，因此需要大量的进程间通信，以通过彼此传递消息来协调它们的操作。虽然 RPC 是进行进程间通信的一个可行选项，但在执行复杂的业务交易时，这种方法存在明显不足，因为单个业务交易可能跨越多个系统和服务，所以微服务和各个系统的隔离持久性模型可能会导致与多个数据库的持久性。

在这种情况下，事件驱动架构是处理复杂性和在执行事务时管理失败的更好方法。在事件驱动架构中，应用程序由独立的组件(微服务或分布式系统的组件)组成，这些组件对由其他组件发布的领域事件(聚合的状态更改)作出反应。例如，当从 OrderService 创建新订单时，它可以发布一个领域事件"OrderCreated"(订单已创建)，通知其他组件已创建新订单，因此，通过对这些事件作出反应，其他系统便可以执行自己的操作。例如，PaymentService 可以通过对事件"OrderCreated"作出反应来执行其自己的操作，它可以发布另一个事件，类似于"PaymentDebited"(从客户账户中扣款)。通过对"PaymentDebited"事件作出反应，其他组件可以执行自己的操作。在这里，所有这些领域事件都是表示域模型中聚合状态更改的事实。在事件驱动架构中，业务交易的持久性逻辑被推送到消费者或订阅者以及分布式消息/流系统(如 NATS/NATS JetStream)的生产者或发布者，并响应这些领域事件，如"OrderCreated""PaymentDebited""OrderApproved"和"OrderShipped"。

11.5.2　技术栈

- ❑ gRPC：一个高性能、开源的远程过程调用框架，用于构建分布式系统中的服务间通信。在项目中，gRPC 用于定义服务接口和生成客户端与服务器端的代码。
- ❑ NATS：一个轻量级的、高性能的消息传递系统，用于构建事件驱动的分布式系统。项目中使用 NATS 作为消息传递的基础设施，用来发布和订阅事件。
- ❑ CockroachDB：一个分布式、可扩展的关系型数据库系统，具有高可用性和强一致性。项目中使用 CockroachDB 作为存储和检索数据的后端数据库。
- ❑ Zipkin：一个分布式跟踪系统，用于收集和展示微服务架构中的请求跟踪信息，以便进行性能优化和故障排除。
- ❑ Docker：用于容器化各个微服务、数据库及其他组件，以便于部署和管理。
- ❑ Event Sourcing 和 CQRS：项目中采用事件溯源和命令查询职责分离 (CQRS) 架构模式，用于处理事件驱动的业务逻辑和数据查询。
- ❑ 微服务架构：整个项目基于微服务架构，各个微服务相互独立，通过定义的接口进行通信和协作。

该项目通过使用这些技术和架构模式，展示了如何构建一个事件驱动的分布式系统。每个组件和技术在项目中的作用都有相应的示例和代码，帮助开发者理解如何将它们整合到实际的应用中。

11.5.3　具体实现

在本项目中，事件存储提供了一个执行命令的 API，这是一个基于 gRPC 的 API。gRPC 是一个高性能的开源远程过程调用框架，可以在任何环境中运行。它使客户端和服务器应用程序能够透明地通信，更容易构建互联的系统。在微服务架构中，gRPC 通常被认为是一种高效的通信协议。如果在微服务之间进行跨服务的进程间通信，gRPC 是一个更好的选择。本项目的基本工作流程如下。

- ❑ 客户端应用将订单提交到 HTTP API(ordersvc)。

- HTTP API(ordersvc)接收订单，然后在不可变的领域事件日志中执行命令到事件存储(Event Store)，通过其 gRPC API(eventstoresvc)创建一个事件。

- 事件存储 API(eventstoresvc)执行命令，然后将事件"ORDERS.created"发布到 NATS JetStream 服务器的 ORDERS 流，以便让其他服务知道领域事件已创建。

- 支付工作者(paymentworker)订阅事件"ORDERS.created"，然后进行支付，随后通过事件存储 API 创建另一个事件"ORDERS.paymentdebited"。

- 事件存储 API 执行命令以创建事件"ORDERS.paymentdebited"，并将事件发布到 NATS JetStream 服务器，以通知其他服务支付已被扣除。

- 查询同步工作者(querymodelworker)订阅事件"ORDERS.created"，同步查询数据模型以提供查询视图的聚合状态。

- 审核工作者(reviewworker)订阅事件"ORDERS.paymentdebited"，最终批准订单，然后通过事件存储 API 创建另一个事件"ORDERS.approved"。

实例 11-1：分布式订单处理系统(源码路径：codes\11\11-1\)

(1) 编写 eventstream/eventstore/eventstore.proto 文件，定义 EventStore 服务的 gRPC API，用于创建和获取事件流。另外，还定义了不同的消息类型，如 Event、CreateEventRequest、CreateEventResponse、GetEventsRequest 和 GetEventsResponse，用于在服务之间交换数据。主要实现代码如下。

```
syntax = "proto3";
option go_package = "github.com/shijuvar/go-distributed-sys/eventstream/eventstore";

package eventstore;

service EventStore {
  // 创建新事件并保存到事件存储库
  rpc CreateEvent (CreateEventRequest) returns (CreateEventResponse) {}
  // 获取给定聚合和事件的所有事件
  rpc GetEvents(GetEventsRequest) returns (GetEventsResponse) {}
  // 获取给定事件的事件流
  rpc GetEventsStream(GetEventsRequest) returns (stream Event) {}
}

message Event {
  string event_id = 1;
  string event_type = 2;
  string aggregate_id = 3;
  string aggregate_type = 4;
  string event_data = 5;
```

```
  string stream = 6;
}

message CreateEventRequest {
  Event event = 1;
}

message CreateEventResponse {
  bool is_success = 1;
  string error = 2;
}

message GetEventsRequest {
  string event_id = 1;
  string aggregate_id = 2;
}

message GetEventsResponse {
  repeated Event events = 1;
}
```

(2) 编写 eventstream/eventstoresvc/server.go 文件，实现 gRPC 服务端，用于处理事件的存储和发布。该服务端使用 NATS JetStream 进行事件发布，并利用 CockroachDB 进行事件存储。服务器通过 gRPC 提供了 CreateEvent 和 GetEvents 等方法来处理事件的创建和检索。主要实现代码如下。

```
var (
    port = flag.Int("port", 50051, "The server port")
)

// publishEvent 通过 NATS JetStream 服务器发布事件
func publishEvent(component *natsutil.NATSComponent, event *eventstore.Event) {
    // 创建 JetStreamContext 以将消息发布到 JetStream Stream
    jetStreamContext, _ := component.JetStreamContext()
    subject := event.EventType
    eventMsg := []byte(event.EventData)
    // 在主题(通道)上发布消息
    jetStreamContext.Publish(subject, eventMsg)
    log.Println("已发布消息到主题：" + subject)
}

// server 用于实现 eventstore.EventStoreServer 接口
type server struct {
    eventstore.UnimplementedEventStoreServer
    repository eventstore.Repository
    nats       *natsutil.NATSComponent
```

```
}

// CreateEvent 向事件存储中创建一个新事件
func (s *server) CreateEvent(ctx context.Context, eventRequest
*eventstore.CreateEventRequest) (*eventstore.CreateEventResponse, error) {
    err := s.repository.CreateEvent(ctx, eventRequest.Event)
    if err != nil {
        return nil, status.Error(codes.Internal, "内部错误")
    }
    log.Println("事件已创建")
    go publishEvent(s.nats, eventRequest.Event)
    return &eventstore.CreateEventResponse{IsSuccess: true, Error: ""}, nil
}

// GetEvents 获取给定聚合和事件的所有事件
func (s *server) GetEvents(ctx context.Context, filter
*eventstore.GetEventsRequest) (*eventstore.GetEventsResponse, error) {
    events, err := s.repository.GetEvents(ctx, filter)
    if err != nil {
        return nil, status.Error(codes.Internal, "内部错误")
    }
    return &eventstore.GetEventsResponse{Events: events}, nil
}

// GetEventsStream 获取给定事件的事件流
func (s *server) GetEventsStream(*eventstore.GetEventsRequest,
eventstore.EventStore_GetEventsStreamServer) error {
    return nil
}

func getServer() *server {
    eventstoreDB, _ := sqldb.NewEventStoreDB()
    repository, _ := eventstorerepository.New(eventstoreDB.DB)
    natsComponent := natsutil.NewNATSComponent("eventstore-service")
    natsComponent.ConnectToServer(nats.DefaultURL)
    server := &server{
        repository: repository,
        nats:       natsComponent,
    }
    return server
}

func main() {
    flag.Parse()
    lis, err := net.Listen("tcp", fmt.Sprintf("localhost:%d", *port))
    if err != nil {
        log.Fatalf("无法监听: %v", err)
```

```
    }
    grpcServer := grpc.NewServer()
    server := getServer()
    eventstore.RegisterEventStoreServer(grpcServer, server)
    log.Printf("服务器正在监听: %v", lis.Addr())
    if err := grpcServer.Serve(lis); err != nil {
        log.Fatalf("无法提供服务: %v", err)
    }
}
```

上述代码是对事件驱动的分布式系统的一个简单例子，使用了 NATS JetStream、CockroachDB 等技术来实现事件驱动的架构。每当通过其 gRPC API 将新事件持久化到事件存储中时，它会将消息发布到 NATS JetStream 服务器的 ORDERS 流，让其他微服务知道已发布新的领域事件，以便对这些领域事件感兴趣的订阅系统订阅这些事件，并能够对这些事件作出反应。在这个简单的示例演示中，事件是从事件存储 API 本身发布到 NATS JetStream 系统的流中。在现实世界的场景中，事件可能来自各个微服务，有时也可能来自协调单个业务交易的 saga 协调器(分布式 Saga)，该交易跨多个微服务。

(3) 订阅者系统(消费者)，负责从 NATS JetStream 的流中接收消息，并据此执行相应的操作，在处理完毕后，这些系统可能还会发布新的消息返回 NATS JetStream 的流中，目的是通知其他微服务有关新创建的领域事件。在 NATS JetStream 中，消费者系统可以创建为拉取式消费者或推送式消费者。JetStream 服务器根据推送式消费者系统选择的主题(从服务器将消息推送到消费者)尽可能快地将消息从流中交付给消费者系统。另外，拉取式消费者通过从 JetStream 服务器请求来自流的消息控制消息的传递速度(通过向服务器请求消费者拉取消息)。在本项目中，paymentworker 和 reviewworker 是基于推送的消费者，需要尽可能快地消费消息，以便在分布式事务过程中执行自己的操作。另外，querymodelworker 是拉取式消费者，它处理事件存储数据并将可查询数据(CQRS 中的查询模型)持久化用于视图。如果消费消息来执行某些作业，则拉取式消费者相对于推送式消费者是更好的选择。

编写 eventstream/paymentworker/main.go 文件，用于处理分布式事件驱动系统中的支付相关任务。这个程序充当了一个支付工作器，它监听订单创建事件，执行支付操作，然后将支付事件持久化到事件存储中，并通知其他微服务。主要实现代码如下。

```
const (
    clientID        = "payment-worker"
    subscribeSubject = "ORDERS.created"
    queueGroup      = "payment-worker"
    event           = "ORDERS.paymentdebited"
    aggregate       = "order"
    stream          = "ORDERS"
```

```
    grpcUri        = "localhost:50051"
)

func main() {
    natsComponent := natsutil.NewNATSComponent(clientID)
    err := natsComponent.ConnectToServer(nats.DefaultURL)
    if err != nil {
        log.Fatal(err)
    }
    // 创建用于创建消费者的 JetStreamContext
    jetStreamContext, err := natsComponent.JetStreamContext()
    if err != nil {
        log.Fatal(err)
    }
    // 创建持久化的推送式消费者
    jetStreamContext.QueueSubscribe(subscribeSubject, queueGroup, func(msg
*nats.Msg) {
        msg.Ack()
        var order ordermodel.Order
        // 解析代表 Order 数据的 JSON
        err := json.Unmarshal(msg.Data, &order)
        if err != nil {
            log.Print(err)
            return
        }
        log.Printf("已订阅主题：%s，来源：%s，数据：%v",
            subscribeSubject, clientID, order)

        // 从 Order 创建 OrderPaymentDebitedCommand
        command := ordermodel.PaymentDebitedCommand{
            OrderID:    order.ID,
            CustomerID: order.CustomerID,
            Amount:     order.Amount,
        }
        // 创建 ORDERS.paymentdebited 事件
        if err := executePaymentDebitedCommand(command); err != nil {
            log.Println("执行 PaymentDebited 命令时出现错误")
        }

    }, nats.Durable(clientID), nats.ManualAck())
    runtime.Goexit()
}

func executePaymentDebitedCommand(command ordermodel.PaymentDebitedCommand) error {

    conn, err := grpc.Dial(grpcUri, grpc.WithInsecure())
    if err != nil {
```

```
        log.Fatalf("无法连接: %v", err)
    }
    defer conn.Close()
    client := eventstore.NewEventStoreClient(conn)
    paymentJSON, _ := json.Marshal(command)
    eventid, _ := uuid.NewUUID()
    event := &eventstore.Event{
        EventId:       eventid.String(),
        EventType:     event,
        AggregateId:   command.OrderID,
        AggregateType: aggregate,
        EventData:     string(paymentJSON),
        Stream:        stream,
    }
    createEventRequest := &eventstore.CreateEventRequest{Event: event}

    resp, err := client.CreateEvent(context.Background(), createEventRequest)
    if err != nil {
        return fmt.Errorf("RPC 服务器出现错误: %w", err)
    }
    if resp.IsSuccess {
        return nil
    }
    return errors.New("RPC 服务器出现错误")
}
```

上述代码的主要功能如下。

❏ 通过 NATS JetStream 订阅名为"ORDERS.created"的主题，这意味着它会监听订单创建事件。

❏ 当订单创建事件发生时，它会解析相关的订单数据，并创建一个名为"ORDERS.paymentdebited"的事件。

❏ 通过 gRPC 连接与事件存储服务通信，将"ORDERS.paymentdebited"事件存储到事件存储中(执行 CreateEvent RPC)。

❏ 通过这个操作，它将订单支付事件持久化并发布到 NATS JetStream 的"ORDERS"流中，以通知其他感兴趣的微服务。

❏ 在处理完订单支付事件后，程序将继续监听并处理下一个订单创建事件。

QueueSubscribe API 允许创建带有队列组名称的拉取式消费者，从而实现消费者之间的负载均衡。在上述代码块中，一个消费者系统从主题"ORDERS.created"订阅消息，然后执行自己的操作，并通过调用 gRPC API 创建另一个名为"ORDERS.paymentdebited"的事件。在 gRPC API 内部，它将事件和事件数据持久化到事件存储中，并将消息发布到 NATS JetStream 服务器的"ORDERS"流中。

(4) 在 CQRS 架构中，应用程序被分为两个部分：命令和查询。在这里，命令通过使用事件溯源来实现，它使用不可变事件日志的事件存储来构建应用程序状态。为了创建查询模型，还可以在执行命令操作时订阅事件。在本实例中，querymodelworker 从 NATS JetStream 服务器的"ORDERS"流上订阅消息"ORDERS.created"，并将数据持久化到数据库中，以供查询模型使用。

编写 eventstream/querymodelworker/main.go 文件，querymodelworker 使用拉取式消费者从 NATS JetStream 服务器订阅事件消息，并将数据解码后持久化到查询模型数据库，以供视图查询使用。在主题"ORDERS.created"中接收到新的事件消息时，会触发相应的操作。主要实现代码如下。

```go
const (
    clientID         = "query-model-worker"
    subscribeSubject = "ORDERS.created"
    queueGroup       = "query-model-worker"
    batch            = 1    // 仅用于示例。可以使用更大的数字
)

func main() {
    natsComponent := natsutil.NewNATSComponent(clientID)
    err := natsComponent.ConnectToServer(nats.DefaultURL)
    if err != nil {
        log.Fatal(err)
    }
    jetStreamContext, err := natsComponent.JetStreamContext()
    if err != nil {
        log.Fatal(err)
    }
    pullSubscribeOnOrder(jetStreamContext)
}

func pushSubscribeOnOrder(js nats.JetStreamContext) {
    // 创建持久的推送式消费者
    js.QueueSubscribe(subscribeSubject, queueGroup, func(msg *nats.Msg) {
        msg.Ack()
        var order ordermodel.Order
        // 解码 JSON 表示的订单数据
        err := json.Unmarshal(msg.Data, &order)
        if err != nil {
            log.Print(err)
            return
        }
        log.Printf("从主题:%s,订阅者:%s,数据:%v", subscribeSubject, clientID, order)
        orderDB, _ := sqldb.NewOrdersDB()
```

```
        repository, _ := ordersyncrepository.New(orderDB.DB)
        // 与事件数据同步查询模型
        if err := repository.CreateOrder(context.Background(), order); err != nil {
            log.Printf("在复制查询模型时出现错误: %+v", err)
        }

    }, nats.Durable(clientID), nats.ManualAck())
}

func pullSubscribeOnOrder(js nats.JetStreamContext) {
    // 创建最大同时处理 128 个消息的拉取式消费者
    // PullMaxWaiting 定义了最大并发的拉取请求
    sub, _ := js.PullSubscribe(subscribeSubject, clientID, nats.PullMaxWaiting(128))
    for {

        msgs, _ := sub.Fetch(batch)
        for _, msg := range msgs {
            msg.Ack()
            var order ordermodel.Order
            // 解码 JSON 表示的订单数据
            err := json.Unmarshal(msg.Data, &order)
            if err != nil {
                log.Print(err)
                return
            }
            log.Printf("从主题: %s, 订阅者: %s, 数据: %v", subscribeSubject, clientID, order)
            orderDB, _ := sqldb.NewOrdersDB()
            repository, _ := ordersyncrepository.New(orderDB.DB)
            // 与事件数据同步查询模型
            if err := repository.CreateOrder(context.Background(), order); err != nil {
                log.Printf("在复制查询模型时出现错误: %+v", err)
            }
        }
    }
}
```

　　PullSubscribe API 允许创建拉取式消费者。一旦创建了拉取式消费者，调用 Fetch 方法便可以从 NATS JetStream 的流中拉取一批消息。在上述代码中，从 ORDERS 流中获取消息，使用 msg.Ack() 方法向服务器确认，然后执行一些逻辑将数据模型与存储在事件存储中的事件同步，并通过将数据持久化到数据存储中来创建聚合的反规范化视图，以供 CQRS 架构中的查询模型使用。

　　(5) 接下来，需要使用 CockroachDB 实现持久化存储工作。使用 CQRS 的主要优势是可以为写操作和查询操作拥有不同的数据模型，因此也可以使用不同的数据库技术。在本项目中，我们使用 CockroachDB 来执行命令和查询模型。CockroachDB 是一个分布式

SQL 数据库，用于构建全球、可扩展的数据存储，可以在灾难发生时存活下来。在 Go 语言应用程序中，可以使用 database/sql 包，使用类似 github.com/lib/pq 的 PostgreSQL 兼容驱动程序。如果在 package database/sql 上进行处理，那么请与 CockroachDB 的 Go 语言包 github.com/ cockroachdb/cockroach-go/crdb 一起使用。在本实例中，使用 CockroachDB 的持久化逻辑在 cockroachdb 目录中实现。crdb 包的 ExecuteTx 方法允许将事务执行到 CockroachDB 中。

编写 eventstream/cockroachdb/ordersyncrepository/repository.go 文件，实现 CockroachDB 数据库的同步存储库(Repository)，用于处理订单数据的持久化和查询功能。通过这个文件，将订单数据持久化到 CockroachDB 数据库中，以便用于查询模型的创建和状态更改操作。

11.5.4 总结

本开源项目演示了一个使用事件驱动架构和 CQRS 模式(命令查询职责分离)构建的分布式系统。主要功能如下。

- ❑ 创建订单：客户端应用可以通过 HTTP API 向订单服务(OrderService)发送订单请求。订单服务将接收到的订单数据存储到事件存储库(Event Store)，并发布一个事件"ORDERS.created"到 NATS JetStream 消息服务器，以通知其他微服务有新的订单创建。

- ❑ 支付处理：支付微服务(PaymentService)通过订阅"ORDERS.created"事件获取新订单的信息。然后，它执行订单支付操作并发布一个事件"ORDERS.paymentdebited"到 NATS JetStream，表示支付已经完成。

- ❑ 查询模型同步：查询模型同步工作微服务(QueryModelWorker)也订阅了"ORDERS.created"事件。它使用拉取方式从 NATS JetStream 获取事件消息，然后将订单数据同步到 CockroachDB 数据库，以便为查询视图提供状态数据。

- ❑ 订单审批：审核微服务(ReviewService)通过订阅"ORDERS.paymentdebited"事件来获取支付完成的订单信息。然后，它执行订单审批操作并发布一个事件"ORDERS.approved"到 NATS JetStream。

总体来说，这个开源项目演示了如何使用事件驱动架构和 CQRS 模式在一个分布式系统中实现订单创建、支付处理、查询模型同步和订单审批等功能。项目中使用了 NATS JetStream 作为消息传递系统，CockroachDB 作为持久化存储，gRPC 用于服务间通信。

第 12 章

容错处理与
负载均衡

容错处理是指在面对系统组件故障或异常情况时,保持整体系统可用性和稳定性的能力。负载均衡则是指将网络流量有效分发到不同的服务器或实例上,以确保每个服务器都能够有效处理请求,避免某些服务器过载,从而提高系统的性能和可扩展性。本章将详细讲解容错处理与负载均衡的相关知识,为读者学习本书后续章节的知识打下基础。

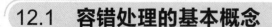

12.1　容错处理的基本概念

　　微服务的容错处理是确保在面对故障、异常或不稳定情况下，系统能够继续提供可靠服务的策略和机制。微服务架构将应用拆分成多个独立的服务，每个服务都可以独立部署、扩展和维护，因此容错处理对于整体系统的稳定性至关重要。

扫码看视频

12.1.1　微服务的容错处理策略和技术

❑　超时和重试：当一个微服务调用另一个微服务时，可能会因网络问题或服务负载高导致请求超时。在这种情况下，应用可以实施超时策略，等待一段时间后如果没有收到响应，就会进行重试。重试机制有助于应对临时性问题。

❑　断路器模式：断路器模式用于防止故障的扩散。当一个微服务发生故障或返回错误率过高时，断路器会打开，停止对该服务的请求，并返回预定的错误响应。这可以防止故障的扩大。在一段时间后，断路器会尝试半开状态，允许一些请求通过以检查服务是否恢复正常。

❑　降级：当系统资源不足、外部依赖故障或其他问题导致某个微服务性能下降时，可以通过降级策略暂时关闭某些功能或服务，以保证核心功能的可用性。

❑　舱壁模式：将不同的微服务放置在独立的容器中，以隔离不同微服务之间的故障。这样，一个微服务的故障便不会影响到其他微服务。

❑　异步通信：在微服务架构中，可以使用消息队列等异步通信机制来处理一些非实时性要求的操作。如果某个微服务负载过大或故障而无法立即处理请求，便可以将请求放入消息队列中，然后由后台处理。

❑　故障注入测试：故障注入测试是有意地在系统中引入故障，以测试系统的容错能力。这有助于发现和解决在真实环境中可能出现的问题。

❑　监控和报警：实时监控微服务的运行状态，及时发现问题并触发报警。

　　综合使用上述策略，微服务架构可以更好地应对故障和异常情况，从而提供更稳定、可靠的服务。然而，每个应用的需求和复杂性不同，容错处理策略还需要根据实际情况进行调整和优化。

12.1.2　常用的容错处理工具

在 Go 语言中，有一些常用的容错处理工具，可以构建更稳定、可靠的应用。以下是一些常见的 Go 语言容错处理工具。

- ❑ Hystrix Go：Hystrix Go 是 Netflix Hystrix 在 Go 语言中的实现，它提供了熔断器、重试、超时控制等功能，用于构建弹性和容错的应用。
- ❑ Resilience4j：是一个用于构建弹性和容错应用的库，它支持熔断、重试、限流、超时控制等功能。虽然是用 Java 编写的，但是可以参考实现针对 Go 语言的方案。
- ❑ Sentinel Go：Sentinel 是阿里巴巴开源的流量控制和容错工具，适用于微服务架构。有一个针对 Go 语言的实现，提供了类似的功能。
- ❑ Go-Resiliency：Go-Resiliency 是一个简单的容错处理库，提供了重试(Retry)和熔断器(Circuit Breaker)模式的实现。
- ❑ Go Failsafe：Go Failsafe 是一个针对 Go 语言的容错处理库，提供了类似 Hystrix 的功能，包括熔断、重试、限流等。

通过使用上述工具，可以在 Go 语言中实现容错机制，提高应用的可靠性和稳定性。根据项目的需求和特点，可以选择适合的工具集成到应用中。

下面的实例借助于 Go-Resiliency 实现了一个微服务网关框架的插件 KrakenD，用于集成熔断器模式。KrakenD 是一个用于构建 API 网关的开源插件，可以帮助开发人员聚合多个微服务并提供统一的 API。通过使用该插件，在 API 网关中实现熔断策略，当后端微服务出现故障时，可避免将错误扩散到整个系统，从而提高整体系统的稳定性。

实例 12-1：集成熔断器框架(源码路径：codes\12\12-1\)

(1) gobreaker/gobreaker.go 文件提供了一个适配器，用于在 KrakenD 框架中集成 sony/gobreaker 库，从而实现熔断器模式。具体功能如下。

- ❑ 定义了一个 Config 结构，用于存储熔断器的配置参数，如 Interval、Timeout、MaxErrors 等。
- ❑ 定义了一个常量 Namespace，用于存储自定义配置数据的键。
- ❑ 实现了一个 ConfigGetter 函数，用于从额外的配置中获取熔断器的配置参数。
- ❑ 定义了一个 NewCircuitBreaker 函数，用于根据配置参数创建一个 gobreaker.CircuitBreaker 实例。

如果想在 KrakenD 中使用熔断器模式，那么就可以使用这个代码片段作为参考，根据自己的需求来进行配置和使用。文件 gobreaker/gobreaker.go 的主要实现代码如下。

```
package gobreaker

import (
    "fmt"
    "time"
    "github.com/luraproject/lura/v2/config"
    "github.com/luraproject/lura/v2/logging"
    "github.com/sony/gobreaker"
)

// Namespace 是用于存储和访问自定义配置数据的键
const Namespace = "github.com/devopsfaith/krakend-circuitbreaker/gobreaker"
// Config 是包含 sony/gobreaker 包参数的自定义配置结构体
type Config struct {
    Name            string
    Interval        int
    Timeout         int
    MaxErrors       int
    LogStatusChange bool
}

// ZeroCfg 是 Config 结构体的零值
var ZeroCfg = Config{}

// ConfigGetter 实现了 config.ConfigGetter 接口。它解析了 gobreaker 适配器的额外配置，如
果出现问题则返回 ZeroCfg。
func ConfigGetter(e config.ExtraConfig) interface{} {
    v, ok := e[Namespace]
    if !ok {
        return ZeroCfg
    }
    tmp, ok := v.(map[string]interface{})
    if !ok {
        return ZeroCfg
    }
    cfg := Config{}
    if v, ok := tmp["name"]; ok {
        if name, ok := v.(string); ok {
            cfg.Name = name
        }
    }
    if v, ok := tmp["interval"]; ok {
        switch i := v.(type) {
        case int:
            cfg.Interval = i
        case float64:
            cfg.Interval = int(i)
```

```
            }
        }
        if v, ok := tmp["timeout"]; ok {
            switch i := v.(type) {
            case int:
                cfg.Timeout = i
            case float64:
                cfg.Timeout = int(i)
            }
        }
        if v, ok := tmp["max_errors"]; ok {
            switch i := v.(type) {
            case int:
                cfg.MaxErrors = i
            case float64:
                cfg.MaxErrors = int(i)
            }
        }
        value, ok := tmp["log_status_change"].(bool)
        cfg.LogStatusChange = ok && value
        return cfg
}

// NewCircuitBreaker 使用注入的配置构建了一个 gobreaker 熔断器
func NewCircuitBreaker(cfg Config, logger logging.Logger) *gobreaker.CircuitBreaker {
        settings := gobreaker.Settings{
            Name:       cfg.Name,
            Interval: time.Duration(cfg.Interval) * time.Second,
            Timeout:  time.Duration(cfg.Timeout) * time.Second,
            ReadyToTrip: func(counts gobreaker.Counts) bool {
                return counts.ConsecutiveFailures > uint32(cfg.MaxErrors)
            },
        }
        if cfg.LogStatusChange {
            settings.OnStateChange = func(name string, from gobreaker.State, to
gobreaker.State) {
                logger.Warning(fmt.Sprintf("[CB] 名为 '%s' 的熔断器状态从 '%s' 变为
'%s'", name, from.String(), to.String()))
            }
        }
        return gobreaker.NewCircuitBreaker(settings)
}
```

　　上述代码用于在 KrakenD 配置中使用额外的配置参数来配置熔断器。这个熔断器将根据所提供的配置参数来创建一个 gobreaker.CircuitBreaker 实例，用于实现熔断器模式的功能，从而在服务出现问题时进行熔断，避免故障扩散。

(2) eapache/eapache.go 文件提供了一个适配器,用于在 Krakend 框架中集成 eapache/go-resiliency/breaker 包,从而实现熔断器模式。

```go
package eapache

import (
    "time"
    "github.com/eapache/go-resiliency/breaker"
    "github.com/luraproject/lura/v2/config"
)

// Namespace 是用于存储和访问自定义配置数据的键
const Namespace = "github.com/devopsfaith/krakend-circuitbreaker/eapache"

// Config 是包含 eapache/go-resiliency/breaker 包参数的自定义配置结构体
type Config struct {
    Error   int
    Success int
    Timeout time.Duration
}
// ZeroCfg 是 Config 结构体的零值
var ZeroCfg = Config{}
// ConfigGetter 实现了 config.ConfigGetter 接口。它解析了 eapache 适配器的额外配置,如果
出现问题则返回 ZeroCfg。
func ConfigGetter(e config.ExtraConfig) interface{} {
    v, ok := e[Namespace]
    if !ok {
        return ZeroCfg
    }
    tmp, ok := v.(map[string]interface{})
    if !ok {
        return ZeroCfg
    }
    cfg := Config{}
    if v, ok := tmp["error"]; ok {
        switch i := v.(type) {
        case int:
            cfg.Error = i
        case float64:
            cfg.Error = int(i)
        }
    }
    if v, ok := tmp["success"]; ok {
        switch i := v.(type) {
        case int:
            cfg.Success = i
        case float64:
```

```
        cfg.Success = int(i)
        }
    }
    if v, ok := tmp["timeout"]; ok {
        if d, err := time.ParseDuration(v.(string)); err == nil {
            cfg.Timeout = d
        }
    }
    return cfg
}
// NewCircuitBreaker 使用注入的配置构建了一个 eapache 熔断器
func NewCircuitBreaker(cfg Config) *breaker.Breaker {
    return breaker.New(cfg.Error, cfg.Success, cfg.Timeout)
}
```

上述代码实现了一个 eapache 熔断器适配器，允许在 Krakend 配置中使用自定义配置参数来配置熔断器的行为。你可以根据所提供的配置参数来创建一个 eapache/go-resiliency/ breaker 包提供的熔断器实例，从而实现熔断模式的功能，当服务出现问题时进行熔断，防止故障扩散。

如果要在项目中使用本开源项目提供的熔断功能，需要遵循以下步骤实现。

1) 导入依赖

首先需要将 github.com/krakend/krakend-circuitbreaker 作为依赖导入项目。使用以下命令来安装依赖：

```
go get -u github.com/krakend/krakend-circuitbreaker
```

2) 配置 KrakenD

在 KrakenD 配置文件中，添加想要使用的熔断器适配器的配置。根据需求可以选择 gobreaker 或 eapache 熔断器适配器。

❏ 对于 gobreaker 熔断器适配器，可以在 extra_config 部分添加类似以下内容的配置信息：

```
"github.com/devopsfaith/krakend-circuitbreaker/gobreaker": {
    "interval": 60,
    "timeout": 10,
    "max_errors": 5,
    "log_status_change": true
}
```

❏ 对于 eapache 熔断器适配器，可以在 extra_config 部分添加类似以下内容的配置：

```
"github.com/devopsfaith/krakend-circuitbreaker/eapache": {
    "error": 50,
```

```
    "success": 10,
    "timeout": "5s"
}
```

3) 使用熔断器适配器

在代码中，使用 KrakenD 提供的熔断器适配器来创建熔断器实例，然后将其集成到微服务调用中。可以选择使用以下两个适配器：

- ❑ github.com/devopsfaith/krakend-circuitbreaker/gobreaker
- ❑ github.com/devopsfaith/krakend-circuitbreaker/eapache

例如，使用 gobreaker 熔断器适配器的方法如下：

```
import (
    "github.com/devopsfaith/krakend-circuitbreaker/gobreaker"
    "github.com/luraproject/lura/logging"
    "github.com/luraproject/lura/v2/config"
)
// ...
configGetter := gobreaker.ConfigGetter(yourExtraConfig)
cfg := configGetter.(gobreaker.Config)
logger := logging.NoOpLogger{} // 替换为你的日志记录器

circuitBreaker := gobreaker.NewCircuitBreaker(cfg, logger)
```

类似地，也可以使用 eapache 熔断器适配器。

4) 在微服务调用中使用熔断器

一旦创建了熔断器实例，便可以将其应用于微服务调用中，以实现熔断功能。需要根据框架和代码结构，将熔断器应用于 API 请求中，以实现容错和熔断。

以上步骤简要概述了如何在项目中使用本开源项目提供的熔断器功能的方法，具体的实现方式会根据项目结构和需求而有所不同，需要根据具体情况进行适当调整。在应用熔断器功能时，要确保理解熔断器的配置和行为，以便能够根据实际情况进行适当的配置和使用。

12.2　微服务的负载均衡

微服务的负载均衡是确保各个微服务实例能够均衡地处理请求，从而提供性能优越、可用性强的策略与机制。在微服务架构中存在多个相同或相似的微服务实例，因此负载均衡可以避免某些实例过载，同时提高整体系统的性能。

扫码看视频

12.2.1　负载均衡的作用

负载均衡是计算机网络和系统中的一种重要机制，它用于分配来自用户或客户端的请求，以便均匀地分发到多个服务器或资源上，从而提高系统的性能、可用性和稳定性。负载均衡的作用如下。

❑ 提高性能：负载均衡确保服务器资源得到有效利用，避免某些服务器过载而影响整体性能。通过将负载均匀分布到多个服务器上，可以提高系统的处理能力，减少响应时间。

❑ 增强可用性：如果某台服务器发生故障，负载均衡可以将请求重新分发到其他正常运行的服务器上，从而减少服务中断时间，提高系统的可用性。

❑ 扩展性：负载均衡使得系统更容易扩展，可以根据负载情况动态地添加新的服务器，以应对不断增长的流量需求。

❑ 避免单点故障：如果只有一个服务器处理所有请求，那么该服务器的故障将导致整个系统不可用。负载均衡可以将流量分发到多个服务器，减少单一故障点。

12.2.2　负载均衡原理和算法

负载均衡的原理是分发请求并将其分配给多个服务器，以实现负载的均衡。以下是一些常见的负载均衡原理和算法。

❑ 轮询(Round Robin)：请求依次分配给服务器，以确保每个服务器都获得相同数量的请求。这是一种简单的均衡方式。

❑ 加权轮询(Weighted Round Robin)：为每个服务器分配权重，根据权重比例分配请求，使得性能较高的服务器可以处理更多的请求。

❑ 最少连接(Least Connections)：请求被发送到连接数最少的服务器，以确保负载均衡，避免过多连接占用某个服务器。

❑ IP 散列(IP Hash)：使用客户端 IP 地址进行散列计算，将同一 IP 地址的请求分配给同一个服务器，适用于需要保持会话连续性的情况。

❑ 响应时间加权(Response Time Weighted)：根据服务器的响应时间，将请求分发给响应时间较短的服务器，以提高整体性能。

❑ 动态负载均衡：实时监控服务器的负载情况，根据实际性能动态地调整请求的分发，以适应变化的负载。

❑ 内容敏感路由(Content-Aware Routing)：根据请求的内容或类型将请求路由到特定

的服务器，适用于根据不同请求的特性进行优化分发的情况。

总之，负载均衡通过合理地分配请求，确保服务器资源的均衡利用，从而提高系统的性能和可用性。选择适合特定应用和场景的负载均衡策略非常重要，以确保系统在各种负载情况下都能保持高效运行。

12.2.3 常用的负载均衡器和工具

在 Go 语言中，有一些常用的负载均衡器和工具，它们可以实现在微服务架构中的负载均衡。以下是一些常见的 Go 语言负载均衡器和工具。

- ❑ GoLB (Go Load Balancer)：一个用 Go 语言编写的简单负载均衡器，支持基于轮询和随机等负载均衡策略。
- ❑ Gobetween：一个用 Go 语言编写的现代负载均衡器，支持 TCP/UDP 负载均衡，提供了 API 和控制面板。
- ❑ Skipper：一个 HTTP 和 HTTPS 反向代理服务器，也可以用于负载均衡，它使用 Go 语言编写。Skipper 具有丰富的路由和过滤功能。
- ❑ Vulcand：一个 HTTP 反向代理和负载均衡器，基于 Etcd 或 Consul 进行配置，用 Go 语言编写。它支持 HTTP/HTTPS 负载均衡和路由。
- ❑ Fabio：一个 HTTP 和 TCP 负载均衡器，专注于微服务架构中的应用。它可以通过 Consul、Etcd 等服务发现工具动态地进行配置。
- ❑ traefik：一个现代的 HTTP 反向代理和负载均衡器，可以用于容器化环境和微服务架构。它支持自动发现和配置，可与 Docker、Kubernetes 等集成。

上述负载均衡器和工具可以在 Go 语言中实现负载均衡和反向代理功能，以提高应用的性能和可靠性。根据项目的需求和特点，可以选择适合的工具来实现负载均衡。

下面的实例自定义实现了一个简单的负载均衡器，可以将传入的请求分发到多个后端服务器，支持健康检查和重试。开发者可以根据这个实例代码，进一步扩展和定制负载均衡器的功能，以适应具体需求。

实例 12-2：自定义实现负载均衡器(源码路径：codes\12\12-2\)

实例文件 main.go 的具体实现代码如下。

```
package main

import (
    "context"
```

```
        "flag"
        "fmt"
        "log"
        "net"
        "net/http"
        "net/http/httputil"
        "net/url"
        "strings"
        "sync"
        "sync/atomic"
        "time"
)

const (
    Attempts int = iota
    Retry
)

// Backend 结构体保存有关服务器的数据
type Backend struct {
    URL          *url.URL
    Alive        bool
    mux          sync.RWMutex
    ReverseProxy *httputil.ReverseProxy
}

// SetAlive 设置此后端服务器的存活状态
func (b *Backend) SetAlive(alive bool) {
    b.mux.Lock()
    b.Alive = alive
    b.mux.Unlock()
}

// IsAlive 在后端服务器存活时返回 true
func (b *Backend) IsAlive() (alive bool) {
    b.mux.RLock()
    alive = b.Alive
    b.mux.RUnlock()
    return
}

// ServerPool 结构体保存有关可达后端服务器的信息
type ServerPool struct {
    backends []*Backend
    current  uint64
}
```

```go
// AddBackend 将后端服务器添加到服务器池中
func (s *ServerPool) AddBackend(backend *Backend) {
    s.backends = append(s.backends, backend)
}

// NextIndex 原子性地增加计数器并返回索引
func (s *ServerPool) NextIndex() int {
    return int(atomic.AddUint64(&s.current, uint64(1)) % uint64(len(s.backends)))
}

// MarkBackendStatus 更改后端服务器的状态
func (s *ServerPool) MarkBackendStatus(backendUrl *url.URL, alive bool) {
    for _, b := range s.backends {
        if b.URL.String() == backendUrl.String() {
            b.SetAlive(alive)
            break
        }
    }
}

// GetNextPeer 返回下一个可用的活动服务器以接收连接
func (s *ServerPool) GetNextPeer() *Backend {
    next := s.NextIndex()
    l := len(s.backends) + next
    for i := next; i < l; i++ {
        idx := i % len(s.backends)
        if s.backends[idx].IsAlive() {
            if i != next {
                atomic.StoreUint64(&s.current, uint64(idx))
            }
            return s.backends[idx]
        }
    }
    return nil
}

// HealthCheck 对后端服务器进行健康检查并更新状态
func (s *ServerPool) HealthCheck() {
    for _, b := range s.backends {
        status := "up"
        alive := isBackendAlive(b.URL)
        b.SetAlive(alive)
        if !alive {
            status = "down"
        }
        log.Printf("%s [%s]\n", b.URL, status)
    }
```

```
}

// GetAttemptsFromContext 从请求上下文中获取尝试次数
func GetAttemptsFromContext(r *http.Request) int {
    if attempts, ok := r.Context().Value(Attempts).(int); ok {
        return attempts
    }
    return 1
}

// GetRetryFromContext 从请求上下文中获取尝试次数
func GetRetryFromContext(r *http.Request) int {
    if retry, ok := r.Context().Value(Retry).(int); ok {
        return retry
    }
    return 0
}

// lb 负载均衡传入的请求
func lb(w http.ResponseWriter, r *http.Request) {
    attempts := GetAttemptsFromContext(r)
    if attempts > 3 {
        log.Printf("%s(%s) 已达最大尝试次数，终止\n", r.RemoteAddr, r.URL.Path)
        http.Error(w, "服务不可用", http.StatusServiceUnavailable)
        return
    }
    peer := serverPool.GetNextPeer()
    if peer != nil {
        peer.ReverseProxy.ServeHTTP(w, r)
        return
    }
    http.Error(w, "服务不可用", http.StatusServiceUnavailable)
}

// isAlive 通过建立 TCP 连接检查后端服务器是否存活
func isBackendAlive(u *url.URL) bool {
    timeout := 2 * time.Second
    conn, err := net.DialTimeout("tcp", u.Host, timeout)
    if err != nil {
        log.Println("无法访问站点，错误: ", err)
        return false
    }
    defer conn.Close()
    return true
}

// healthCheck 运行周期性例程以检查后端服务器的状态
```

```go
func healthCheck() {
    t := time.NewTicker(time.Minute * 2)
    for {
        select {
        case <-t.C:
            log.Println("开始健康检查...")
            serverPool.HealthCheck()
            log.Println("健康检查完成")
        }
    }
}

var serverPool ServerPool
func main() {
    var serverList string
    var port int
    flag.StringVar(&serverList, "backends", "", "负载均衡的后端服务器，用逗号分隔")
    flag.IntVar(&port, "port", 3030, "要监听的端口")
    flag.Parse()
    if len(serverList) == 0 {
        log.Fatal("请提供一个或多个要负载均衡的后端服务器")
    }
    tokens := strings.Split(serverList, ",")
    for _, tok := range tokens {
        serverUrl, err := url.Parse(tok)
        if err != nil {
            log.Fatal(err)
        }
        proxy := httputil.NewSingleHostReverseProxy(serverUrl)
        proxy.ErrorHandler = func(writer http.ResponseWriter, request
*http.Request, e error) {
            log.Printf("[%s] %s\n", serverUrl.Host, e.Error())
            retries := GetRetryFromContext(request)
            if retries < 3 {
                select {
                case <-time.After(10 * time.Millisecond):
                    ctx := context.WithValue(request.Context(), Retry, retries+1)
                    proxy.ServeHTTP(writer, request.WithContext(ctx))
                }
                return
            }
            serverPool.MarkBackendStatus(serverUrl, false)

            attempts := GetAttemptsFromContext(request)
            log.Printf("%s(%s) 尝试重试 %d\n", request.RemoteAddr,
request.URL.Path, attempts)
            ctx := context.WithValue(request.Context(), Attempts, attempts+1)
```

```
            lb(writer, request.WithContext(ctx))
        }
        serverPool.AddBackend(&Backend{
            URL:          serverUrl,
            Alive:        true,
            ReverseProxy: proxy,
        })
        log.Printf("已配置的服务器: %s\n", serverUrl)
    }
    server := http.Server{
        Addr:    fmt.Sprintf(":%d", port),
        Handler: http.HandlerFunc(lb),
    }
    go healthCheck()
    log.Printf("负载均衡器已在端口 :%d 启动\n", port)
    if err := server.ListenAndServe(); err != nil {
        log.Fatal(err)
    }
}
```

对上述代码的具体说明如下。

❑ 结构体 Backend：表示后端服务器的信息，包括 URL、存活状态和反向代理 (ReverseProxy)等信息。

❑ SetAlive 函数和 IsAlive 函数：用于设置和获取后端服务器的存活状态。

❑ ServerPool 结构体：保存可达的后端服务器信息，包括后端服务器列表和当前选中的服务器索引。

❑ AddBackend 函数：将后端服务器添加到服务器池中。

❑ NextIndex 函数：原子性地增加计数器并返回索引。

❑ MarkBackendStatus 函数：更改指定后端服务器的状态。

❑ GetNextPeer 函数：返回下一个可用的后端服务器，使用轮询策略。

❑ HealthCheck 函数：对所有后端服务器进行健康检查，并更新状态。

❑ GetAttemptsFromContext 函数和 GetRetryFromContext 函数：从请求上下文中获取尝试次数和重试次数。

❑ lb 函数：负载均衡函数，根据获取的后端服务器，将请求转发给后端服务器的反向代理。

❑ isBackendAlive 函数：通过建立 TCP 连接检查后端服务器是否存活。

❑ healthCheck 函数：周期性地检查后端服务器的健康状态。

❑ main 函数：主函数，解析命令行参数，创建服务器池并配置后端服务器，启动 HTTP 服务器并进行健康检查。

运行上述代码后，会在指定的端口启动一个 HTTP 服务器，用于接收传入的 HTTP 请求，并根据负载均衡策略将请求分发给后端服务器。运行后，会看到类似以下内容的输出：

```
Configured server: http://backend1.com
Configured server: http://backend2.com
Load Balancer started at :3030
```

这表明代码已经成功解析并配置了两个后端服务器。接下来，当有请求进入时，负载均衡器会将请求分发给可用的后端服务器，或者在无可用服务器时返回 "Service not available" 的错误响应。

在负载均衡器运行期间，它会周期性地执行健康检查并更新后端服务器的状态。通常可以看到类似以下内容的输出：

```
Starting health check...
http://backend1.com [up]
http://backend2.com [up]
Health check completed
```

上述输出表明健康检查正在运行，并且后端服务器的状态是"up"。如果后端服务器变为不可用，状态将被更新为"down"。

12.3 服务注册与服务发现

服务注册与服务发现是微服务架构中的两个关键概念，用于管理和维护各个微服务实例的动态性。

扫码看视频

12.3.1 服务注册的概念和流程

服务注册是微服务架构中的一种机制，用于将运行中的微服务实例的元数据(如主机名、端口号、IP 地址、服务名等)注册到一个中心化的服务注册表或注册中心。这个注册表充当了一个目录，记录了所有可用的微服务实例的位置和信息。服务注册的目的是在服务发现时能够找到和定位微服务的实例。

实现服务注册的基本流程如下。

- ❑ 微服务实例启动：当一个新的微服务实例启动时，它会在启动过程中执行注册的步骤。
- ❑ 构建实例元数据：在微服务实例启动时，它会生成自己的元数据，这些元数据包括服务名、主机名、端口号、IP 地址等。

- 连接到注册中心：微服务实例会与注册中心建立连接，通常是通过 HTTP 或 TCP 等协议。
- 注册信息发送：微服务实例会将自己的元数据信息发送给注册中心。这些信息将包括服务名、主机名、端口号、IP 地址等，以及其他可能的健康状态信息。
- 注册中心保存信息：注册中心接收到微服务实例的注册信息后，会将这些信息保存在中心化的注册表中。
- 保持心跳：微服务实例通常会周期性地向注册中心发送心跳信号，以表明自己仍然处于活动状态。如果某个实例长时间未发送心跳信号，注册中心可能会将其标记为不可用。
- 注销实例：当微服务实例关闭或出现故障时，它会发送一个注销请求到注册中心，告知自己不再可用。

服务注册的好处在于它能够自动地管理微服务实例的动态性，包括启动、停止、扩展等。服务注册表作为一个中心化的存储，可以帮助其他微服务或客户端在需要时找到可用的服务实例，从而实现服务发现。这种自动化的机制使微服务架构更具弹性、可伸缩性和高可用性。

12.3.2 服务发现的原理和机制

服务发现是微服务架构中的关键概念，允许客户端或其他微服务动态地发现可用的微服务实例，并进行通信。

1. 服务发现的原理

- 注册和更新：微服务实例在启动时将自己的元数据(如主机名、端口号、IP 地址、服务名等)注册到服务注册中心。这将构建一个包含所有可用实例的中心化目录。
- 查询：当一个微服务需要与另一个微服务通信时，它会向服务注册中心发出查询请求，以获取所需服务的可用实例列表。
- 负载均衡：在获取到可用实例列表后，服务发现机制可以采用负载均衡算法，将请求均匀地分发到这些实例中，以提高性能和可用性。
- 动态性：当微服务实例发生变化，如启动、停止、扩展等，服务发现机制能够自动感知这些变化，并更新可用实例列表。

2. 服务发现的机制

- 客户端库：微服务客户端通常会集成一个服务发现的客户端库，用于从注册中心获取可用实例信息。

- DNS 解析：有些服务发现工具使用 DNS 解析来提供服务发现。每个服务名称被映射到多个 IP 地址，从而允许 DNS 服务器轮询这些地址以进行负载均衡。
- 轮询：服务发现客户端可能会周期性地向注册中心查询可用实例列表，然后使用轮询算法选择一个实例进行通信。
- 响应时间加权：有些服务发现机制会根据每个实例的响应时间分配不同的权重，以实现响应时间加权的负载均衡。
- 一致性哈希：一些服务发现机制使用一致性哈希算法，将请求映射到实例，这在有状态服务和缓存方面非常有用。
- 分布式服务网格：服务网格解决方案(如 Istio、Linkerd)能提供更高级的服务发现机制，可以进行流量管理、故障注入等操作。

12.3.3　常用的服务注册与发现工具

在 Go 语言中，有一些常用的服务注册与发现工具，可以帮助在微服务架构中管理和发现服务。以下是一些常见的 Go 语言服务注册与发现工具。

- Consul：一个强大的服务注册与发现工具，支持多数据中心、健康检查、DNS 接口等功能。可以使用 Go 语言的 Consul 客户端库进行集成。
- Etcd：一个分布式键值存储，也可以用于服务注册与发现，支持强一致性和高可用性。可以使用 Go 语言的 Etcd 客户端库进行集成。
- Eureka：Netflix 开源的服务注册与发现工具，适用于微服务架构。虽然它本身是用 Java 编写的，但可以使用 Go 语言的 Eureka 客户端库进行集成。
- Zookeeper：一个分布式协调服务，也可以用于服务注册与发现。虽然它不是用 Go 语言编写的，但可以使用 Go 语言的 Zookeeper 客户端库进行集成。
- Nacos：阿里巴巴开源的动态服务发现、配置管理和服务管理平台，支持服务注册与发现。虽然它是用 Java 编写的，但可以使用 Go 语言的 Nacos 客户端库进行集成。

这些工具可以帮助在 Go 语言中实现服务注册与发现的功能，以便更好地管理和协调微服务架构中的各个服务。根据项目的需求和偏好，可以选择适合的工具来实现服务注册与发现。下面的实例使用 Go 语言实现了一个 Eureka 客户端库，用于在微服务架构中进行服务注册和发现。Eureka 是 Netflix 开发的服务注册与发现工具，允许服务在注册中心注册自己，并可以通过查询注册中心来发现其他服务。

实例 12-3：实现的 Eureka 客户端库(源码路径：codes\12\12-3\)

本项目提供了一个简单的方式在 Go 语言微服务中使用 Eureka 客户端进行服务注册与发现，在 Go 语言项目中导入这个库，并按照其文档和示例来配置和集成 Eureka 客户端功能。

(1) 编写 util.go 文件，用于获取本地主机的 IP 地址。具体来说，它遍历系统中的网络接口地址，找到非回环地址中的 IPv4 地址，并返回找到的第一个有效 IPv4 地址。具体实现代码如下。

```go
package eureka_client

import (
    "net"
)

// GetLocalIP 获取本地 ip
func GetLocalIP() string {
    addrs, err := net.InterfaceAddrs()
    if err != nil {
        return ""
    }
    for _, address := range addrs {
        // check the address type and if it is not a loopback the display it
        if ipnet, ok := address.(*net.IPNet); ok && !ipnet.IP.IsLoopback() {
            if ipnet.IP.To4() != nil {
                return ipnet.IP.String()
            }
        }
    }
    return ""
}
```

上述代码用于在微服务中获取本地主机的 IP 地址，该代码利用 net 包获取系统中的网络接口地址，然后遍历这些地址，找到非回环地址中的 IPv4 地址，并将其作为结果返回。这段代码可以在服务注册与发现等场景中用于获取服务实例的 IP 地址，以便将其注册到注册中心或者与其他服务进行通信。

(2) config.go 文件定义了与 Eureka 客户端配置和服务实例相关的数据结构和方法，这些数据结构和方法是为了在 Go 语言中方便地配置和创建与 Eureka 服务器交互的服务实例信息。具体实现代码如下。

```go
package eureka_client

import (
```

```go
    "fmt"
)

// Eureka 客户端配置
type Config struct {
    // Eureka 服务端地址
    DefaultZone string
    // 心跳间隔，默认 30s
    RenewalIntervalInSecs int
    // 获取服务列表间隔，默认 15s
    RegistryFetchIntervalSeconds int
    // 过期间隔，默认 90s
    DurationInSecs int
    // 实例 ID，默认 ip:app:port
    InstanceID string
    // 应用名称
    App string
    // Host，为空则取 IP
    HostName string
    // IP，为空则取本地 IP
    IP string
    // 端口，默认 80
    Port int
    // 元数据
    Metadata map[string]interface{}
}

// Applications eureka 服务端注册的 apps
type Applications struct {
    VersionsDelta string        `xml:"versions__delta,omitempty" json:"versions__delta,omitempty"`
    AppsHashcode  string        `xml:"apps__hashcode,omitempty" json:"apps__hashcode,omitempty"`
    Applications  []Application `xml:"application,omitempty" json:"application,omitempty"`
}

// Application eureka 服务端注册的 app
type Application struct {
    Name      string     `xml:"name" json:"name"`
    Instances []Instance `xml:"instance" json:"instance"`
}

// Instance 服务实例
type Instance struct {
    HostName    string `xml:"hostName" json:"hostName"`
    HomePageURL string `xml:"homePageUrl,omitempty" json:"homePageUrl,omitempty"`
```

```go
    StatusPageURL  string 'xml:"statusPageUrl" json:"statusPageUrl"'
    HealthCheckURL  string 'xml:"healthCheckUrl,omitempty" json:"healthCheckUrl,
omitempty"'
    App string 'xml:"app" json:"app"'
    IPAddr string 'xml:"ipAddr" json:"ipAddr"'
    VipAddress string 'xml:"vipAddress" json:"vipAddress"'
    SecureVipAddress string 'xml:"secureVipAddress,omitempty" json:
"secureVipAddress,omitempty"'
    Status string 'xml:"status" json:"status"'
    Port *Port 'xml:"port,omitempty" json:"port,omitempty"'
    SecurePort *Port 'xml:"securePort,omitempty" json:"securePort,omitempty"'
    DataCenterInfo *DataCenterInfo 'xml:"dataCenterInfo" json:"dataCenterInfo"'
    LeaseInfo *LeaseInfo 'xml:"leaseInfo,omitempty" json:"leaseInfo,omitempty"'
    Metadata map[string]interface{} 'xml:"metadata,omitempty" json:"metadata,
omitempty"'
    IsCoordinatingDiscoveryServer string 'xml:"isCoordinatingDiscoveryServer,
omitempty" json:"isCoordinatingDiscoveryServer,omitempty"'
    LastUpdatedTimestamp string 'xml:"lastUpdatedTimestamp,omitempty" json:
"lastUpdatedTimestamp,omitempty"'
    LastDirtyTimestamp string 'xml:"lastDirtyTimestamp,omitempty" json:
"lastDirtyTimestamp,omitempty"'
    ActionType string 'xml:"actionType,omitempty" json:"actionType,omitempty"'
    OverriddenStatus string 'xml:"overriddenstatus,omitempty" json:
"overriddenstatus,omitempty"'
    CountryID int 'xml:"countryId,omitempty" json:"countryId,omitempty"'
    InstanceID string 'xml:"instanceId,omitempty" json:"instanceId,omitempty"'
}

// Port 端口
type Port struct {
    Port   int  'xml:",chardata" json:"$"'
    Enabled string 'xml:"enabled,attr" json:"@enabled"'
}

// DataCenterInfo 数据中心信息
type DataCenterInfo struct {
    Name    string          'xml:"name" json:"name"'
    Class   string          'xml:"class,attr" json:"@class"'
    Metadata *DataCenterMetadata 'xml:"metadata,omitempty"
json:"metadata,omitempty"'
}

// DataCenterMetadata 数据中心信息元数据
type DataCenterMetadata struct {
    AmiLaunchIndex  string 'xml:"ami-launch-index,omitempty" json:"ami-launch-index,
omitempty"'
    LocalHostname  string 'xml:"local-hostname,omitempty" json:"local-hostname,
omitempty"'
```

```
    AvailabilityZone string 'xml:"availability-zone,omitempty" json:"availability-zone,
omitempty"'
    InstanceID string 'xml:"instance-id,omitempty" json:"instance-id,omitempty"'
    PublicIpv4 string 'xml:"public-ipv4,omitempty" json:"public-ipv4,omitempty"'
  PublicHostname  string 'xml:"public-hostname,omitempty" json:"public-hostname,
omitempty"'
    AmiManifestPath  string 'xml:"ami-manifest-path,omitempty" json:
"ami-manifest-path,omitempty"'
    LocalIpv4  string 'xml:"local-ipv4,omitempty" json:"local-ipv4,omitempty"'
    Hostname  string 'xml:"hostname,omitempty" json:"hostname,omitempty"'
    AmiID  string 'xml:"ami-id,omitempty" json:"ami-id,omitempty"'
    InstanceType string 'xml:"instance-type,omitempty" json:"instance-type,omitempty"'
}

// LeaseInfo 续约信息
type LeaseInfo struct {
    RenewalIntervalInSecs int 'xml:"renewalIntervalInSecs,omitempty"
json:"renewalIntervalInSecs,omitempty"'
    DurationInSecs int 'xml:"durationInSecs,omitempty" json:"durationInSecs,omitempty"'
}

// NewInstance 创建服务实例
func NewInstance(config *Config) *Instance {
    instance := &Instance{
        InstanceID: config.InstanceID,
        HostName: config.HostName,
        App:        config.App,
        IPAddr:     config.IP,
        Port: &Port{
            Port:   config.Port,
            Enabled: "true",
        },
        VipAddress:       config.App,
        SecureVipAddress: config.App,
        // 续约信息
        LeaseInfo: &LeaseInfo{
            RenewalIntervalInSecs: config.RenewalIntervalInSecs,
            DurationInSecs:        config.DurationInSecs,
        },
        Status:          "UP",
        OverriddenStatus: "UNKNOWN",
        // 数据中心
        DataCenterInfo: &DataCenterInfo{
            Name: "MyOwn",
            Class: "com.netflix.appinfo.InstanceInfo$DefaultDataCenterInfo",
        },
        // 元数据
```

```
        Metadata: config.Metadata,
    }
    instance.HomePageURL = fmt.Sprintf("http://%s:%d", config.IP, config.Port)
    instance.StatusPageURL = fmt.Sprintf("http://%s:%d/info", config.IP, config.Port)
    return instance
}
```

对上述代码的具体说明如下。

❑ Config 结构体：定义了 Eureka 客户端的配置信息，包括 Eureka 服务器地址、心跳间隔、获取服务列表间隔、过期间隔、实例 ID、应用名称、主机名、IP、端口等配置项。

❑ Applications 和 Application 结构体：定义了从 Eureka 服务器获取的应用信息，包括应用名称和实例信息。

❑ Instance 结构体：定义了服务实例的信息，包括主机名、URL、状态页 URL、健康检查 URL、应用名称、IP 地址、VIP 地址、端口、数据中心信息等。

❑ Port 结构体：定义了端口信息，包括端口号和是否启用。

❑ DataCenterInfo 和 DataCenterMetadata 结构体：定义了数据中心信息和元数据。

❑ LeaseInfo 结构体：定义了续约信息，用于向 Eureka 服务器发送续约请求。

❑ NewInstance 函数：根据给定的配置创建一个新的服务实例。

(3) client.go 文件定义了一个名为 Client 的类型，该类型用于操作 Eureka 客户端并与 Eureka 服务器进行交互。具体实现代码如下。

```
// Client eureka 客户端
type Client struct {
    logger Logger

    // for monitor system signal
    signalChan chan os.Signal
    mutex      sync.RWMutex
    running    bool

    Config   *Config
    Instance *Instance

    // eureka 服务中注册的应用
    Applications *Applications
}

// Option 自定义
type Option func(instance *Instance)
```

```go
// SetLogger 设置日志实现
func (c *Client) SetLogger(logger Logger) {
    c.logger = logger
}

// Start 启动时注册客户端，并在后台刷新服务列表，以及心跳
func (c *Client) Start() {
    c.mutex.Lock()
    c.running = true
    c.mutex.Unlock()
    // 刷新服务列表
    go c.refresh()
    // 心跳
    go c.heartbeat()
    // 监听退出信号，自动删除注册信息
    go c.handleSignal()
}

// refresh 刷新服务列表
func (c *Client) refresh() {
    timer := time.NewTimer(0)
    interval := time.Duration(c.Config.RenewalIntervalInSecs) * time.Second
    for c.running {
        select {
        case <-timer.C:
            if err := c.doRefresh(); err != nil {
                c.logger.Error("refresh application instance failed", err)
            } else {
                c.logger.Debug("refresh application instance successful")
            }
        }
        // reset interval
        timer.Reset(interval)
    }
    // stop
    timer.Stop()
}

// heartbeat 心跳
func (c *Client) heartbeat() {
    timer := time.NewTimer(0)
    interval := time.Duration(c.Config.RegistryFetchIntervalSeconds) * time.Second
    for c.running {
        select {
        case <-timer.C:
            err := c.doHeartbeat()
            if err == nil {
```

```
                    c.logger.Debug("heartbeat application instance successful")
            } else if err == ErrNotFound {
                    // 未找到心跳，需要注册
                    err = c.doRegister()
                    if err == nil {
                            c.logger.Info("register application instance successful")
                    } else {
                            c.logger.Error("register application instance failed", err)
                    }
            } else {
                    c.logger.Error("heartbeat application instance failed", err)
            }
        }
        // 重置间隔
        timer.Reset(interval)
    }
    //停止
    timer.Stop()
}

func (c *Client) doRegister() error {
    return Register(c.Config.DefaultZone, c.Config.App, c.Instance)
}

func (c *Client) doUnRegister() error {
    return UnRegister(c.Config.DefaultZone, c.Instance.App, c.Instance.InstanceID)
}

func (c *Client) doHeartbeat() error {
    return Heartbeat(c.Config.DefaultZone, c.Instance.App, c.Instance.InstanceID)
}

func (c *Client) doRefresh() error {
    //如果禁用增量更新或者这是第一次，则获取所有应用程序
    applications, err := Refresh(c.Config.DefaultZone)
    if err != nil {
        return err
    }
    // 设置应用程序
    c.mutex.Lock()
    c.Applications = applications
    c.mutex.Unlock()
    return nil
}

// handleSignal 监听退出信号，删除注册的实例
func (c *Client) handleSignal() {
```

```go
        if c.signalChan == nil {
            c.signalChan = make(chan os.Signal)
        }
        signal.Notify(c.signalChan, syscall.SIGTERM, syscall.SIGINT, syscall.SIGKILL)
        for {
            switch <-c.signalChan {
            case syscall.SIGINT:
                fallthrough
            case syscall.SIGKILL:
                fallthrough
            case syscall.SIGTERM:
                c.logger.Info("receive exit signal, client instance going to de-register")
                err := c.doUnRegister()
                if err != nil {
                    c.logger.Error("de-register application instance failed", err)
                } else {
                    c.logger.Info("de-register application instance successful")
                }
                os.Exit(0)
            }
        }
    }

// NewClient 创建客户端
func NewClient(config *Config, opts ...Option) *Client {
    defaultConfig(config)
    instance := NewInstance(config)
    client := &Client{
        logger:   NewLogger(),
        Config:   config,
        Instance: instance,
    }
    for _, opt := range opts {
        opt(client.Instance)
    }
    return client
}

func defaultConfig(config *Config) {
    if config.DefaultZone == "" {
        config.DefaultZone = "http://localhost:8761/eureka/"
    }
    if config.RenewalIntervalInSecs == 0 {
        config.RenewalIntervalInSecs = 30
    }
    if config.RegistryFetchIntervalSeconds == 0 {
        config.RegistryFetchIntervalSeconds = 15
```

```
    }
    if config.DurationInSecs == 0 {
        config.DurationInSecs = 90
    }
    if config.App == "" {
        config.App = "unknown"
    } else {
        config.App = strings.ToLower(config.App)
    }
    if config.IP == "" {
        config.IP = GetLocalIP()
    }
    if config.HostName == "" {
        config.HostName = config.IP
    }
    if config.Port == 0 {
        config.Port = 80
    }
    if config.InstanceID == "" {
        config.InstanceID = fmt.Sprintf("%s:%s:%d", config.IP, config.App, config.Port)
    }
}

// 根据服务名获取注册的服务实例列表
func (c *Client) GetApplicationInstance(name string) []Instance {
    instances := make([]Instance, 0)
    c.mutex.Lock()
    if c.Applications != nil {
        for _, app := range c.Applications.Applications {
            if app.Name == name {
                instances = append(instances, app.Instances...)
            }
        }
    }
    c.mutex.Unlock()

    return instances
}
```

对上述代码的具体说明如下。

❑ Client 结构体：定义了 Eureka 客户端的结构，包括配置、实例信息、应用列表等字段。它还包括了一些方法，用于管理客户端的启动、心跳、刷新服务列表、注册和取消注册。

❑ Option 函数类型：定义了自定义选项的函数类型，用于在创建实例时设置一些自定义选项。

- ❑ SetLogger 方法：用于设置日志实现。

- ❑ Start 方法：用于启动客户端，并在启动时注册客户端，同时在后台实现服务列表的刷新和心跳检测工作。

- ❑ refresh 方法和 heartbeat 方法：分别用于刷新服务列表和进行心跳的循环操作。

- ❑ doRegister 方法、doUnRegister 方法和 doHeartbeat 方法：分别用于注册、取消注册和心跳操作。

- ❑ doRefresh 方法：用于刷新服务列表。

- ❑ handleSignal 方法：监听退出信号，在接收到退出信号时执行取消注册操作，以删除已注册的客户端实例。

- ❑ NewClient 函数：根据配置和自定义选项创建一个新的客户端实例。

- ❑ defaultConfig 函数：为配置项设置默认值。

- ❑ GetApplicationInstance 方法：根据服务名获取注册的服务实例列表。

client.go 文件中的代码实现了与 Eureka 服务器交互的核心逻辑，包括注册、心跳、刷新服务列表等操作。如果你需要了解具体如何使用这些代码，可以在你的项目中创建一个 Eureka 客户端实例，并调用适合的方法来实现与 Eureka 服务器的通信和注册。

(4) api.go 文件定义并实现了与 Eureka 服务器进行通信的各种操作，包括注册、心跳、刷新服务列表和取消注册等。如果我们在使用 Eureka 客户端时需要执行这些操作，可以调用这些函数来实现与 Eureka 服务器的交互。具体实现代码如下。

```
var (
    // ErrNotFound 实例不存在，需要重新注册
    ErrNotFound = errors.New("not found")
)

// 与 eureka 服务端 rest 交互，Register 注册实例
// POST /eureka/v2/apps/appID
func Register(zone, app string, instance *Instance) error {
    // Instance 服务实例
    type InstanceInfo struct {
        Instance *Instance 'json:"instance"'
    }
    var info = &InstanceInfo{
        Instance: instance,
    }
    u := zone + "apps/" + app
    // status: http.StatusNoContent
    result := requests.Post(u).Json(info).Send().Status2xx()
    return result.Err
}
```

```go
// UnRegister 删除实例
// DELETE /eureka/v2/apps/appID/instanceID
func UnRegister(zone, app, instanceID string) error {
    u := zone + "apps/" + app + "/" + instanceID
    // status: http.StatusNoContent
    result := requests.Delete(u).Send().StatusOk()
    return result.Err
}

// Refresh 查询所有服务实例
// GET /eureka/v2/apps
func Refresh(zone string) (*Applications, error) {
    type Result struct {
        Applications *Applications 'json:"applications"'
    }
    apps := new(Applications)
    res := &Result{
        Applications: apps,
    }
    u := zone + "apps"
    err := requests.Get(u).Header("Accept", "
application/json").Send().StatusOk().Json(res)
    if err != nil {
        return nil, err
    }
    return apps, nil
}

// Heartbeat 发送心跳
// PUT /eureka/v2/apps/appID/instanceID
func Heartbeat(zone, app, instanceID string) error {
    u := zone + "apps/" + app + "/" + instanceID
    params := url.Values{
        "status": {"UP"},
    }
    result := requests.Put(u).Params(params).Send()
    if result.Err != nil {
        return result.Err
    }
    // 心跳 404 说明 eureka server 重启过，需要重新注册
    if result.Resp.StatusCode == http.StatusNotFound {
        return ErrNotFound
    }
    if result.Resp.StatusCode != http.StatusOK {
        return fmt.Errorf("heartbeat failed, invalid status code: %d",
result.Resp.StatusCode)
    }
    return nil
}
```

对上述代码的具体说明如下。

- ❑ Register 函数：用于将服务实例注册到 Eureka 服务器。它发送一个 POST 请求来注册实例，并将实例信息以 JSON 格式发送给 Eureka 服务器。如果注册成功，返回的状态码为 2xx。

- ❑ UnRegister 函数：用于从 Eureka 服务器取消注册服务实例。它发送一个 DELETE 请求来取消注册实例。如果取消注册成功，则返回的状态码为 2xx。

- ❑ Refresh 函数：用于刷新 Eureka 服务器中的所有服务实例信息，它通过发送一个 GET 请求获取服务实例数据，并将返回的 JSON 数据解析为 Applications 结构。如果请求成功，函数将返回更新后的应用实例列表。

- ❑ Heartbeat 函数：用于向 Eureka 服务器发送心跳。它发送一个 PUT 请求来更新实例的状态为 "UP"，表示服务正常运行。如果心跳成功，则返回的状态码为 2xx。如果返回 404 状态码，则说明 Eureka 服务器已重新启动，需要重新注册。

(5) 测试文件 examples/main.go，演示如何在一个简单的 HTTP 服务器中使用 eureka-client 包来实现服务的注册、心跳和服务列表刷新，以及通过 HTTP 接口将注册的服务实例信息返回给客户端。具体实现代码如下。

```go
package main

import (
    "encoding/json"
    "fmt"
    "net/http"
    eureka "github.com/xuanbo/eureka-client"
)

func main() {
    // create eureka client
    client := eureka.NewClient(&eureka.Config{
        DefaultZone:                "http://localhost:8761/eureka/",
        App:                        "go-example",
        Port:                       10000,
        RenewalIntervalInSecs:      10,
        RegistryFetchIntervalSeconds: 15,
        DurationInSecs:             30,
        Metadata: map[string]interface{}{
            "VERSION":              "0.1.0",
            "NODE_GROUP_ID":        0,
            "PRODUCT_CODE":         "DEFAULT",
            "PRODUCT_VERSION_CODE": "DEFAULT",
            "PRODUCT_ENV_CODE":     "DEFAULT",
```

```
            "SERVICE_VERSION_CODE": "DEFAULT",
        },
    }, func(instance *eureka.Instance) {
        instance.InstanceID = "go-example"
    })
    client.Start()
    // http server
    http.HandleFunc("/v1/services", func(writer http.ResponseWriter, request
*http.Request) {
        apps := client.Applications
        b, _ := json.Marshal(apps)
        _, _ = writer.Write(b)
    })
    // start http server
    if err := http.ListenAndServe(":10000", nil); err != nil {
        fmt.Println(err)
    }
}
```

上述代码的主要功能如下。

❑ 创建 Eureka 客户端实例：使用 eureka.NewClient 函数创建一个 Eureka 客户端实例，提供了 Eureka 服务器地址、应用名、端口号、续约间隔、刷新间隔等配置，同时可以自定义实例信息。

❑ 启动 Eureka 客户端：通过调用 Start 方法来启动 Eureka 客户端，开始进行注册、心跳和刷新等操作。

❑ 创建 HTTP 服务器：使用 Go 语言标准库中的 http 包创建一个简单的 HTTP 服务器。该服务器会监听端口 10000，并定义了一个路由为 /v1/services，该路由会返回注册到 Eureka 服务器的服务实例信息。

❑ 在 HTTP 服务器中使用注册的实例信息：在/v1/services 路由中，将从 Eureka 客户端获取到的服务实例信息(Applications 结构)转换成 JSON 格式，并返回给客户端。

❑ 启动 HTTP 服务器：通过调用 http.ListenAndServe 来启动 HTTP 服务器，开始监听指定端口并提供服务。

上述代码演示了如何使用 eureka-client 包来实现服务的注册、心跳和服务列表刷新，并在一个简单的 HTTP 服务器中返回注册的服务实例信息。如果将这段代码运行起来，它会在端口 10000 启动一个 HTTP 服务器，当访问 /v1/services 路由时，会返回注册的服务实例信息。同时，Eureka 客户端会与 Eureka 服务器建立连接，实现服务注册和心跳功能。

打开浏览器或使用工具(如 curl)，访问 http://localhost:10000/v1/services 会看到返回的 JSON 数据，显示已注册的服务实例信息。如果 Eureka 服务器运行在 http://localhost:8761，可以在 Eureka 管理界面中看到已注册的服务实例，如图 12-1 所示。

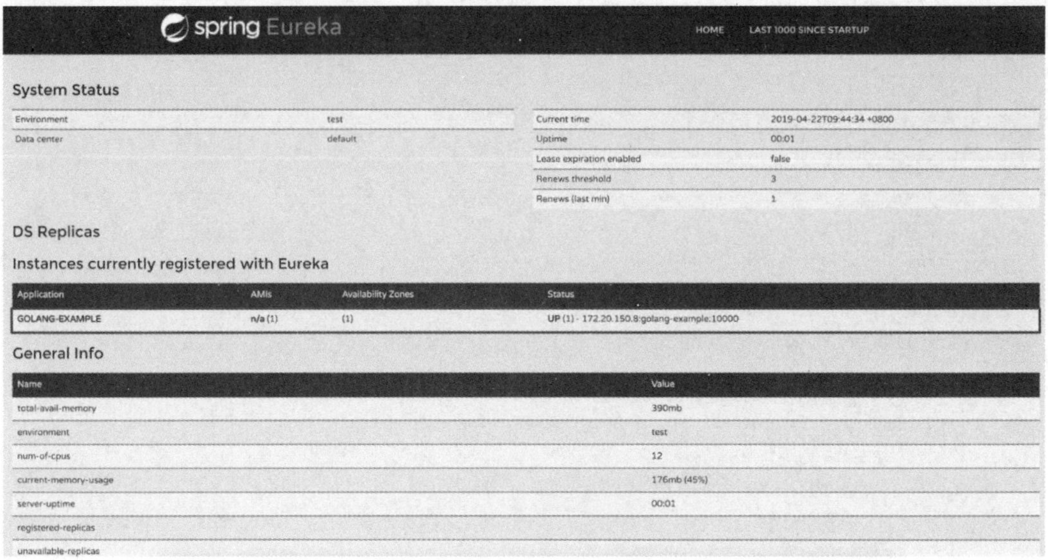

图 12-1　已注册的服务实例

12.4　容器编排与弹性伸缩

容器编排与弹性伸缩是现代云原生应用和微服务架构中的常见概念，用于管理和调整应用的部署与资源使用。容器编排与弹性伸缩能够帮助应用更好地适应变化的需求和负载，从而提高效率、可靠性和性能。

扫码看视频

12.4.1　容器编排的概念和作用

容器编排是指使用特定的工具和平台来自动化、管理容器化应用的部署、扩展、管理与操作的过程。在微服务架构和云原生应用中，通常会涉及多个容器组成的应用，这些容器可以运行在不同的主机上。容器编排的目的是通过自动化来管理这些容器，以提高效率、可扩展性和可靠性。容器编排的主要作用如下。

- ❑ 自动化部署：容器编排工具可以自动地部署容器应用，不需要手动在每个主机上配置和启动容器。
- ❑ 服务发现：在容器编排中，工具可以自动注册和发现容器实例，使其他服务或应用能够轻松找到和访问它们。
- ❑ 负载均衡：容器编排工具可以实现负载均衡，将请求均匀地分发给不同的容器实例，以提高性能和可用性。

❑ 弹性伸缩：容器编排可以根据负载自动扩展或缩减容器实例数量，以适应不同的负载情况。

❑ 滚动更新：当应用需要更新时，容器编排工具可以实现滚动更新，逐步将新版本的容器实例引入，以避免应用的中断或不可用。

❑ 故障恢复：如果某个容器实例发生故障，容器编排工具可以自动将请求重新定向到其他健康的实例，以保障应用的可用性。

❑ 配置管理：容器编排工具可以帮助管理容器内部的配置，确保各个容器实例使用相同的配置。

❑ 资源管理：容器编排可以协调容器使用的资源(如 CPU、内存)，以优化性能和资源利用。

❑ 复杂应用管理：对于复杂的应用，可能包含多个微服务和组件，容器编排工具可以帮助管理它们之间的关系和交互。

12.4.2 弹性伸缩的原理和策略

弹性伸缩是一种自动调整应用资源的能力，以适应变化的负载需求。它的原理是根据预定义的条件和策略，自动增加或减少应用的资源(如虚拟机、容器实例等)，以保持性能、可用性和资源利用的平衡。

1. 弹性伸缩的原理

❑ 监控负载：弹性伸缩的第一步是实时监控应用的负载指标，如 CPU 使用率、内存使用率、网络流量等。这些指标能够告诉系统应用的实际资源需求。

❑ 决策和策略：基于监控数据，系统会根据预定义的策略进行决策。策略可以包括何时启动新的实例、何时停止实例、每次调整的资源数量等。

❑ 执行调整：根据策略，系统会自动执行资源的调整。它可能会启动新的虚拟机或容器实例，或者停止不再需要的实例。

❑ 验证和监控：调整资源后，系统会继续监控应用的性能，确保调整后的资源能满足需求，并根据需要进一步调整。

2. 弹性伸缩的策略

❑ 基于负载指标：基于 CPU、内存、网络等指标，当负载超过或低于阈值时，自动扩展或缩减资源。

- 基于请求量：根据请求的数量，自动调整资源。例如，当请求数量增加时，自动扩展资源以处理更多请求。
- 时间调度：根据时间规律进行预测性地调整。例如，在高峰时段自动扩展，低谷时段自动缩减。
- 预测性调整：基于历史数据和趋势分析，预测未来的负载，提前调整资源。
- 混合策略：综合考虑多种因素，如负载、请求量、时间等，制定调整策略。
- 阈值和滞后：避免过于频繁地调整，引入阈值和滞后机制，确保负载的稳定性。

弹性伸缩的目标是实现资源的动态管理，以适应不断变化的负载情况，保证应用的性能和可用性。通过合理制定策略，可以有效地应对高峰负载、节约成本及提供更好的用户体验。

12.4.3　常用的容器编排工具和平台

在 Go 语言领域，虽然目前并没有专门的容器编排工具或平台，但是我们可以使用其他编排工具来管理容器化应用，同时在 Go 语言中使用客户端库来与这些工具进行交互。以下是一些常用的容器编排工具和平台，在其中使用 Go 语言的客户端库来实现和管理容器化应用。

- Kubernetes：一个开源的容器编排和管理平台，虽然不是用 Go 语言编写的，但它提供了丰富的 API 和客户端库，可以使用 Go 语言的客户端库与 Kubernetes 集群进行交互。Kubernetes 的 Go 语言客户端库是 kubernetes/client-go。
- Docker Swarm：Docker 原生的容器编排工具，虽然不是用 Go 语言编写的，但可以使用 Go 语言的客户端库来与 Docker Swarm 进行交互。Docker 客户端库可以通过 Docker SDK for Go 使用。
- OpenShift：一个基于 Kubernetes 的容器编排和应用开发平台，可以使用 Go 语言的客户端库与 OpenShift 集群进行交互。OpenShift 的 Go 语言客户端库是 openshift/client-go。

虽然 Go 语言本身没有独立的容器编排工具或平台，但通过使用上述编排工具和与之配套的 Go 语言客户端库，在 Go 语言中实现容器化应用的部署、管理和操作。这些客户端库可以帮助我们与编排工具进行交互，以实现更高效、弹性和可靠的容器化部署。

实例 12-4 的功能是实现一个容器编排服务，其目的主要是减少调用 Kubernetes 的工作量，并且支持多集群操作。

实例 12-4：实现一个容器编排服务(源码路径：codes\12\12-4\)

(1) 编写 initial/config.go 文件，通过 Viper 库加载和解析不同环境的配置文件，然后将配置信息存储在一个自定义的 config 结构中。具体实现代码如下。

```go
var Config config

func InitConfig() {
    DEPLOY_ENV := os.Getenv("DEPLOY_ENV")
    switch DEPLOY_ENV {
    case "dev":
        viper.SetConfigFile("config_dev.yaml")
    case "test":
        viper.SetConfigFile("config_test.yaml")
    case "prod":
        viper.SetConfigFile("config_prod.yaml")
    default:
        log.Fatalln("没有找到环境变量 DEPLOY_ENV")
    }
    viper.AddConfigPath(".")
    viper.AddConfigPath("./config")
    viper.SetConfigType("yaml")
    err := viper.ReadInConfig()
    if err != nil {
        logs.Error(err)
    }
    conf, err := parseConfig()
    if err != nil {
        os.Exit(1)
    }
    Config = *conf
    viper.WatchConfig()
    viper.OnConfigChange(func(event fsnotify.Event) {
        if event.Op == fsnotify.Write {
            conf, err := parseConfig()
            if err != nil {
                return
            }
            Config = *conf
            log.Println("config reload.")
        }
    })
}

func parseConfig() (*config, error) {
    var conf config
    err := viper.Unmarshal(&conf)
```

```
    if err != nil {
        logs.Error(err)
        return nil, err
    }
    return &conf, nil
}

type config struct {
    Listen listen
    Cmdb   cmdb
}

type cmdb struct {
    Address string
    AppId   int
    Token   string
    IsDebug bool
}

type listen struct {
    Domain  string 'mapstructure:"domain"'
    Address string 'mapstructure:"address"'
}
```

（2）编写 controller/index.go 文件，使用 Gin 框架来创建 HTTP 路由和处理请求。通过使用 Gin 框架创建了多个路由，每个路由均对应不同的处理函数。它实现了根路径的响应、健康检查的响应及处理找不到路由的情况。同时，它还初始化了其他业务模块的路由和处理函数，使整个应用能够响应不同的请求并进行相应的处理。具体实现代码如下。

```
func Init(engine *gin.Engine) {
    engine.GET("/", index)
    engine.Any("/health", health)
    engine.NoRoute(func(c *gin.Context) {
        c.JSON(404, common.Result{Code: "not found", Message: "Page not found"})
    })
    bk8s.Init(engine)
    harborController.Init(engine)
    apik8s.Init(engine)
}

func index(ctx *gin.Context) {
    ctx.String(http.StatusOK, "I'm OK")
}

func health(ctx *gin.Context) {
    result := make(map[string]string)
```

```
    result["status"] = "UP"
    ctx.JSON(http.StatusOK, result)
}
```

（3）编写 service/harbor/harbor.go 文件，实现了一个与 Harbor 容器镜像仓库相关的客户端，用于与 Harbor 容器镜像仓库进行通信。它能够解析 URL 信息，创建 REST 客户端，并添加适当的 HTTP 头部以进行基本认证。注意，部分代码被注释掉了，是因为涉及具体业务逻辑或者未完善的部分。具体实现代码如下。

```go
var harborMutex sync.Mutex
var HarborClient *harborClient
func Init() {
    HarborClient = NewHarborClient()
}

type harborClient struct {
}

func NewHarborClient() *harborClient {
    return &harborClient{}
}

func (hs harborClient) getURL(urlStr string) *url.URL {
    var scheme string
    var host string
    if strings.HasPrefix(urlStr, "https") {
        scheme = "https"
        host = string([]byte(urlStr)[8:])
    } else {
        scheme = "http"
        host = string([]byte(urlStr)[7:])
    }
    return &url.URL{
        Scheme: scheme,
        Host:   host,
    }
}

func (hs harborClient) GetClient(harbor string) *common.RestClient {
    //authInfo := hs.getHarborAuthInfo(harbor)
    /**
    @TODO 填充 harbor 的 url 信息，考虑从配置文件里面读取，填充用户名和密码
    */
    var harbor_url = " "
    client := common.NewRestClient(hs.getURL(harbor_url), 15)
    //client := common.NewRestClient(hs.getURL(authInfo.Server), 15)
    header := &http.Header{}
    var harbor_username = ""
```

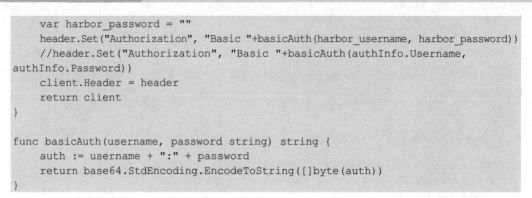

```
    var harbor_password = ""
    header.Set("Authorization", "Basic "+basicAuth(harbor_username, harbor_password))
    //header.Set("Authorization", "Basic "+basicAuth(authInfo.Username,
authInfo.Password))
    client.Header = header
    return client
}

func basicAuth(username, password string) string {
    auth := username + ":" + password
    return base64.StdEncoding.EncodeToString([]byte(auth))
}
```

（4）编写 main.go 文件，这是本项目程序的入口文件，用于初始化应用程序并启动 HTTP 服务器。此文件初始化了配置、日志、服务和控制器，并通过 Gin 框架启动了一个 HTTP 服务器。这个服务器可以响应来自客户端的请求，并按照路由定义进行处理。具体实现代码如下。

```
package main
import (
    "github.com/gin-gonic/gin"
    "github.com/jhonnli/container-orchestration-service/controller"
    "github.com/jhonnli/container-orchestration-service/initial"
    "github.com/jhonnli/container-orchestration-service/service/harbor"
    "github.com/jhonnli/container-orchestration-service/service/k8s"
    //"github.com/jhonnli/container-orchestration-service/service/proxy"
    "github.com/jhonnli/logs"
)

func main() {
    gin.SetMode(gin.ReleaseMode)
    r := gin.Default()
    initial.InitConfig()
    initial.InitLog()
    //proxy.Init()
    k8s.Init()
    harbor.Init()
    controller.Init(r)
    logs.Info("容器编排服务启动成功")
    r.Run(initial.Config.Listen.Address)
}
```

注意： 为节省篇幅，其他功能的代码不再讲解，请读者查看配套资料中对应的源码，并将项目部署到 Docker 中调试运行。

第 13 章

服务网关与 API 管理

服务网关与 API 管理是现代微服务架构中的两个关键概念。它们在应用程序的开发和部署过程中起着重要作用，有助于提升系统的可扩展性、可维护性和安全性。本章将详细阐述服务网关与 API 管理的相关知识。

13.1　服务网关基础

服务网关是位于微服务架构前端的中间层，统一管理和处理所有进入系统的请求。它作为整个系统的入口，为客户端提供了单一的入口点，并承担路由、安全性、负载均衡、协议转换、日志记录等功能。

扫码看视频

13.1.1　服务网关的定义和角色

服务网关是微服务架构中的一个核心组件，充当系统的入口和前置层，负责接收、处理和管理所有进入系统的请求。它扮演多个关键角色，确保微服务系统的安全性、可用性和可扩展性。服务网关的主要角色如下。

- ❑ 请求路由和负载均衡：服务网关根据请求的路径、参数、头部等信息，将请求路由到相应的微服务实例，并根据负载情况进行负载均衡，以提高系统的性能和可伸缩性。
- ❑ API 统一入口：服务网关为客户端提供统一的 API 入口，将多个微服务的 API 终端整合为一个统一接口，简化客户端的调用流程。
- ❑ 安全性与认证：服务网关处理用户身份认证、授权和访问控制，验证用户身份，并确保只有经过身份认证的用户才能访问特定的功能，保障系统安全性。
- ❑ 协议转换：服务网关可以将不同通信协议转换为内部微服务适用的协议。例如，将 WebSocket 请求转换为 HTTP 请求，以便微服务处理。
- ❑ 请求合并与分割：有时客户端需要多次调用不同的微服务来获取完整的数据。服务网关可以将这些请求合并为一个，从而减少客户端的调用次数，提高效率。
- ❑ 请求缓存与限流：服务网关对请求进行缓存，减轻后端微服务压力，并设置限流策略，防止突发请求导致系统过载。
- ❑ 日志和监控：服务网关记录请求和响应日志，监控微服务性能和状态。这些日志和监控数据有助于故障排除和性能优化。
- ❑ 适应不同客户端：服务网关根据客户端类型(如 Web、移动应用、IoT 设备等)提供适配的数据格式和协议。

综合来说，服务网关在微服务架构中扮演关键角色，提供系统入口和交互层，协调和管理所有外部请求，确保正确路由、安全处理、适当转换和分发至后端微服务，减少客户端与微服务间的直接耦合，提升系统可维护性和安全性。

13.1.2　服务网关与微服务架构的关系

服务网关与微服务架构紧密关联，服务网关在微服务架构中扮演重要角色，有助于管理和协调各个微服务之间的交互。以下是服务网关与微服务架构之间的关系。

- ❑ 入口和交互层：服务网关充当整个微服务系统的入口和交互层。所有外部请求都需要经过服务网关，然后由服务网关将请求路由到适当的微服务。这使得服务网关成为微服务系统与外界交互的首要接触点。
- ❑ 统一入口：微服务架构中可能存在多个微服务，每个微服务可能有多个 API 终端。服务网关通过提供统一的 API 入口，将多个微服务的 API 终端整合为一个统一接口。这样客户端只需与服务网关进行通信，无须直接与各个微服务交互，简化了客户端的调用流程。
- ❑ 路由和负载均衡：服务网关根据请求的信息将请求路由到适当的微服务实例，并同时可以根据负载情况进行负载均衡，确保请求均匀分布到不同的服务节点。这有助于提高系统的性能和可伸缩性。
- ❑ 安全性与认证：服务网关可以处理用户身份认证、授权和访问控制。它验证用户身份，确保只有经过身份认证的用户才能访问特定功能，增强了系统的安全性。
- ❑ 协议转换和适配：服务网关可以将外部请求的通信协议转换为适用于内部微服务的协议。这有助于解决不同微服务之间使用不同协议的问题。
- ❑ 请求合并与分割：有时客户端需要多次调用不同的微服务来获取完整数据。服务网关可以将这些请求合并为一个，从而减少客户端的调用次数，提高效率。
- ❑ 请求缓存与限流：服务网关可以对请求进行缓存，减轻后端微服务的压力。同时，它可以设置请求限流策略，以防止突发请求导致系统过载。
- ❑ 日志和监控：服务网关记录请求和响应的日志，监控微服务的性能和健康状态。这些日志和监控数据有助于故障排除和性能优化。

13.1.3　常用的服务网关框架和工具

在 Go 语言中，有一些常见的服务网关框架和工具，它们用于构建和管理微服务架构中的服务网关。以下是一些常见的 Go 语言服务网关框架和工具。

- ❑ KrakenD：一个高性能的 API 网关和微服务代理，专为高吞吐量场景设计。它支持动态路由、负载均衡、缓存、认证、授权等功能，并提供自定义中间件的扩展性。

- ❑ Kong：一个流行的开源 API 网关和微服务管理平台。虽然它主要用 Lua 语言编写，但也提供了 Go 语言插件来扩展功能。Kong 支持路由、负载均衡、插件、监控等功能。

- ❑ Gloo：一个功能丰富的 API 网关和服务网格桥接器。它提供路由、负载均衡、认证、授权、日志记录等功能，同时支持将请求路由到服务网格中的微服务。

- ❑ Tyk：一个开源的 API 网关和 API 管理平台。它支持许多高级功能，如认证、授权、限流、访问控制等，并提供了插件系统以支持自定义功能。

- ❑ Traefik：一个现代的 HTTP 反向代理和负载均衡器，也可以用作服务网关。它支持动态路由、自动服务发现、证书管理等功能。

- ❑ Micro：一个微服务工具包，提供了用于构建微服务的各种库和工具。它的 API 网关部分提供了路由、负载均衡、请求分发等功能。

- ❑ Nginx：虽然 Nginx 最初是一个高性能的 Web 服务器，但它也可以用作服务网关的一部分。Nginx 在反向代理的角色下，具有一些类似服务网关的功能。

上述服务网关框架和工具在不同场景下都有其优势，选择哪种框架取决于项目需求、技术栈和团队熟悉程度。它们都致力于简化微服务架构中服务网关的构建和管理，提供了丰富的功能和扩展性。

> 注意：尽管 Nginx 可以在一定程度上实现服务网关的功能，但它相对于专门设计用于微服务架构的服务网关框架，可能缺少某些高级特性，如动态路由、API 管理、插件支持等。因此，如果项目需要更复杂的服务网关功能，可以考虑使用专门的服务网关框架，如之前提到的一些 Go 语言的框架。

13.2 API 管理与开放平台

API 管理与开放平台是现代软件开发和业务模式中的关键概念，它们有助于构建灵活、可扩展的应用程序，并促进业务的发展和创新。

扫码看视频

13.2.1 API 管理与开放平台相关概念

1. API 管理

API 管理是对应用程序接口的设计、开发、部署、监控和维护进行有效管理的一套实践。

API 管理涵盖了整个 API 生命周期, 主要包括以下几方面。

- ❑ API 设计: 定义和设计 API 的结构、参数、返回值等, 以确保一致性和易用性。
- ❑ API 文档: 创建详细的 API 文档, 使开发者和消费者能够了解如何使用 API。
- ❑ API 版本控制: 确定何时发布 API 的新版本, 以及如何处理旧版本的退役。
- ❑ API 发布和部署: 将 API 部署到生产环境中, 确保可用性和性能。
- ❑ API 监控和分析: 监控 API 的使用情况、性能和错误, 以及分析数据来支持业务决策和优化。
- ❑ API 安全性: 管理 API 的安全性, 包括认证、授权、防止恶意攻击等。
- ❑ API 限流和配额: 控制 API 的访问频率, 以防止滥用和过载。
- ❑ API 管理平台: 使用专门的 API 管理平台来集中管理 API 的各个方面, 如 Apigee、Swagger、Postman 等。

2. 开放平台

开放平台是一个允许外部开发者和合作伙伴访问与使用企业的服务、数据及功能的集成环境。开放平台为开发者提供了访问企业 API 和功能的权限, 以构建各种应用程序和服务。开放平台的主要特点如下。

- ❑ 开放 API: 提供开放的 API, 使外部开发者能够与企业的服务进行交互。
- ❑ 开发者支持: 提供开发者所需的文档、工具、示例代码等, 以便他们能够使用 API 构建应用程序。
- ❑ 生态系统建设: 建立一个生态系统, 吸引开发者、合作伙伴和客户, 从而促进创新和业务增长。
- ❑ 合作伙伴关系: 与合作伙伴合作, 共同创造价值, 共享数据和资源。
- ❑ API 分析和监控: 监控 API 的使用情况, 以了解开发者的需求和用户行为。
- ❑ 收费模型: 提供免费和付费的订阅模型, 以便开发者根据使用情况付费。
- ❑ 数据开放: 开放平台允许开发者访问企业的数据, 用于构建数据驱动的应用程序。

综合来说, API 管理和开放平台在现代软件开发中起到了关键作用。API 管理可确保 API 的可维护性和安全性等; 而开放平台鼓励创新, 扩展业务, 并与外部开发者和合作伙伴建立合作关系。API 管理和开放平台对于构建灵活性、可扩展性及创新性的应用程序和服务非常重要。

◉ 13.2.2 API 设计和文档管理

API 设计和文档管理是构建高可用性、易于理解和开发的 API 的关键方面。通过良好的 API 设计和详尽的文档，可以帮助开发者更轻松地使用和集成服务。

1. API 设计

- ❑ 一致性和规范性：使用一致的命名约定、数据格式和接口设计原则，以提高 API 的可读性和可维护性。
- ❑ 清晰的端点和路由：设计易于理解的端点和路由，使开发者能够轻松找到并访问所需的功能。
- ❑ 合适的 HTTP 方法：使用正确的 HTTP 方法(如 GET、POST、PUT、DELETE 等)来表示不同的操作，符合 RESTful 的设计原则。
- ❑ 请求和响应格式：定义清晰的请求和响应格式，包括数据结构、字段和数据类型。
- ❑ 版本控制：考虑为 API 引入版本控制，以便将来可以进行升级和变更，同时支持旧版本的客户端。
- ❑ 错误处理：定义清晰的错误代码和消息，以帮助开发者快速识别和解决问题。
- ❑ 身份认证和授权：设计有效的身份认证和授权机制，确保只有授权的用户能够访问敏感操作。

2. 文档管理

- ❑ 详细的 API 文档：提供清晰、详细的 API 文档，包括每个端点的说明、参数、请求示例和响应示例。
- ❑ 示例代码：提供多种编程语言的示例代码，以帮助开发者快速上手并集成 API。
- ❑ 请求和响应示例：在文档中提供请求和响应的示例，以帮助开发者理解数据结构和格式。
- ❑ 快速入门指南：提供一个快速入门指南，引导开发者如何注册、如何获得 API 密钥、如何进行第一次请求等。
- ❑ SDK 和工具支持：可提供官方的 SDK、代码生成器或其他工具，以简化 API 集成。
- ❑ 交互式文档：使用工具如 Swagger 或 Postman 生成交互式 API 文档，允许开发者在文档中进行请求和测试。
- ❑ 更新和版本控制：及时更新文档以反映 API 的变化，并为不同版本的 API 提供文档。
- ❑ 性能和限制信息：在文档中提供性能指南、限制和配额信息，帮助开发者规划和优化使用。
- ❑ 常见问题和支持：提供常见问题的解答和支持信息，帮助开发者解决问题和获取帮助。

综合来说，良好的 API 设计和文档管理是构建优秀 API 的基础。它们使开发者能够更轻松地集成和使用服务，从而促进业务的增长和创新。

13.2.3 API 授权与访问控制

API 授权与访问控制是确保 API 安全性和数据保护的重要组成部分。它们用于验证用户身份、控制用户访问权限，并确保只有经过授权的用户才可以访问特定的 API 资源。

1. API 授权

API 授权是确保只有合法用户才能够使用受保护 API 资源的过程。授权通常涉及以下几个步骤。

- ❑ 身份认证：用户需要提供有效的身份认证凭证(如用户名和密码、API 密钥、令牌等)来证明身份。
- ❑ 令牌生成：一旦用户通过身份认证，服务就会生成一个令牌(访问令牌或授权令牌)，该令牌将在后续的 API 请求中用于验证用户身份。
- ❑ 令牌验证：在每个 API 请求中，服务会验证用户提交的令牌是否有效，并确认用户是否被授权访问请求的资源。
- ❑ 授权范围：令牌可能包含授权范围的信息，指定用户可以访问的资源和操作。API 服务会根据令牌中的授权信息限制用户的访问权限。

2. 访问控制

访问控制是指决定用户在 API 上执行的操作，它定义了用户可以访问的资源、操作和行为。一些常见的访问控制方法如下。

- ❑ Role-Based Access Control(RBAC，基于角色的访问控制)：每个用户被分配一个或多个角色，每个角色定义了用户可以执行的操作和访问的资源。
- ❑ Attribute-Based Access Control(ABAC，基于属性的访问控制)：基于用户的属性(如职位、地理位置等)来决定访问权限。这种方法更灵活，允许更精细的访问控制。
- ❑ 令牌授权：令牌中会包含授权信息，如用户的角色、权限等。API 服务可以解析令牌中的授权信息来限制用户的访问。
- ❑ 限制配额：为每个用户或应用程序设置访问配额，限制其在一定时间内可以访问 API 的次数和频率。
- ❑ IP 过滤：基于用户的 IP 地址范围，允许或阻止对 API 的访问。

❑ 二次验证：在某些敏感操作中，要求用户进行额外的身份验证步骤，以确保高级安全性。

3. OAuth 和 OpenID Connect

OAuth 和 OpenID Connect 是常用的授权和身份认证协议，广泛应用于保护 API 资源和用户身份。OAuth 用于授权，允许应用程序访问用户的资源。OpenID Connect 则是在 OAuth 的基础上提供了身份认证功能，用于验证用户身份并返回用户信息。

综合来说，API 授权和访问控制是保护 API 资源和用户数据的关键手段。通过合适的身份认证、令牌管理和访问控制策略，确保只有授权用户可以安全地使用 API，并根据其角色和权限进行访问。

13.3 服务发现与动态路由

服务发现与动态路由是微服务架构中的两个重要概念，它们有助于实现服务之间的通信和负载均衡。在微服务架构中，服务发现与动态路由发挥着重要作用，使服务能够有效地通信、实现负载均衡，并能够动态地适应不断变化的服务实例数量。

扫码看视频

13.3.1 服务发现的概念和实现

服务发现是微服务架构中的一种机制，用于在分布式系统中自动地查找和识别可用的服务实例。由于微服务系统中服务实例可能会动态地启动、停止、扩展或缩减，因此需要一种方式来跟踪和管理这些实例，以便其他服务或客户端能够找到它们并与之通信。服务发现的主要目标是简化服务之间的通信和负载均衡，同时提高系统的可用性和可靠性。

服务发现的实现通常涉及以下几个步骤。

❑ 服务注册：在启动时，每个服务实例都会向服务注册中心注册自己的信息，包括主机名、IP 地址、端口号、版本号等。这些信息将被保存在服务注册中心。

❑ 服务发现：当其他服务或客户端需要与某个特定服务通信时，它们会向服务注册中心发出查询请求，以获取可用的服务实例列表。

❑ 健康检查：服务注册中心会周期性地对服务实例进行健康检查，以确保只返回健康的实例信息。如果一个实例不再健康，它将从服务注册中心被移除。

❑ 负载均衡：基于获取到的实例列表，服务或客户端可以实现负载均衡，将请求分发到不同的服务实例，从而平衡负载并提高性能。

❑　动态更新：当服务实例的状态发生变化(如启动、停止、扩展、缩减等)，它会及时通知服务注册中心，以便更新实例列表。

❑　服务元数据：除了基本的连接信息，服务注册中心还可以保存一些额外的元数据，如标签、环境信息等，以帮助更精细地选择实例。

13.3.2　动态路由的实现和配置

动态路由是指根据请求的特性和上下文，在运行时动态地选择将请求路由到哪个服务实例的过程。动态路由允许根据不同的条件来决定请求的处理路径，以实现负载均衡、版本管理和灰度发布等功能。

1. 动态路由的实现步骤

动态路由的实现通常包括以下步骤。

❑　请求分析：当一个请求到达负载均衡器、API 网关或服务网关时，它会被分析以确定路由决策的条件。

❑　路由规则匹配：请求的特性、头部信息、路径等将与预定义的路由规则进行匹配。每个规则可能涉及特定的条件和目标。

❑　路由决策：基于匹配的结果，路由系统将决定将请求路由到哪个后端服务实例，可能是不同的版本或服务。

❑　请求转发：根据路由决策，将请求转发给匹配的服务实例进行处理。

2. 动态路由的配置示例

在一些常见的技术中，可以配置动态路由来实现各种示例。以下是几个配置示例。

❑　Nginx 配置动态路由。

在 Nginx 中，可以使用 nginx.conf 文件来配置动态路由。例如，假设有两个后端服务，可以根据请求路径将请求路由到不同的服务。

```
http {
    upstream backend {
        server backend1.example.com;
        server backend2.example.com;
    }
    server {
        listen 80;
```

```
    server_name yourdomain.com;
    location /service1 {
        proxy_pass http://backend1.example.com;
    }
    location /service2 {
        proxy_pass http://backend2.example.com;
    }
  }
}
```

❑ Spring Cloud Gateway 配置动态路由。

在 Spring Cloud Gateway 中，可以通过配置文件来实现动态路由。我们可以定义多个路由规则，每个规则都包含匹配条件和目标 URI。

```
spring:
 cloud:
  gateway:
   routes:
    - id: service1_route
      uri: http://backend1.example.com
      predicates:
        - Path=/service1/**
    - id: service2_route
      uri: http://backend2.example.com
      predicates:
        - Path=/service2/**
```

注意：上述示例演示了如何在不同的技术中配置动态路由。在实际情况中，还需要根据需求和技术选择，配置可能会有所不同。动态路由允许我们根据请求特性动态选择服务实例，以满足负载均衡、版本管理和灰度发布等需求。

13.3.3　服务注册与发现的工具和框架

在 Go 语言微服务架构中，常用的服务注册与发现工具和框架如下。

❑ Consul：一个开源的服务注册与发现工具，由 HashiCorp 开发。它提供了 Go 语言客户端库，让用户可以轻松地在 Go 语言应用程序中进行服务注册与发现，并使用 Consul 的 API 来注册服务和查询服务实例。

❑ Etcd：一个分布式键值存储系统，也可以用于服务注册与发现。它由 CoreOS 开发，提供了 Go 语言客户端库，用户可以在 Go 语言应用程序中使用它来实现服务注册和发现功能。

- Eureka：Netflix 开发的服务注册与发现系统，虽然主要用于 Java 微服务架构，但也有一些基于 Go 语言的 Eureka 客户端库可供使用。
- Nacos：一个开源的服务注册与发现和配置管理平台，由阿里巴巴开发。Nacos 支持 Go 语言客户端，用户可以在 Go 语言应用程序中使用它来注册与发现服务。
- Apache ZooKeeper：一个分布式协调服务，也可以用于服务注册与发现。虽然没有官方的 Go 语言客户端库，但社区中有一些第三方库可以帮助用户在 Go 语言应用程序中使用 Zookeeper。

注意：上述每个工具和框架都有其独特的特点和用法，用户可以根据项目需求、团队的熟悉程度以及性能等因素来选择合适的服务注册与发现解决方案。同时，考虑到 Go 语言在并发性能方面的优势，选择一个性能良好的服务注册与发现工具也是有必要的。

13.4　安全与监控

安全与监控是构建健壮的微服务架构的两个重要方面。安全性涉及保护数据和系统免受恶意攻击，而监控则有助于实时追踪系统的性能、可用性和问题。

扫码看视频

13.4.1　服务网关的安全机制

服务网关在微服务架构中起着重要的作用，不仅可用于路由和负载均衡，还可以实施多种安全机制来保护微服务系统的安全性。一些常见的服务网关安全机制如下。

- 身份认证和授权：服务网关可以集中管理身份认证和授权，确保只有经过认证和授权的用户才能够访问受保护的 API，防止未经授权的用户访问敏感数据和操作。
- API 密钥管理：每个客户端分配了唯一的 API 密钥，服务网关可以验证传入请求的 API 密钥，有助于防止未经授权的应用程序访问 API。
- 访问控制列表(ACL)：根据用户角色、权限或其他标准，服务网关可以实施访问控制列表，限制不同用户或应用程序对不同 API 的访问。
- 请求验证和过滤：服务网关可以验证请求的有效性，过滤潜在的恶意请求，如 SQL 注入、跨站脚本攻击等。
- 请求签名：对请求进行数字签名，确保请求在传输过程中未被篡改，同时可以验证请求的来源和完整性。

❑ 数据加密：在请求和响应中使用数据加密，以保护数据在传输过程中的安全性。

❑ DDoS 防护：服务网关可以实施 DDoS(分布式拒绝服务攻击)防护机制，以应对大规模的恶意流量攻击。

❑ 限速和配额：通过实施请求限速和配额机制，服务网关可以防止恶意用户或应用程序过度使用 API 资源。

❑ 防止跨站请求伪造(CSRF)：在请求中添加 CSRF 令牌，以防止恶意网站或应用程序发送伪造的请求。

❑ 审计日志：记录所有传入和传出的请求，以便后续审计、故障排除和安全调查。

综合考虑，服务网关的安全机制是确保微服务系统安全性的重要组成部分。通过合适的认证、授权、加密和过滤机制，服务网关为微服务架构提供了一层坚实的安全防护。

13.4.2　API 的安全性与防护措施

确保 API 的安全性对于构建安全的微服务架构至关重要，一些常见的 API 安全性与防护措施如下。

❑ 身份认证和授权：强制对 API 进行身份认证，以确保只有经过认证的用户或应用程序才可以访问受保护的 API。使用授权机制来限制不同用户或角色的访问权限。

❑ API 密钥管理：为每个客户端或应用程序分配唯一的 API 密钥，以验证请求的来源，防止未经授权的访问。

❑ OAuth 和 OpenID Connect：使用 OAuth 2.0 和 OpenID Connect 等协议实现安全的身份验证和单点登录，使用户能够安全地使用不同的应用程序和服务。

❑ 请求验证和输入过滤：对请求参数进行验证和过滤，防止恶意请求和攻击，如 SQL 注入、XSS(跨站脚本攻击)等。

❑ 数据加密：使用 SSL/TLS 等协议对传输的数据进行加密，确保数据在传输过程中的安全性。

❑ 防止重放攻击：使用随机的非重复性 token 和时间戳来防止请求被重复使用。

❑ 防止越权访问：通过细粒度的授权机制，确保每个用户或应用程序只能访问其具有权限的资源。

❑ API 审计和日志记录：记录所有 API 请求和响应，以便进行后续审计和故障排除。这对于检测异常行为和安全事件非常重要。

❑ 限速和配额：实施请求限速和配额机制，防止恶意用户或应用程序过度使用 API 资源。

❑　防止暴露敏感信息：不要在 API 响应中返回敏感信息，确保响应中只返回需要的信息。

❑　安全更新和漏洞管理：及时更新 API 依赖库和组件，修复已知漏洞，同时进行安全审查和测试。

❑　滚动密钥和令牌管理：定期更换 API 密钥和令牌，减少被恶意利用的风险。

综合考虑，API 的安全性需要从设计、开发、部署到维护阶段都得到重视。通过综合使用上述防护措施，可以大大提高 API 的安全性，确保数据和系统免受恶意攻击。

13.4.3　服务网关的监控与日志管理

服务网关的监控和日志管理是确保微服务架构稳定运行和故障排除的关键方面。下面列出了关于服务网关监控与日志管理的一些关键考虑和实践。

1. 监控

❑　性能指标监控：收集关键性能指标，如请求响应时间、吞吐量、错误率等，以监控服务网关的性能。

❑　健康检查：实施健康检查机制，定期检测服务网关的可用性，以便及早发现和处理故障。

❑　负载均衡监控：监控后端服务实例的负载情况，确保请求能够均匀分布到各个实例上。

❑　实时警报：配置警报规则，当性能指标超出阈值时，发送警报通知，以便及时采取措施。

❑　自动扩展：根据负载情况，自动扩展或缩减服务网关的实例数量，以适应流量变化。

❑　分布式追踪：使用分布式追踪系统跟踪请求在不同服务之间的流程，以分析性能问题和瓶颈。

2. 日志管理

❑　日志记录：记录服务网关的请求、响应、错误信息等关键事件，以便在故障排除时进行调查。

❑　集中日志存储：将日志记录到集中的存储中，以便集中管理和检索日志数据。

❑　日志分级：使用不同的日志级别，如 INFO、WARN、ERROR 等，以区分不同严重程度的事件。

❑　异常日志：记录异常事件和错误堆栈，以便在故障排除时定位问题。

❑ 审计日志：记录敏感操作和权限变更，以进行安全审计。

❑ 日志旋转：设置日志旋转策略，以防止日志文件过大，影响性能和存储。

❑ 日志清理：定期清理过期的日志，以释放储存空间。

❑ 日志分析：使用日志分析工具来识别模式、趋势和异常，以提供洞察力和故障排查支持。

综合考虑，监控与日志管理是确保服务网关稳定运行和故障排查的重要手段。通过有效的监控和日志管理，可以快速检测问题、追踪请求、分析性能，并在需要时采取相应的行动。

13.5 性能优化与缓存

优化与缓存是提高微服务架构性能的关键手段。通过优化代码、并发处理、负载均衡等方法，同时合理地使用缓存来降低对后端服务的访问压力，可以显著提高系统的响应速度和性能。

扫码看视频

13.5.1 服务网关的性能瓶颈

服务网关作为微服务架构中的入口点，可能会面临一些性能瓶颈。导致服务网关性能瓶颈的主要因素如下。

❑ 请求流量高峰：当请求流量突然增加时，服务网关可能面临负载过高的情况，导致响应时间增加或系统崩溃。

❑ 请求处理时间过长：如果服务网关本身的请求处理时间过长，会导致请求在排队等待处理时堆积。

❑ 后端服务响应时间：如果后端服务响应时间较长，服务网关需要等待响应，这会影响整体的响应速度。

❑ 连接数限制：服务网关可能面临连接数的限制，当并发连接数达到限制时，新的请求可能被阻塞或拒绝。

❑ 内存和资源限制：服务网关的内存和资源可能受限，当资源耗尽时，性能会下降，甚至系统崩溃。

❑ 过滤和认证：复杂的过滤、认证和授权机制会增加请求处理时间，导致性能下降。

❑ DNS 查询延迟：如果服务网关需要进行 DNS 查询来解析后端服务的地址，DNS 查询延迟会影响请求响应时间。

❑ 安全扫描和防护：如果服务网关需要进行安全扫描和防护操作，这些操作会增加请求处理时间。

❑ 缓存未命中：如果缓存未命中，服务网关则需要从后端服务获取数据，这会增加请求处理时间。

❑ 硬件和网络问题：硬件故障和网络问题可能导致请求丢失、延迟或失败。

13.5.2 缓存策略与机制

缓存是提高系统性能和减少对后端资源压力的关键机制之一。在微服务架构中，合理的缓存策略与机制可以显著提高系统的响应速度和吞吐量。

1. 缓存策略

缓存时间：设置合适的缓存时间，根据数据的更新频率来决定缓存的有效期。短暂的缓存适用于频繁变化的数据，而长期的缓存适用于稳定不变的数据。

最大缓存数：控制缓存的最大数量，避免因缓存过多导致内存溢出或性能下降。

缓存更新策略：定义何时更新缓存，可以基于时间间隔、数据变更事件或手动刷新缓存。

热门数据缓存：针对热门或频繁访问的数据，采用更短的缓存时间，以确保数据的实时性。

分布式缓存：如果系统是分布式的，则使用分布式缓存(如 Redis)来提供高速、可扩展的数据访问。

2. 缓存机制

❑ 本地缓存：将数据缓存在应用程序内存中，适用于频繁访问的数据，可以使用 Go 语言的内存缓存库，如 sync.Map。

❑ 分布式缓存：使用分布式缓存服务器(如 Redis 或 Memcached)，可以在不同的服务之间共享缓存数据。

❑ 页面缓存：对经常被请求的页面进行缓存，可以减少数据库访问和后端服务的负载。

❑ 查询缓存：缓存数据库查询的结果，避免相同查询的重复执行。

❑ 边缘缓存：在服务网关等边缘节点上设置缓存，以减少对后端服务的请求。

❑ 对象缓存：将对象序列化后缓存，避免对象的反复创建和初始化。

❑ CDN 缓存：对静态资源(如图片、CSS 和 JavaScript)使用 CDN 缓存，以减少网络传输时间。

- 缓存穿透保护：使用布隆过滤器等技术，防止缓存中不存在的数据不断触发后端查询。
- 缓存雪崩保护：通过随机的缓存失效时间，避免大量缓存同时失效导致系统崩溃。

综合考虑，根据业务需求和数据特性，选择合适的缓存策略与机制。同时，定期监控缓存的命中率和效果，进行性能测试和调优，以确保缓存机制能发挥最大的性能优势。

13.5.3　CDN 与内容分发

CDN(内容分发网络)是一种广泛应用于互联网架构中的技术，旨在提高用户访问网站和应用的速度和可靠性等。CDN 通过将内容分发到全球多个服务器节点，使用户可以从最近的节点获取内容，从而减少延迟、提高响应速度，并降低服务器负载。

1. CDN 的工作原理

- 内容缓存：CDN 节点在各个地理位置上存储静态和动态内容的副本，这些内容可以是图片、视频、CSS、JavaScript 等。
- 就近访问：当用户请求内容时，CDN 会将请求导向最近的节点，从而减少数据传输距离和延迟。
- 内容传输：CDN 节点通过高速网络将内容传输到用户设备，提供更快的下载速度。
- 负载均衡：CDN 会将流量分散到多个节点，从而分担服务器负载，提高整体性能和稳定性。
- 缓存策略：CDN 根据内容的热度和更新频率，采用不同的缓存策略，以提供最佳的用户体验。

2. CDN 的作用

- 加速网页加载：通过将网站的静态资源缓存在全球各地节点，CDN 可以加速网页的加载速度，提高用户体验。
- 减少带宽消耗：CDN 可以分担原始服务器的负载，减少服务器带宽消耗，降低运营成本。
- 全球覆盖：CDN 节点遍布世界各地，可以为全球用户提供快速的访问体验。
- 抗 DDoS 攻击：CDN 可以分散流量，减少对源服务器的直接访问，从而提供一定程度的 DDoS 攻击保护。
- 节省服务器资源：将静态资源交由 CDN 处理，可以节省服务器资源，使服务器能够更集中地处理动态请求。

❑　可靠性和冗余：CDN 采用多节点分布，提供冗余和高可靠性，即使一个节点出现了问题，其他节点仍然可用。

❑　在线流媒体加速：CDN 还可用于加速流媒体内容的传输，提供更稳定的在线视频观看体验。

综合考虑，CDN 是一种优化网络性能、提供高可用性和改善用户体验的重要技术。在构建网站、应用和服务时，合理利用 CDN 可以为用户带来更快、更可靠的访问体验。

13.6　服务网关与 API 管理实战

接下来，要向大家推荐一款非常实用的开源框架：go-garden。这是一款专为分布式系统架构设计的分布式服务框架，旨在帮助开发者快速实现分布式系统架构的核心功能。本项目提供了微服务的基础架构支持，帮助开发者减少在微服务基础开发上的投入，能够更专注于业务逻辑的开发。该项目的源码可以在 Gitee 网站上获取。

扫码看视频

13.6.1　项目功能

本开源项目支持 Http 和 Rpc 协议，其中，Http 使用 gin 实现，Rpc 使用 rpcx 实现。RPC 无须定义 Proto 文件，只需定义结构体即可。在使用这个框架时，可以利用脚手架工具快速创建项目。该框架提供了多种功能，包括服务注册与发现、网关路由分发、网关负载均衡、Rpc/Http 协议支持、可配置的服务限流与熔断、服务重试机制、超时控制、动态路由配置、集群自动同步、安全调用认证、分布式链路追踪、服务监控与警报、统一日志存储等。这些功能旨在帮助开发者简化微服务的基础开发工作，更加专注于业务开发。

13.6.2　核心代码

接下来，将详细讲解这个开源项目的核心代码。

实例 13-1：Go 微服务的分布式服务框架(源码路径：codes\13\13-1\)

(1) tools/garden/garden.go 文件用于生成微服务项目的模板和文件结构。这个文件是一个命令行工具，可以根据用户的输入生成不同类型的微服务项目，包括网关和服务。主要实现代码如下。

```go
package main

import (
    "io/ioutil"
    "log"
    "os"
    "os/exec"
    "strings"
    "github.com/spf13/cobra"
)

func main() {
    var cmdNew = &cobra.Command{
        Use:   "new [serviceName] [serviceType]",
        Short: "Create new service project.",
        Long:  'serviceName: name | serviceType: gateway or service',
        Args:  cobra.MinimumNArgs(2),
        Run: func(cmd *cobra.Command, args []string) {
            serviceName := args[0]
            serviceType := args[1]
            if serviceName == "" {
                log.Fatal("Empty serviceName!")
            }
            if serviceType != "gateway" && serviceType != "service" {
                log.Fatal("ServiceType just support: gateway or service!")
            }
            switch serviceType {
            case "gateway":
                newGateway(args[0])
                break
            case "service":
                newService(args[0])
                break
            }
        },
    }
    var rootCmd = &cobra.Command{Use: "garden"}
    rootCmd.AddCommand(cmdNew)
    rootCmd.Execute()
}

func newGateway(serviceName string) {
    createDir("./" + serviceName)
    createFile("./"+serviceName+"/main.go", gatewayMain(serviceName))
    createDir("./" + serviceName + "/auth")
    createFile("./"+serviceName+"/auth/auth.go", gatewayAuth())
    createDir("./" + serviceName + "/configs")
```

```
    createFile("./"+serviceName+"/configs/routes.yml", gatewayRoutesYml())
    createFile("./"+serviceName+"/configs/config.yml", configsYml(serviceName,
"true"))
    createDir("./" + serviceName + "/global")
    createFile("./"+serviceName+"/global/global.go", globalGo())
    createDir("./" + serviceName + "/rpc")
    createFile("./"+serviceName+"/rpc/base.go", gatewayRpcBase())
    sysCmd(serviceName, "go", "mod", "init", serviceName)
    sysCmd(serviceName, "go", "mod", "tidy")
}

func newService(serviceName string) {
    createDir("./" + serviceName)
    createFile("./"+serviceName+"/main.go", serviceMain(serviceName))
    createDir("./" + serviceName + "/configs")
    createFile("./"+serviceName+"/configs/routes.yml", serviceRoutesYml(serviceName))
    createFile("./"+serviceName+"/configs/config.yml", configsYml(serviceName,
"false"))
    createDir("./" + serviceName + "/global")
    createFile("./"+serviceName+"/global/global.go", globalGo())
    createDir("./" + serviceName + "/rpc")
    createFile("./"+serviceName+"/rpc/base.go", rpcBase())
    createFile("./"+serviceName+"/rpc/test.go", rpcTest(serviceName))
    createDir("./" + serviceName + "/rpc/define")
    createFile("./"+serviceName+"/rpc/define/test.go", rpcDefineTest())
    createDir("./" + serviceName + "/api")
    createFile("./"+serviceName+"/api/routes.go", apiRoutes())
    createFile("./"+serviceName+"/api/define.go", apiDefine())
    createFile("./"+serviceName+"/api/test.go", apiTest(serviceName))
    sysCmd(serviceName, "go", "mod", "init", serviceName)
    sysCmd(serviceName, "go", "mod", "tidy")
}

func createFile(path string, data string) {
    if err := ioutil.WriteFile(path, []byte(data), 0777); err != nil {
        log.Fatal(err)
    }
}

func createDir(path string) {
    exists, err := pathExists(path)
    if err != nil {
        log.Fatal(err)
    }
    if exists {
        log.Fatal("Dir is exists!")
    }
```

```go
        if err := os.Mkdir(path, os.ModePerm); err != nil {
            log.Print(err)
        }
}

func pathExists(path string) (bool, error) {
    _, err := os.Stat(path)
    if err == nil {
        return true, nil
    }
    if os.IsNotExist(err) {
        return false, nil
    }
    return false, err
}

func sysCmd(name string, command string, param ...string) {
    cmd := exec.Command(command, param...)
    cmd.Dir = "./" + name
    stdout, err := cmd.StdoutPipe()
    if err != nil {
        log.Fatal(err)
    }
    if err := cmd.Start(); err != nil {
        log.Fatal(err)
    }

    if _, err := ioutil.ReadAll(stdout); err != nil {
        log.Fatal(err)
    }
}

func gatewayMain(serviceName string) string {
    return strings.Replace("package main\n\nimport (\n\t\"github.com/panco95/
go-garden/core\"\n\t\"<>/auth\"\n\t\"<>/global\"\n\t\"<>/rpc\"\n)\n\nfunc main()
{\n\tglobal.Garden = core.New()\n\tglobal.Garden.Run(global.Garden.GatewayRoute,
new(rpc.Rpc), auth.Auth)\n}\n", "<>", serviceName, 999)
}

func gatewayAuth() string {
    return "package auth\n\nimport \"github.com/gin-gonic/gin\"\n\n// Auth
Customize the auth middleware\nfunc Auth() gin.HandlerFunc {\n\treturn func(c
*gin.Context) {\n\t\t// before logic\n\t\tc.Next()\n\t\t// after logic\n\t}\n}\n"
}

func configsYml(serviceName, httpOut string) string {
```

```
    return strings.Replace("service:\n  debug: true\n  serviceName: <>\n
#serviceIp: 127.0.0.1\n  httpOut: "+httpOut+"\n  httpPort: 8080\n  allowCors:
true\n  rpcOut: false\n  rpcPort: 9000\n  callKey: garden\n  callRetry: 20/30/50\n
etcdKey: garden\n  etcdAddress:\n    - 127.0.0.1:2379\n  tracerDrive: jaeger\n
jaegerAddress: 127.0.0.1:6831\n  #zipkinAddress:
http://127.0.0.1:9411/api/v2/spans\n  #pushGatewayAddress: 127.0.0.1:9091\n",
"<>", serviceName, 999)
}

func serviceRoutesYml(serviceName string) string {
    return strings.Replace("routes:\n  <>:\n    test:\n      type: http\n      path:
/test\n      limiter: 5/100\n      fusing: 5/100\n      timeout: 2000\n    testrpc:\n
type: rpc\n      limiter: 5/100\n      fusing: 5/100\n      timeout: 2000", "<>",
serviceName, 999)
}

func gatewayRoutesYml() string {
    return "routes:\n  serviceName:\n    test:\n      type: http\n      path: /test\n
limiter: 5/100\n      fusing: 5/100\n      timeout: 2000\n    testrpc:\n      type:
rpc\n      limiter: 5/100\n      fusing: 5/100\n      timeout: 2000"
}

func globalGo() string {
    return "package global\n\nimport
\"github.com/panco95/go-garden/core\"\n\nvar (\n\tGarden *core.Garden\n)\n"
}

func gatewayRpcBase() string {
    return "package rpc\n\nimport \"github.com/panco95/go-garden/core\"\n\ntype
Rpc struct {\n\tcore.Rpc\n}\n"
}

func serviceMain(serviceName string) string {
    return strings.Replace("package main\n\nimport
(\n\t\"github.com/panco95/go-garden/core\"\n\t\"<>/api\"\n\t\"<>/global\"\n\t\"
<>/rpc\"\n)\n\nfunc main() {\n\tglobal.Garden = core.New()\n\tglobal.Garden.Run
(api.Routes, new(rpc.Rpc), global.Garden.CheckCallSafeMiddleware)\n}\n", "<>",
serviceName, 999)
}

func rpcDefineTest() string {
    return "package define\n\ntype TestrpcArgs struct {\n\tPing string\n}\n\ntype
TestrpcReply struct {\n\tPong string\n}\n"
}

func rpcBase() string {
```

```
        return "package rpc\n\nimport \"github.com/panco95/go-garden/core\"\n\ntype
Rpc struct {\n\tcore.Rpc\n}\n"
}

func rpcTest(serviceName string) string {
        return strings.Replace("package rpc\n\nimport
(\n\t\"context\"\n\t\"github.com/panco95/go-garden/core/log\"\n\t\"<>/global\"\
n\t\"<>/rpc/define\"\n)\n\nfunc (r *Rpc) Testrpc(ctx context.Context, args
*define.TestrpcArgs, reply *define.TestrpcReply) error {\n\tspan :=
global.Garden.StartRpcTrace(ctx, args, \"testrpc\")\n\n\tlog.Info(\"Test\",
\"Receive a rpc message\")\n\treply.Pong =
\"pong\"\n\n\tglobal.Garden.FinishRpcTrace(span)\n\treturn nil\n}\n", "<>",
serviceName, 999)
}

func apiRoutes() string {
        return "package api\n\nimport (\n\t\"github.com/gin-gonic/gin\"\n)\n\nfunc
Routes(r *gin.Engine) {\n\tr.POST(\"test\", Test)\n}\n"
}

func apiTest(serviceName string) string {
        return strings.Replace("package api\n\nimport
(\n\t\"github.com/gin-gonic/gin\"\n\t\"github.com/panco95/go-garden/core\"\n\t\
"github.com/panco95/go-garden/core/log\"\n\t\"<>/global\"\n\t\"<>/rpc/define\"\
n)\n\nfunc Test(c *gin.Context) {\n\tspan := core.GetSpan(c)\n\n\t// rpc call
test\n\targs := define.TestrpcArgs{\n\t\tPing: \"ping\",\n\t}\n\treply :=
define.TestrpcReply{}\n\terr := global.Garden.CallRpc(span, \"<>\", \"testrpc\",
&args, &reply)\n\tif err != nil {\n\t\tlog.Error(\"rpcCall\", err)\n\t\tspan.SetTag
(\"CallService\", err)\n\t\tFail(c, MsgFail)\n\t\treturn\n\t} \n\n\tSuccess(c,
MsgOk, core.MapData{\n\t\t\"pong\": reply.Pong,\n\t})\n}\n", "<>", serviceName, 999)
}

func apiDefine() string {
        return "package api\n\nimport
(\n\t\"github.com/gin-gonic/gin\"\n\t\"github.com/panco95/go-garden/core\"\n)\n
\nconst (\n\tCodeOk  = 1000\n\tCodeFail = 1001\n\n\tMsgOk = \"Success\"\n\tMsgFail
= \"Server error\"\n\tMsgInvalidParams = \"Invalid params\"\n)\n\nfunc Success(c
*gin.Context, msg string, data core.MapData) {\n\tc.JSON(200, core.MapData
{\n\t\t\"code\": CodeOk,\n\t\t\"msg\": msg,\n\t\t\"data\": data,\n\t})\n}\n\nfunc
Fail(c *gin.Context, msg string) {\n\tc.JSON(200, core.MapData{\n\t\t\"code\":
CodeFail,\n\t\t\"msg\": msg,\n\t\t\"data\": nil,\n\t})\n}\n"
}
```

上述代码是一个用于快速生成微服务项目模板的工具，可以根据输入的参数自动生成项目结构和文件，包括路由配置、RPC 定义、全局配置等。该项目旨在帮助开发者快速创建符合规范的微服务项目，从而提高开发效率。

(2) core/service_manager.go 文件用于管理微服务的注册、发现和选择功能。它通过与 etcd 交互，维护各个服务的节点信息，并支持负载均衡策略来选择合适的服务节点。主要实现代码如下。

```go
func (g *Garden) bootService() {
    var err error
    g.services = map[string]*service{}
    if g.cfg.Service.ServiceIp == "" {
        g.cfg.Service.ServiceIp, err = getOutboundIP()
        if err != nil {
            log.Fatal("bootService", err)
        }
    }
    g.serviceManager = make(chan serviceOperate, 0)
    go g.serviceManageWatch(g.serviceManager)
    if err = g.serviceRegister(true); err != nil {
        log.Fatal("serviceRegister", err)
    }
}

func (g *Garden) serviceRegister(isReconnect bool) error {
    client, err := g.GetEtcd()
    if err != nil {
        return err
    }
    // New lease
    resp, err := client.Grant(context.TODO(), 2)
    if err != nil {
        return err
    }
    // The lease was granted
    if err != nil {
        return err
    }
    _, err = client.Put(context.TODO(), g.GetServiceId(), "0",
clientV3.WithLease(resp.ID))
    if err != nil {
        return err
    }
    // keep alive
    ch, err := client.KeepAlive(context.TODO(), resp.ID)
    if err != nil {
        return err
    }
    // monitor etcd connection
    go func() {
```

```
        for {
            select {
            case resp := <-ch:
                if resp == nil {
                    go g.serviceRegister(false)
                    return
                }
            }
        }
    }()

    if isReconnect {
        go g.serviceWatcher()
        go func() {
            for {
                g.getAllServices()
                time.Sleep(time.Second * 5)
            }
        }()
    }
    return nil
}

func (g *Garden) serviceWatcher() {
    client, err := g.GetEtcd()
    if err != nil {
        log.Error("getEtcd", err)
        return
    }

    rch := client.Watch(context.Background(), g.cfg.Service.EtcdKey+"_",
clientV3.WithPrefix())
    for wresp := range rch {
        for _, ev := range wresp.Events {
            arr := strings.Split(string(ev.Kv.Key), "_")
            serviceName := arr[1]
            httpAddr := arr[2]
            serviceAddr := httpAddr
            switch ev.Type {
            case 0: //put
                g.addServiceNode(serviceName, serviceAddr)
                log.Infof("service", "%s node %s join", serviceName, serviceAddr)
            case 1: //delete
                g.delServiceNode(serviceName, serviceAddr)
                log.Infof("service", "%s node %s leave", serviceName, serviceAddr)
            }
        }
```

```
    }
}

func (g *Garden) getAllServices() ([]string, error) {
    client, err := g.GetEtcd()
    if err != nil {
        return []string{}, err
    }
    ctx, cancel := context.WithTimeout(context.Background(), 1*time.Second)
    resp, err := client.Get(ctx, g.cfg.Service.EtcdKey+"_", clientV3.WithPrefix())
    cancel()
    if err != nil {
        log.Error("getAllServices", err)
        return []string{}, nil
    }
    var services []string
    for _, ev := range resp.Kvs {
        arr := strings.Split(string(ev.Key), g.cfg.Service.EtcdKey+"_")
        service := arr[1]
        services = append(services, service)
    }

    for _, service := range services {
        arr := strings.Split(service, "_")
        serviceName := arr[0]
        serviceHttpAddr := arr[1]
        g.addServiceNode(serviceName, serviceHttpAddr)
    }

    return services, nil
}

func (g *Garden) getServicesByName(serviceName string) ([]string, error) {
    client, err := g.GetEtcd()
    if err != nil {
        return nil, err
    }
    ctx, cancel := context.WithTimeout(context.Background(), 1*time.Second)
    resp, err := client.Get(ctx, g.cfg.Service.EtcdKey+"_"+serviceName,
clientV3.WithPrefix())
    cancel()
    if err != nil {
        log.Error("getServicesByName", err)
        return []string{}, nil
    }
    var services []string
    for _, ev := range resp.Kvs {
```

```go
        arr := strings.Split(string(ev.Key), g.cfg.Service.EtcdKey+"_"+serviceName+"_")
        serviceAddr := arr[1]
        services = append(services, serviceAddr)
    }
    return services, nil
}

func (g *Garden) addServiceNode(name, addr string) {
    sm := serviceOperate{
        operate:     "addNode",
        serviceName: name,
        serviceAddr: addr,
    }
    g.serviceManager <- sm
}

func (g *Garden) delServiceNode(name, addr string) {
    sm := serviceOperate{
        operate:     "delNode",
        serviceName: name,
        serviceAddr: addr,
    }
    g.serviceManager <- sm
}

func (g *Garden) createServiceIndex(name string) {
    if !g.existsService(name) {
        g.services[name] = &service{
            Nodes: []node{},
        }
    }
}

func (g *Garden) existsService(name string) bool {
    _, ok := g.services[name]
    return ok
}

func (g *Garden) getServiceHttpAddr(name string, index int) (string, error) {
    if index > len(g.services[name].Nodes)-1 {
        return "", errors.New("service node not found")
    }
    arr := strings.Split(strings.Split(g.services[name].Nodes[index].Addr,
"_")[0], ":")
    return arr[0] + ":" + arr[1], nil
}
```

```go
func (g *Garden) getServiceRpcAddr(name string, index int) (string, error) {
    if index > len(g.services[name].Nodes)-1 {
        return "", errors.New("service node not found")
    }
    arr := strings.Split(strings.Split(g.services[name].Nodes[index].Addr,
"_")[0], ":")
    return arr[0] + ":" + arr[2], nil
}

func (g *Garden) serviceManageWatch(ch chan serviceOperate) {
    for {
        select {
        case sm := <-ch:
            switch sm.operate {

            case "addNode":
                g.createServiceIndex(sm.serviceName)
                g.services[sm.serviceName].Nodes =
append(g.services[sm.serviceName].Nodes, node{Addr: sm.serviceAddr})
                break

            case "delNode":
                if g.existsService(sm.serviceName) {
                    for i := 0; i < len(g.services[sm.serviceName].Nodes); i++ {
                        if g.services[sm.serviceName].Nodes[i].Addr ==
sm.serviceAddr {
                            g.services[sm.serviceName].Nodes = append(g.services
[sm.serviceName].Nodes[:i], g.services[sm.serviceName].Nodes[i+1:]...)
                            i--
                        }
                    }
                }
                break
            }

        }
    }
}

func (g *Garden) selectService(name string) (string, int, error) {
    if _, ok := g.services[name]; !ok {
        return "", 0, errors.New("service not found")
    }

    var waitingMin int64 = 0
    nodeIndex := 0
    nodeLen := len(g.services[name].Nodes)
```

```
if nodeLen < 1 {
    return "", 0, errors.New("service node not found")
} else if nodeLen > 1 {
    // get the min waiting service node
    for k, v := range g.services[name].Nodes {
        if k == 0 {
            waitingMin = atomic.LoadInt64(&v.Waiting)
            continue
        }
        if t := atomic.LoadInt64(&v.Waiting); t < waitingMin {
            nodeIndex = k
            waitingMin = t
        }
    }
    // if all zero, use rand
    if waitingMin == 0 {
        nodeIndex = rand.Intn(nodeLen)
    } /* else { //test
        fmt.Println("not rand")
    }*/
}

return g.services[name].Nodes[nodeIndex].Addr, nodeIndex, nil
}
```

上述代码包含了多个功能函数，各自的具体功能如下。

❑ GetServiceIp 函数：用于获取当前服务的 IP 地址。

❑ GetServiceId 函数：用于获取当前服务的唯一 ID。

❑ bootService 函数：用于初始化服务管理，包括创建新的 Lease，进行服务注册，启动服务监控和定时获取所有服务信息。

❑ serviceRegister 函数：用于进行服务注册和保活，同时监控 Etcd 连接状态。

❑ serviceWatcher 函数：可监视服务节点的变化，当节点加入或离开时，进行相应的操作。

❑ getAllServices 函数：从 Etcd 中获取所有服务信息。

❑ getServicesByName 函数：根据服务名称获取服务地址。

❑ addServiceNode 函数和 delServiceNode 函数：用于添加和删除服务节点。

❑ createServiceIndex 函数：用于创建服务索引。

❑ existsService 函数：用于检查服务是否存在。

❑ getServiceHttpAddr 函数和 getServiceRpcAddr 函数：用于获取服务的 HTTP 和 RPC 地址。

❑　serviceManageWatch 函数：可监听服务操作通道，根据不同的操作进行处理。

❑　selectService 函数：用于选择一个服务节点，通过比较等待时间或随机选择来进行
负载均衡。

(3) core/gateway.go 文件实现了微服务网关的请求处理功能，它负责接收请求、转发请
求、处理响应，并在必要时返回错误信息。通过这些功能，实现了微服务架构中的网关层，
为客户端提供了一个统一的入口点，将请求路由到相应的服务。主要实现代码如下。

```go
package core

import (
    "encoding/json"

    "github.com/gin-gonic/gin"
    "github.com/panco95/go-garden/core/log"
)

func (g *Garden) gateway(c *gin.Context) {
    // 获取 OpenTracing 的 Span
    span := GetSpan(c)
    // 获取请求数据类型
    request := GetRequest(c)
    // 获取服务名和操作名
    service := c.Param("service")
    action := c.Param("action")
    // 请求服务
    code, data, header, err := g.callService(span, service, action, request, nil, nil)
    if err != nil {
        c.JSON(code, gatewayFail(data))
        log.Error("callService", err)
        span.SetTag("CallService", err)
        return
    }
    var result MapData
    if err := json.Unmarshal([]byte(data), &result); err != nil {
        c.JSON(httpFail, gatewayFail(infoServerError))
        log.Error("returnInvalidFormat", err)
        span.SetTag("ReturnInvalidFormat", err)
        return
    }
    // 将服务响应的头部信息添加到网关的响应中
    for k, v := range header {
        if k != "Content-Type" && k != "Date" && k != "Content-Length" {
            c.Header(k, v[0])
```

```
        }
    }
    c.JSON(code, gatewaySuccess(result))
}

func gatewaySuccess(data MapData) MapData {
    // 构造成功响应数据, 将服务响应数据添加到状态为 true 的响应中
    response := MapData{
        "status": true,
    }
    for k, v := range data {
        response[k] = v
    }
    return response
}

func gatewayFail(message string) MapData {
    // 构造失败响应数据, 将错误信息添加到状态为 false 的响应中
    response := MapData{
        "status": false,
        "msg":    message,
    }
    return response
}
```

对上述代码的具体说明如下。

❑ gateway 函数：是微服务网关的处理函数，它接收来自客户端的请求，并将请求转发给相应的服务。gateway 函数会从请求中提取服务名和操作名，然后调用 callService 函数发送请求给目标服务，最后将服务的响应返回客户端。如果出现错误，则会返回相应的错误信息。

❑ gatewaySuccess 函数：用于构造成功的响应数据，将服务的响应数据添加到状态为 true 的响应中。

❑ gatewayFail 函数：用于构造失败的响应数据，将错误信息添加到状态为 false 的响应中。

13.6.3 使用框架

使用 go-garden 创建一个微服务，内容如下。

❑ gateway 服务：俗称 API 网关，接收所有接口的客户端请求，然后转发给其他业务服务。

❑ user 服务：提供 login 接口保存 username，提供 exists rpc 方法供其他服务查询 username 用户是否存在。

❑ pay 服务：提供 order 接口下单，参数为用户名 username，在接口中会 rpc 调用 user 的 exists 方法查询 username 是否存在，若存在表明下单成功，不存在则下单失败。

1. 环境准备

因为 go-garden 基于 Etcd 实现服务注册发现，基于 Zipkin 或 Jaeger 实现链路追踪，所以在启动前必须安装好 Etcd、Zipkin 或 Jaeger，建议使用 Docker 快速安装：

```
docker run -it -d --name etcd -p 2379:2379 -e "ALLOW_NONE_AUTHENTICATION=yes" -e
"ETCD_ADVERTISE_CLIENT_URLS=http://0.0.0.0:2379" bitnami/etcd

docker run -it -d --name zipkin -p 9411:9411 openzipkin/zipkin

docker run -d --name jaeger \
 -e COLLECTOR_ZIPKIN_HOST_PORT=:9411 \
 -p 5775:5775/udp \
 -p 6831:6831/udp \
 -p 6832:6832/udp \
 -p 5778:5778 \
 -p 16686:16686 \
 -p 14250:14250 \
 -p 14268:14268 \
 -p 14269:14269 \
 -p 9411:9411 \
 jaegertracing/all-in-one:1.33
```

注意：Zipkin 和 Jaeger 都是链路追踪系统，在安装时选择一个即可，推荐使用 Jaeger。如果不想接入链路追踪，可以删掉相关配置。

2. 启动 Gateway(统一 API 网关)

(1) 通过如下命令安装脚手架工具：

```
go install github.com/panco95/go-garden/tools/garden@v1.4.4
```

(2) 然后使用如下命令创建网关服务，创建的服务名称为 my-gateway：

```
garden new my-gateway gateway
```

(3) 创建好项目后，需要修改配置文件才能启动成功，修改服务配置文件 configs/config.yml 的参数说明如表 13-1 所示。

表 13-1　配置参数说明

字　段	说　明
service->debug	调试模式(true：打印、写入文件；false：仅写入文件)
service->serviceName	服务名称
service->serviceIp	服务器内网 IP(如服务调用不正常需配置此项)
service->httpOut	http 端口是否允许外网访问：true 允许，false 不允许
service->httpPort	http 监听端口
service->allowCors	http 是否允许跨域
service->rpcOut	rpc 端口是否允许外网访问：true 允许，false 不允许
service->rpcPort	rpc 监听端口
service->callKey	服务之间调用的密钥，请保持每个服务一致
service->callRetry	服务重试策略，格式 timer1/timer2/timer3/...(单位：毫秒)
service->etcdKey	Etcd 关联密钥，一套服务使用同一个 key 才能实现服务注册发现
service->etcdAddress	Etcd 地址，填写正确的 IP 加端口，如果是 Etcd 集群的话可以多行填写
service->tracerDrive	分布式链路追踪引擎，可选 zipkin、jaeger，如果不需要，则删掉此项配置
service->zipkinAddress	zipkin 上报地址，格式：http://127.0.0.1:9411/api/v2/spans
service->jaegerAddress	jaeger 上报地址，格式：127.0.0.1:6831
service->pushGatewayAddress	服务监控 Prometheus->pushGateway 上报地址，格式：127.0.0.1:9091
config->*	自定义配置项

（4）在修改好对应的配置后，通过如下命令启动服务，在启动服务时有两个参数可选，其中参数 configs 为指定配置文件目录，参数 runtime 为指定日志输出目录，默认为当前路径 configs 目录和 runtime 目录。

```
go run main.go -configs=configs -runtime=runtime
```

启动成功后会输出：

```
{"level":"info","time":"2022-05-03 18:17:10","caller":"core/bootstrap.go:15",
"msg":"[bootstrap] my-gateway running"}
{"level":"info","time":"2022-05-03 18:17:10","caller":"core/opentracing.go:37",
"msg":"loggingTracer created","sampler":"ConstSampler(decision=true)","tags":
[{"Key":"jaeger.version","Value":"Go-2.30.0"},{"Key":"hostname","Value":"localh
ost.localdomain"},{"Key":"ip","Value":"192.168.129.151"}]}
{"level":"info","time":"2022-05-03 18:17:10","caller":"core/rpc.go:26","msg":
"[rpc] listen on: 192.168.129.151:9000"}
{"level":"info","time":"2022-05-03 18:17:10","caller":"core/gin.go:61","msg":
"[http] listen on: 0.0.0.0:8080"}
```

```
{"level":"info","time":"2022-05-03 18:17:10","caller":"server/server.go:198",
"msg":"server pid:44373"}
```

3. 启动 User 服务

执行如下命令创建 user 服务，服务名称为 my-user：

```
garden new my-user service
```

修改配置文件 configs/config.yml，如果与 gateway 在同一台主机，则需要修改 httpPort 和 rpcPort，以防端口冲突，然后通过如下命令启动服务：

```
go run main.go -configs=configs -runtime=runtime
```

这时 gateway 会发现 user 服务节点加入且输出信息节点信息。

4. 定义 user 路由

路由文件的路径为 configs/routes.yml，我们需要正确修改路由文件才能让框架内部正常执行请求链路。开始修改路由文件 routes.yml：

```
routes:
  my-user:
    login:
      type: http
      path: /login
      limiter: 5/100
      fusing: 5/100
      timeout: 2000
    exists:
      type: rpc
      limiter: 5/100
      fusing: 5/100
      timeout: 2000
```

路由字段的具体说明如下。

❑　my-user：服务名称。

❑　my-user->login->type：路由类型，http 表示此接口是 api 接口，由网关调用转发。

❑　my-user->login->path：http 路由类型时需要此配置，表示 login 接口的完整路由。

❑　my-user->login->limiter：服务限流器，5/100 表示 login 接口在 5 秒内最多接受 100 个请求，超出后将进行限流。

❑　my-user->login->fusing：服务熔断器，5/100 表示 login 接口在 5 秒内最多允许 100 次错误，超出后将进行熔断。

- ❑ my-user->login->timeout：服务超时控制，单位毫秒(ms)，2000 表示请求 login 接口若超出 2 秒后不等待结果。
- ❑ my-user->exists：my-user 服务的 exists 路由配置。
- ❑ my-user->exists->type：路由类型，rpc 表示此接口是 RPC 方法，由业务服务之间调用。
- ❑ my-user->exists->limiter：服务限流器，5/100 表示 exists 方法在 5 秒内最多接受 100 个请求，超出后将进行限流。
- ❑ my-user->exists->fusing：服务熔断器，5/100 表示 exists 方法在 5 秒内最多允许 100 次错误，超出后将进行熔断。
- ❑ my-user->exists->timeout：服务超时控制，单位毫秒(ms)，2000 表示请求 exists 方法若超出 2 秒后不等待结果。

修改好路由配置文件后保存，框架会热更新路由配置且同步到其他服务，无须重启服务。此时可以看到，my-gateway 的路由配置文件已经被同步为 my-user 的路由配置文件。

> **注意：** 后续工作还包括编写 user 服务 API 接口、访问 API 接口等，为节省本书篇幅，在此不再进行讲解。具体信息请参考开源资料中的说明文件。

第 14 章

DevOps 与
持续交付

DevOps(Development and Operations 的缩写)是一种软件开发和运维的方法论和文化,旨在通过自动化、协作和持续反馈来缩短软件开发周期,提高交付速度和质量。持续交付是 DevOps 的核心概念之一,它指的是持续构建、测试和部署软件,从而能够在任何时候快速、可靠地将新功能或修复部署到生产环境中。

14.1　DevOps 概述

DevOps 不仅是工具和技术的集合，更是一种开发文化和哲学。它鼓励开发团队成员协同工作，不断学习和改进，以便更好地应对日益复杂的软件开发和运维挑战。通过实践 DevOps，可以更快速地交付高质量的软件，提升客户满意度，并在竞争激烈的市场中保持竞争优势。

扫码看视频

14.1.1　DevOps 的原则

- ❑ 协作与沟通：DevOps 鼓励开发、运维团队之间的沟通与合作，以便更好地理解彼此的需求和约束。
- ❑ 自动化：自动化是 DevOps 的关键。通过自动化部署、测试、监控等过程，可以减少人为错误，提高效率，并确保一致性。
- ❑ 持续集成(Continuous Integration，CI)：CI 是指开发人员频繁地将代码集成到共享仓库，并进行自动化测试，以尽早发现和解决问题。
- ❑ 持续交付(Continuous Delivery，CD)：CD 是在 CI 的基础上，自动化地将通过测试的代码交付到生产环境中，使软件交付过程更加顺畅和可靠。
- ❑ 持续部署：持续部署是 CD 的一部分，它将经过测试的代码自动部署到生产环境中，以实现快速的变更发布。
- ❑ 监控与反馈：监控系统的健康状况是 DevOps 的关键步骤。通过实时监控和日志分析，团队可以快速检测和解决问题，并从中获取反馈用于持续改进。
- ❑ 基础设施即代码：将基础设施的配置纳入版本控制和自动化管理，从而实现基础设施的可重复性和可管理性。
- ❑ 容器化和微服务：使用容器技术(如 Docker)和微服务架构可以实现更高的可伸缩性和灵活性。

14.1.2　DevOps 的核心价值和优势

DevOps 的核心价值和优势体现在以下几个方面。

- ❑ 快速交付价值：DevOps 通过自动化以及持续集成和持续交付等实践，显著缩短了软件交付周期。开发团队能够更便捷地将新功能、bug 修复和改进部署到生产环境，从而更迅速地为用户提供价值。

❑ 持续改进：DevOps 鼓励团队在持续交付过程中不断地学习和改进。通过监控、反馈和迭代，团队可以快速识别问题、瓶颈和机会，并采取措施进行优化和提高效率。

❑ 高质量的交付：自动化的测试和部署流程有助于降低人为错误的风险，确保每次交付都是可靠且经过验证的。这有助于提高软件的质量和稳定性。

❑ 团队协作：DevOps 鼓励开发、运维和测试等不同团队之间的紧密合作。这种协作有助于更好地理解彼此的需求，减少摩擦和误解，并促进问题的快速解决。

❑ 降低风险：DevOps 的自动化实践可以帮助团队在交付过程中更早地发现和解决问题，从而减少潜在的风险。此外，由于交付过程变得更加可控和可预测，团队可以更轻松地处理紧急情况。

❑ 灵活性和可扩展性：通过使用容器化和微服务等技术，DevOps 可以实现更灵活和可伸缩的架构。团队可以根据需要快速调整应用程序的规模和功能，以满足市场的变化。

❑ 自动化运维：通过自动化运维流程，如配置管理、监控和日志分析，运维团队可以更高效地管理和维护基础设施，减少手动干预，降低人为错误的风险。

❑ 提高资源利用效率：DevOps 可以优化资源的使用，减少资源的浪费。自动化部署和弹性扩展能够使团队更好地控制资源的分配，从而提高资源利用率。

总之，DevOps 通过促进开发和运维团队的合作，借助自动化和持续交付等实践，可以实现更快速、高质量和可靠的软件交付，提高团队的效率和竞争力，同时降低风险，适应不断变化的市场需求。

14.2　DevOps 工具与技术

DevOps 涵盖了多个工具和技术，用于实现自动化、持续集成、持续交付、监控等实践。

14.2.1　持续集成与持续交付工具

扫码看视频

DevOps 持续集成(Continuous Integration)和持续交付(Continuous Delivery)工具有很多种，可以帮助团队实现自动化的构建、测试和部署流程，从而加快交付速度，降低风险，提高软件质量。以下是常见的持续集成和持续交付工具。

❑ Jenkins：一款开源的自动化持续集成和持续交付工具，支持丰富的插件和扩展，可以用于构建、测试和部署各种类型的应用程序。

- Travis CI：一个云原生的持续集成和持续交付平台，特别适用于 GitHub 项目。它能够与 GitHub 的代码仓库无缝集成，自动化地执行构建和测试。

- CircleCI：一个云原生的持续集成和持续交付平台，支持多种语言和环境。它也能与代码托管平台(如 GitHub、Bitbucket)紧密集成。

- GitLab CI/CD：GitLab 自带了集成的 CI/CD 功能，可以在 GitLab 上直接设置、管理持续集成和持续交付流程，包括构建、测试、部署等。

- TeamCity：一款功能强大的持续集成和持续交付工具，支持多种语言和平台，具有丰富的功能及灵活的配置选项。

- Bamboo：Bamboo 是 Atlassian 公司提供的持续集成和持续交付工具，与 JIRA、Confluence 等工具紧密集成，适用于构建和部署 Java、.NET 等应用。

- Spinnaker：Spinnaker 是一款专注于持续交付的工具，适用多云环境，支持复杂的部署流程，如蓝绿部署、滚动部署等。

- AWS CodePipeline：通过 Amazon Web Services(AWS)的持续集成和持续交付服务，可用于自动化构建、测试和部署 AWS 上的应用。

- Azure DevOps：Azure DerOps 是一个由 Microsoft 提供的集成开发工具集，支持持续集成、持续交付、版本控制、任务管理等功能。

这些工具具有不同的特点和适用范围，选择适合团队和项目需求的工具很重要。它们可以通过自动化流程、集成测试和持续交付，帮助团队快速、可靠地将代码交付到生产环境中，从而实现持续交付的目标。

14.2.2 配置管理与自动化工具

在 DevOps 实践中，配置管理与自动化工具至关重要，它们帮助团队管理基础设施、应用程序配置和部署流程，从而确保实现过程的自动化、一致性和可重复性。以下是常见的 DevOps 配置管理与自动化工具。

- Ansible：一款基于 SSH 协议的自动化工具。它使用简单的声明性语言(YAML)来定义和管理基础设施、应用程序配置和部署任务，可以用于自动化服务器配置、软件安装、应用程序部署等。

- Puppet：一款基于声明性语言(Puppet DSL)的配置管理工具。它允许管理员定义所需的系统状态，并自动管理系统配置。Puppet 还支持编排和自动化部署。

- Chef：一款基于声明性语言的配置管理工具，使用"Cookbooks"来定义和管理系统配置。它允许团队编写自定义脚本来实现特定的配置和部署流程。

❑ Terraform：一个基础设施即代码工具，用于定义和管理云基础设施(如虚拟机、网络、存储等)。它支持多个云平台，并允许团队以声明性语言定义基础设施。

❑ SaltStack：一款自动化工具，可以用于配置管理、基础设施编排和自动化任务执行。它使用"States"来描述系统配置，以及使用"Formula"来描述应用程序部署。

❑ Jenkins Pipeline：Jenkins 支持 Pipeline 插件，允许团队通过代码定义和管理整个构建、测试和部署流程。Jenkins Pipeline 支持多种语法，如 Declarative Pipeline 和 Scripted Pipeline。

❑ AWS CloudFormation：适用于 Amazon Web Services(AWS)的基础设施即代码工具，可以用 JSON 或 YAML 文件定义云资源和配置。它可以实现自动化部署和管理 AWS 资源。

❑ Azure Resource Manager：适用于 Microsoft 提供的基础设施即代码工具，可以用 JSON 文件定义和管理 Azure 资源和部署。

这些工具可以帮助团队实现基础设施即代码、自动化配置管理、持续部署和持续交付。选择适合项目需求的工具取决于团队的技术栈、云平台选择以及所需的自动化程度。配置管理和自动化工具的使用可以加快部署速度、降低风险，并帮助团队实现一致性和可管理性。

14.3　DevOps 实践与流程

DevOps 实践涉及多个流程与步骤，旨在将开发与运维领域融合，以实现快速、高质量的软件交付。

扫码看视频

14.3.1　持续集成与持续交付流程

持续集成(CI)与持续交付(CD)是 DevOps 中重要的实践，有助于实现快速、可靠的软件交付。以下是典型的持续集成与持续交付流程的步骤。

1. 持续集成(CI)流程

❑ 代码提交：开发人员将代码提交到共享代码仓库，通常使用版本控制工具(如 Git)。

❑ 自动化构建：代码提交触发自动化构建过程。构建工具会从代码仓库中拉取最新的代码，并根据构建脚本(如 Maven、Gradle 等)进行编译和打包。

❑ 自动化测试：自动化构建后，自动化测试流程开始执行，包括单元测试、集成测试和功能测试等。测试用例会在无干扰的测试环境中运行，以确保代码质量。

❑ 测试报告和反馈：测试结果会生成测试报告，开发人员和团队可以查看测试结果和问题报告。如果测试失败，开发人员会接收到反馈，及时修复问题。

❑ 静态代码分析：在 CI 过程中，可执行静态代码分析，以检测潜在的代码质量问题、安全漏洞等。

❑ 代码合并：如果测试通过，代码会合并到主分支(通常是 develop 或 main)。这会触发进一步的持续集成流程。

2. 持续交付(CD)流程

❑ 自动化部署：代码合并到主分支后，自动化部署流程开始执行。应用程序会被部署到一个模拟生产环境的测试环境中。

❑ 自动化测试：CD 阶段的自动化测试扩展到了更广泛的领域，包括性能测试、安全测试等。这些测试确保代码在不同环境下都能正常工作。

❑ 部署验证：在部署后，团队会进行一系列验证，以确保应用程序在测试环境中正常运行。这些验证包括功能测试，以确认所有功能按预期工作，以及性能监控，以检查应用程序的响应时间和资源使用情况。

❑ 自动化部署到生产环境：如果测试通过，代码会自动部署到生产环境中。这可以通过蓝绿部署、滚动部署等方式实现，以最大程度降低对用户的影响。

❑ 监控和回滚：一旦代码部署到生产环境中，实时监控开始。如果出现问题，团队可以快速回滚到之前的稳定版本。

综合来看，持续集成与持续交付流程将开发、构建、测试和部署自动化，使团队能够频繁地、快速地交付软件，同时确保软件的质量和稳定性。这种流程还有助于团队减少手动干预、降低风险，并鼓励持续学习和改进。

14.3.2 基础设施即代码和自动化测试

基础设施即代码(Infrastructure as Code，IaC)和自动化测试是 DevOps 实践中的两个重要组成部分，它们共同帮助团队实现自动化、一致性和可重复性的部署和测试流程。

1. 基础设施即代码

基础设施即代码是一种，将基础设施的配置和管理过程以类似于代码的方式进行定义和管理的实践。使用 IaC 工具，团队可以将基础设施的定义存储在版本控制系统中，并自动化地创建、更新和销毁基础设施。这有助于消除手动配置和人为错误，提高可靠性和可重复性。

常见的 IaC 工具包括 Terraform、AWS CloudFormation、Azure Resource Manager 等。团队可以使用这些工具创建虚拟机、网络、存储、负载均衡等云资源，以及配置服务器、安全组等设置。

2. 自动化测试

自动化测试是指使用自动化工具和脚本执行测试，以替代手动测试。自动化测试可以在持续集成、持续交付和持续部署流程中发挥关键作用，确保每次代码变更都能够经过一系列测试来验证其质量和稳定性。自动化测试包括不同层面的测试，内容如下。

- ❑ 单元测试：单元测试是针对应用程序的最小单元(如函数、方法)进行的测试。它们可以在开发过程中帮助开发人员验证代码的正确性。
- ❑ 集成测试：测试多个模块或组件之间的交互，确保它们协同工作正常。
- ❑ 端到端测试(E2E 测试)：模拟用户在真实环境中的操作路径，测试整个应用程序的功能。
- ❑ 性能测试：测试应用程序在不同负载下的性能和可伸缩性。
- ❑ 安全测试：识别应用程序中的安全漏洞和风险。

自动化测试有助于减少手动测试的工作量，提高测试的覆盖范围和一致性，并加速反馈周期。这有助于团队更快速地发现和解决问题，保证代码交付的质量和稳定性。

14.3.3　监控和日志管理

监控和日志管理是 DevOps 实践中至关重要的部分，它们帮助团队实时监控系统的健康状态、性能和安全性，并能够追踪和分析问题。

1. 监控

监控是在生产环境中实时收集和分析指标、数据和事件的过程，通过监控可以了解系统的运行状况。监控可以帮助团队识别和解决问题、优化性能，以及提供预警，防止潜在的故障。常见的监控指标包括以下内容。

- ❑ 性能指标：CPU 使用率、内存使用率、磁盘空间、网络流量等。
- ❑ 应用程序指标：请求处理时间、吞吐量、错误率等。
- ❑ 用户体验指标：页面加载时间、响应时间等。

监控工具和平台可以帮助团队实现实时监控，内容如下。

❑ Prometheus：用于收集、存储和查询时间序列数据的监控系统。

❑ Grafana：用于可视化监控数据和创建仪表盘的工具。

❑ Datadog、New Relic：云原生的监控和性能分析平台。

2. 日志管理

日志管理涉及收集、存储及分析应用程序和系统的日志数据。日志可以用于诊断问题、分析趋势、追踪用户行为等。在 DevOps 中，日志是一种重要的数据源，可以帮助团队快速识别和解决问题。常见的日志数据包括以下内容。

❑ 应用程序日志：记录应用程序运行时的事件、错误和信息。

❑ 访问日志：记录用户访问应用程序或网站的请求和响应。

❑ 系统日志：记录操作系统和服务器级别的事件和状态。

日志管理工具和平台可以帮助团队实现日志收集、存储、搜索和分析，内容如下。

❑ ELK(Elasticsearch、Logstash、Kibana) Stack：ELK Stack 用于收集、存储、搜索和可视化日志数据。

❑ Splunk：日志管理和分析平台，支持大规模日志数据的分析。

综上所述，监控和日志管理是 DevOps 中的关键实践，它们帮助团队保持对系统的实时洞察力，快速识别问题，并从中获取有价值的信息，以便进行持续改进和优化。

14.4　DevOps 与云计算

DevOps 与云计算是紧密相关的领域，在现代软件开发和运维中共同发挥着重要作用。本节将详细讲解 DevOps 与云计算的结合知识。

扫码看视频

14.4.1　云原生应用开发与部署

云原生应用开发与部署是一种在云环境中设计、构建和部署应用程序的方法，旨在充分利用云计算的优势，如弹性、可伸缩性和灵活性。云原生应用开发与部署和 DevOps 紧密相关，强调容器化、持续交付和自动化等实践。

1. 关键概念

❑ 容器化：将应用程序、依赖和配置封装到独立的容器中，实现一致的环境和可移植性。Docker 是常见的容器技术。

❑ 微服务架构：将应用程序拆分为小的、独立的服务单元，每个服务单元负责特定的业务功能，提高灵活性、可伸缩性和独立部署的能力。

- ❑ 基础设施即代码：使用代码来定义和管理基础设施，如云资源、网络、安全组等。
- ❑ 自动化：在云原生应用开发与部署中，强调自动化流程，包括自动化构建、测试、部署和监控等。

2. 实践步骤

- ❑ 容器化应用程序：将应用程序及其依赖打包到容器中，确保运行环境一致。
- ❑ 使用容器编排工具：使用容器编排工具(如 Kubernetes)来管理和编排多个容器实例。Kubernetes 帮助自动化部署、扩展和管理容器化应用程序。
- ❑ 微服务拆分：将应用程序拆分为小的、自治的微服务，每个微服务处理特定的功能。提高隔离性、可伸缩性和独立部署的能力。
- ❑ 持续集成/持续交付：使用自动化流程进行持续集成、测试和部署，有助于频繁且可靠地交付代码。
- ❑ 基础设施即代码：使用 IaC 工具定义和管理云基础设施，确保环境一致性。
- ❑ 监控和日志管理：在部署过程中集成监控和日志管理，实时监测应用程序的性能和运行状态。

3. 优势

- ❑ 弹性和可伸缩性：云原生应用可以根据需求自动扩展或收缩，适应负载变化。
- ❑ 快速交付：容器化和自动化流程可以加速交付，实现敏捷开发和快速迭代。
- ❑ 高可用性：使用容器编排工具可实现高可用性和故障转移。
- ❑ 资源利用率：容器化可以更好地利用资源，提高资源利用率。
- ❑ 灵活性：云原生应用可以在不同云平台上部署，实现多云策略。

综合来看，云原生应用开发与部署通过容器化、微服务架构和自动化等实践，帮助团队更好地利用云计算的优势，实现快速、可靠的应用交付和部署。

14.4.2 云平台的弹性和自动化特性

云平台的弹性和自动化特性是最引人注目的优势之一，它们赋予了应用程序和基础设施在变化环境中的适应性。

1. 弹性特性

- ❑ 自动扩展：云平台根据负载变化自动扩展和缩减资源。例如，当流量增加时，可以自动创建新的虚拟机实例来处理负载，而在流量减少时则可以自动停止不必要的实例，从而实现资源的高效利用。

❑ 按需分配：云平台允许根据需求分配和释放资源，节省成本。用户可以根据应用程序的需求随时选择虚拟机大小、不同的存储和网络配置。

❑ 自动负载均衡：云平台提供自动负载均衡功能，将流量分布到多个实例上，确保应用程序的可用性和性能。

❑ 容错和故障恢复：云平台在硬件故障、网络中断等情况下提供容错和自动恢复机制，保证应用程序的高可用性。

2. 自动化特性

❑ 自动部署：云平台使用自动化工具和脚本实现应用程序的自动部署，从代码提交到生产环境的部署可以自动化完成。

❑ 基础设施即代码：基础设施即代码是一种自动化实践，可以通过代码来定义和管理基础设施，实现一致性和可重复性。

❑ 自动化监控和警报：云平台提供自动化监控和警报功能，可以实时监测资源的健康状态、性能指标等，并在发生异常时发送警报。

❑ 自动化扩展和缩减：云平台根据预定义规则和策略自动扩展和缩减资源，以适应流量的变化。

❑ 自动化备份和恢复：云平台提供自动化备份和恢复功能，帮助用户保护数据和应用程序免受数据丢失和故障的影响。

综合来看，云平台的弹性和自动化特性为应用程序的开发、部署和运维带来了极大的便利，加速了交付周期，提高了资源利用率，并增强了系统的稳定性和可靠性。

14.4.3　DevOps 在多云环境中的挑战与解决方案

在多云环境中实施 DevOps 可能面临一些特定的挑战，如管理复杂性、一致性、集成和数据流动等。通过合适的策略和工具，这些挑战可以得到有效的解决。

1. 复杂性管理

在多云环境中，每个云平台都有自己的特性、API 和工具，使得整体环境变得复杂，难以统一管理。解决方案如下。

❑ 选择通用的 DevOps 工具和实践，实现不同云平台间的一致性。

❑ 使用基础设施即代码定义和管理云资源，确保环境一致性和可重复性。

❑ 使用跨云管理平台，例如 Kubernetes 或类似的工具，可帮助管理不同云环境中的容器和应用程序。

2. 数据流动和集成

在多云环境中，数据和应用程序可能需要在不同的云平台之间流动和集成，造成数据传输和集成的复杂性。解决方案如下。

❑ 使用统一的 API 和中间件实现多云平台间的数据传输和集成。
❑ 采用云中立的工具和平台，支持不同云供应商间的数据流动。
❑ 在设计应用程序时，考虑使用微服务架构，能够更轻松地在不同云平台上部署和集成各个服务。

3. 安全和合规性

多云环境中的安全和合规性要求可能因不同云平台的差异而有所不同，需要统一的安全策略和控制。解决方案如下。

❑ 制定统一的安全策略和最佳实践，确保所有云平台上实施一致的安全措施。
❑ 使用云原生的安全工具和服务增强应用程序和基础设施的安全性。
❑ 确保遵循适用的法规和合规要求，无论采用哪个云平台。

4. 成本管理

在多云环境中，有效地管理成本会变得复杂，因为每个云平台都有不同的定价模型和费用构成。解决方案如下。

❑ 使用成本管理工具监控和分析各个云平台使用情况和成本。
❑ 使用成本分析工具比较不同云平台的定价和费用。
❑ 使用弹性扩展和自动缩减根据负载变化自动调整资源，避免不必要的成本。

14.5 DevSecOps 和持续安全

DevSecOps 和持续安全是在 DevOps 实践中加强安全性的方法和原则。它们强调在整个软件交付流程中将安全性融入开发、测试、部署和运维的各个阶段，以确保应用程序的安全性和可靠性。

扫码看视频

14.5.1 安全文化和安全自动化

安全文化和安全自动化是在组织中建立和强化安全性的两个关键方面。它们共同促进了更高水平的安全性，确保安全被视为每个人的责任，同时通过自动化流程来减少人为错误，并提高效率。

1. 安全文化

安全文化是一种在组织中根深蒂固的价值观和行为方式，强调每个人对安全的责任和参与。建立强大的安全文化能够在整个组织中培养出以下行为和态度。

- ❑ 责任和意识：每个员工都认识到他们在维护安全方面的责任，从而形成集体的安全意识。
- ❑ 合作和共享：员工之间合作共享安全信息，确保知识传播和集体学习。
- ❑ 持续学习：员工不断学习最佳安全实践，关注新的安全威胁和解决方案。
- ❑ 透明度和反馈：员工能够报告潜在的安全问题，并且组织提供积极的反馈和奖励。

2. 安全自动化

安全自动化是通过自动化工具和流程来强化安全性的实践。它可以帮助减少人为错误，提高安全性，并提供更快速的反馈和响应。以下是一些安全自动化的例子。

- ❑ 漏洞扫描和自动化测试：使用自动化工具进行代码静态分析、漏洞扫描和安全测试，以检测和修复潜在的安全问题。
- ❑ 持续集成/持续交付：集成安全测试和审查到持续交付流程中，确保每次部署都经过安全性验证。
- ❑ 基础设施即代码：使用自动化脚本定义和管理基础设施，确保环境的一致性和安全性。
- ❑ 自动化警报和响应：设置自动化警报，以便在检测到异常或攻击时及时采取措施。

3. 安全文化和安全自动化的关系

- ❑ 协同作用：安全文化鼓励员工积极参与安全实践，而安全自动化则提供实际的工具和流程来支持这种积极参与。
- ❑ 反馈循环：安全文化强调透明度和反馈，而安全自动化提供实时的警报和反馈，从而促进团队及时采取行动。
- ❑ 持续改进：安全文化和安全自动化共同推动持续的安全改进。安全文化鼓励团队不断学习和改进，而安全自动化支持更快速、频繁的检测和漏洞修复。

综合来看，安全文化和安全自动化是互相支持的。它们共同为组织提供了更高级别的安全性，通过人员的参与和流程的自动化，确保应用程序和基础设施的安全性和可靠性。

14.5.2　安全测试和漏洞修复

安全测试和漏洞修复是确保应用程序和系统在开发和运维过程中保持安全性的关键实践。安全测试旨在发现应用程序中可能存在的漏洞和安全弱点，而漏洞修复则是及时解决这些问题，确保系统的安全性和可靠性。

1. 安全测试

❑　静态代码分析(SAST)：SAST 工具分析源代码，识别潜在的漏洞、安全弱点和编码错误，在开发过程中帮助发现并修复问题。

❑　动态应用程序安全测试(DAST)：DAST 工具通过模拟攻击实际运行的应用程序，检测可能存在的漏洞，如注入、跨站脚本等。

❑　渗透测试：渗透测试模拟黑客攻击，试图利用系统的漏洞帮助发现系统中的真实威胁和弱点。

❑　漏洞扫描：自动化漏洞扫描工具扫描应用程序、系统和网络，寻找可能存在的已知漏洞。

❑　代码审查：开发人员和安全专家一起对代码进行审查，以识别和修复潜在的安全问题。

2. 漏洞修复

❑　优先级评估：开发团队针对发现的漏洞，对其进行优先级评估，确定哪些漏洞需要最先修复，以减少风险。

❑　修复：开发团队通过修改代码、配置或系统来修复漏洞。修复过程包括修订代码、添加验证、加强身份验证等。

❑　测试修复：修复后，进行回归测试以确保修复没有引入新的问题。

❑　验证：验证漏洞是否修复成功，并确认应用程序或系统是否再受到相应威胁。

3. 最佳实践

❑　持续集成/持续交付：将安全测试集成到 CI/CD 流程中，确保每次部署都经过安全性验证。

❑ 自动化：自动化安全测试和漏洞扫描，使其能够及时发现问题。

❑ 及时响应：发现漏洞后，迅速采取行动修复，以减少被攻击的窗口。

❑ 团队协作：开发团队、安全团队和运维团队之间密切协作，以确保漏洞得以及时修复。

总之，安全测试和漏洞修复是确保应用程序和系统安全的重要环节。结合不同类型的安全测试和有效的漏洞修复实践，可以降低风险并保护组织的数据和资源。

14.5.3 安全监控和响应机制

安全监控和响应机制是保护信息系统和应用程序免受安全威胁的关键组成部分。安全监控旨在实时监测系统中的异常行为和攻击迹象，而响应机制则旨在快速采取行动来应对威胁并恢复正常运行。

1. 安全监控

❑ 日志监控：监控系统和应用程序生成的日志，以检测异常活动和潜在的攻击迹象。日志包括登录尝试、访问请求、错误信息等。

❑ 网络流量分析：分析网络流量，识别异常的数据包、连接和流量模式，以检测可能的入侵或攻击。

❑ 异常检测：使用机器学习和行为分析等技术，监测系统中的不寻常行为，从而及早发现潜在的安全问题。

❑ 实时警报：设置实时警报，当系统检测到异常或威胁时，立即通知安全团队采取行动。

2. 响应机制

❑ 漏洞响应：在发现新的漏洞时，立即评估其影响和风险，并采取相应的修复措施。

❑ 威胁响应：对检测到的威胁进行评估，确定是否为真实的攻击，并决定如何应对。

❑ 紧急响应：对严重的安全事件进行紧急响应，隔离受感染的系统、停止攻击并追踪攻击者。

❑ 恢复：威胁得到解决后进行系统修复，确保系统恢复到正常运行状态。

3. 最佳实践

❑ 自动化响应：设置自动化响应机制，以快速采取措施，降低人为干预的延迟。

❑ 紧急计划：制订紧急响应计划，包括隔离、通知、修复等步骤，以应对严重的安全事件。

- ❑ 培训和演练：对安全团队进行培训和模拟演练，以确保他们熟悉响应流程并能够迅速应对威胁。
- ❑ 团队协作：安全团队、运维团队和开发团队之间密切协作，以确保及时地响应和恢复。

总之，安全监控和响应机制是确保系统安全的关键环节。通过实时监测、自动化响应和紧急计划等措施，组织可以更好地应对安全威胁，减少风险，保护数据和系统的安全性。

14.6　持续交付与业务价值

持续交付是一种软件开发和交付方法，旨在将新功能、修复和改进持续地交付给最终用户，实现快速、频繁的交付。与之相关的是业务价值。它指的是软件交付给用户所带来的实际价值，包括增加收入、提高用户满意度、降低成本等。

扫码看视频

14.6.1　快速交付和敏捷创新

快速交付和敏捷创新是两个紧密相关的概念。它们都关注在快速变化的市场环境中如何迅速响应和创新。它们在促进创新、增强竞争力及提供更好的用户体验方面具有重要作用。

1. 快速交付

快速交付是指在短时间内提供产品、功能或服务给用户。它强调通过自动化的开发、测试和部署流程，将新功能或改进快速交付到生产环境中。这种方法有助于缩短交付周期，从而迅速响应市场需求和用户反馈。通过快速交付，组织可以更频繁地向用户提供更新和改进，加速产品的演进和创新。

2. 敏捷创新

敏捷创新强调在变化和不确定性的环境中，如何灵活地创新、适应和演进。它强调团队的灵活性、快速实验和持续学习，以便能够快速地适应市场变化和用户需求。敏捷创新鼓励团队采用敏捷开发方法，通过迭代和增量的方式，持续交付价值，从而在不断变化的环境中保持竞争力。

3. 快速交付和敏捷创新的联系和共同点

❑ 快速反应：快速交付和敏捷创新都强调快速地响应市场变化和用户需求。快速交付通过自动化流程实现快速的产品交付，而敏捷创新通过敏捷方法鼓励团队快速实验和调整创新方案。

❑ 持续学习：敏捷创新强调持续学习和迭代改进，而快速交付倡导通过频繁的交付来学习和改进产品。

❑ 实验性方法：敏捷创新鼓励尝试新想法并从实验中学习，而快速交付通过频繁的交付鼓励通过实际交付来验证和改进想法。

❑ 用户导向：快速交付和敏捷创新都关注满足用户需求和提供更好的用户体验，通过持续的用户反馈来指导创新和改进。

14.6.2　用户反馈和持续改进

用户反馈和持续改进是在软件开发、产品管理和服务提供过程中至关重要的两个方面。它们都旨在确保产品和服务能够不断适应用户需求、提供更好的体验，并持续提高质量和价值。

1. 用户反馈

❑ 意见和建议：用户反馈包括用户提出的意见、建议和问题。这些反馈可以帮助了解用户的期望、需求和痛点，从而指导产品或服务的发展方向。

❑ 行为数据：通过分析用户的行为数据，如使用模式、点击流和转化率，可以获得用户如何与产品或服务互动的深入洞察。

❑ 用户调查：通过用户调查可以收集定性和定量反馈，了解用户对产品功能、界面和体验的看法。

❑ 用户测试：将产品或功能提供给用户进行测试，以获取直接反馈，识别问题并进行改进。

2. 持续改进

❑ 迭代开发：通过将开发和发布划分为小的迭代周期，可以频繁地交付新功能和改进，并可根据用户反馈进行迭代优化。

❑ 数据驱动决策：使用分析数据和用户反馈指导决策，确保产品或服务的改进是基于数据和用户需求的。

- □ 实验与学习：通过尝试新的功能和改进措施，团队可以评估这些变化的效果，并从中获得经验教训。这种实验方法不仅鼓励创新，而且还为后续的改进提供依据，使决策更加科学和可靠。

- □ 团队协作：强调跨职能团队之间的合作，如开发、设计、运营等，以确保各个环节都为持续改进贡献价值。

总之，用户反馈和持续改进是确保产品和服务成功并持续增值的关键因素。通过不断地与用户互动、收集反馈、分析数据和实施改进，组织可以提供更有价值的产品和服务，同时保持与用户需求的一致性。

14.6.3　DevOps 对组织和团队的影响

DevOps 对组织和团队的影响是深远且多方面的。它不仅仅是一种技术和工具的变革，还涉及文化、流程和协作的改变。DevOps 对组织和团队的主要影响如下。

(1) 文化变革：DevOps 强调协作、共享和开放的文化，促使开发团队、运维团队和其他相关团队之间形成更紧密的合作关系。它鼓励打破传统的"研发与运维隔离"模式，强调共同的目标，以提供更好的产品和服务。

(2) 团队协作和合作：DevOps 鼓励不同职能团队之间的协作和合作。开发人员、测试人员、运维人员等都参与到整个交付流程中，共同努力以确保高质量、快速的交付。

(3) 自动化：DevOps 强调自动化流程、测试、部署等，以减少人为错误、提高效率并实现快速交付。自动化可以节省时间，降低成本，提高可靠性。

(4) 持续交付：DevOps 推动持续交付实践，使组织能够更频繁地提供新功能和改进给用户。这有助于更快地满足市场需求，提高用户满意度，并实现业务增长。

(5) 透明度和反馈：DevOps 强调通过监控日志和指标等手段获得实时的系统状态信息，并从用户和业务中获得及时反馈。这有助于快速识别和解决问题，改进流程和功能。

(6) 敏捷和灵活性：DevOps 使组织能够更敏捷和灵活地适应市场变化和用户需求。通过频繁的交付和迭代改进，组织能够更快地调整战略和方向。

(7) 减少风险：DevOps 强调自动化测试、安全实践和持续监控，可以降低潜在的风险，减少漏洞和故障对组织的影响。

(8) 跨功能团队：传统上，开发和运维团队可能存在沟通障碍，但 DevOps 鼓励组织创建跨功能团队，使开发、测试和运维专业知识能够在一个团队中汇聚，实现更好的协作。

(9) 持续学习和改进：DevOps 推动团队不断学习、不断改进。通过实验、反馈和数据分析，团队能够不断地优化流程和实践。

综合来看，DevOps 对组织和团队的影响远不止技术层面，它还涵盖了文化、流程和人员协作的改变。DevOps 的实践可以快速交付、提高质量，使组织更敏捷、灵活，并实现更高水平的协作和透明度。

14.7　基于 DevOps 环境的 Go 语言微服务实战

本节将详细讲解典型的 Go 语言微服务项目部署到 DevOps 环境中的过程，完整步骤包括：项目设置和版本控制、自动化构建、持续集成、自动化测试、容器化、持续交付、环境管理、部署自动化、监控和日志、持续改进。每个步骤都着重于自动化、持续集成和持续交付，以实现更高效的开发和发布流程。不同的组织和项目可能会根据需求进行微调和定制。

扫码看视频

实例 14-1：Go 语言微服务的 DevOps 部署实战(源码路径：codes\14\14-1\)

14.7.1　项目设置和版本控制

创建一个新的 Git 存储库来托管 Go 语言微服务代码。具体步骤如下。

(1) 打开命令行终端或使用图形界面的 Git 工具(如 Git GUI 或 SourceTree)。

(2) 进入存储项目的文件夹，并执行以下命令来初始化新的 Git 存储库：

```
git init
```

(3) 在项目文件夹中创建一个 README 文件，该文件可以包含有关项目的基本信息和文档。

(4) 创建一个.gitignore 文件，用于指定不应包含在版本控制中的文件和文件夹。我们可以使用现有的 Go 语言微服务项目的.gitignore 文件作为起点。

(5) 执行以下命令将 README.md 和 .gitignore 文件添加到 Git 存储库中：

```
git add README.md .gitignore
```

(6) 提交这些初始文件到版本控制：

```
git commit -m "Initial commit"
```

(7) 如果还没有成功创建 Git 存储库，可以考虑创建一个远程 Git 存储库(如 GitHub 或 GitLab)。然后，将本地存储库与远程存储库关联起来：

```
git remote add origin <远程存储库 URL>
```

(8) 将本地的初始提交推送到远程存储库：

```
git push -u origin master
```

(9) 现在，已经创建了一个新的 Git 存储库，可以开始在其中添加和开发 Go 语言微服务代码了。

> **注意**：以上步骤中的命令基于典型的 Git 工具，确保根据你的实际需求和工具进行调整。在创建和管理 Git 存储库时，你可以使用图形界面工具(如 GitHub Desktop、GitKraken 等)来简化操作。

14.7.2 自动化构建

本步骤中，需要在代码仓库中添加一个自动化构建脚本，如 Makefile 或 Shell 脚本。脚本应该包括依赖项安装、编译和测试的步骤。具体实现步骤如下。

1. 自动化构建

(1) 在项目根目录中创建一个构建脚本文件,比如 build.sh(如果你使用 Unix-like 系统)或 build.bat(如果你使用 Windows 系统)。

(2) 在构建脚本中，可以定义构建过程的步骤。例如，下面这个简单的示例构建脚本：

```bash
#!/bin/bash

# 安装依赖项
go mod download

# 编译代码
go build -o app ./cmd/main.go

# 运行单元测试
go test ./...
```

(3) 赋予构建脚本可执行权限(对于 Unix-like 系统)：

```
chmod +x build.sh
```

(4) 确保构建脚本能够在本地运行，并且可以成功编译和测试 Go 语言微服务。

2. 持续集成

(1) 选择一个持续集成工具，如 Jenkins、GitLab CI/CD、CircleCI 或 Travis CI。

(2) 在代码仓库中添加一个配置文件，以定义持续集成流水线的步骤。例如，使用 GitLab CI/CD 可以创建一个 .gitlab-ci.yml 文件。

(3) 在配置文件中定义一个构建阶段，调用之前创建的构建脚本。例如，下面这个典型 gitlab-ci.yml 文件的脚本代码：

```
stages:
  - build
  - test

build:
  stage: build
  script:
    - ./build.sh

test:
  stage: test
  script:
    - go test ./...
```

(4) 将这个配置文件提交到代码仓库中。

(5) 在持续集成工具的管理界面，连接代码仓库并配置触发器，以便每次提交或合并请求时都会自动触发构建流水线。

3. 自动化测试

(1) 在前面的构建过程中，已经在构建脚本中包含了单元测试的步骤。

(2) 在持续集成流水线的配置中，确保测试步骤被正确调用。

(3) 配置持续集成工具来获取测试覆盖率报告，以便可以了解测试覆盖的情况。

> **注意**：上述步骤会帮助我们实现自动化构建和持续集成，请确保每次代码提交都会触发构建和测试流程。在实际项目中，可能需要根据需求进行定制，并使用适合团队的持续集成工具和构建脚本。

14.7.3　持续集成

持续集成需要使用持续集成工具(如 Jenkins、GitLab CI/CD 或 CircleCI)创建一个流水线，并配置流水线以在每次代码提交时自动触发构建和测试。请看下面的实例步骤。在这个例子中，将使用 GitHub Actions 作为持续集成工具。

(1) 创建 GitHub 存储库：在 GitHub 上创建一个新的存储库来托管 Go 语言微服务代码。

(2) 创建持续集成配置文件：

❏　在存储库的根目录中创建一个 .github/workflows 文件夹。

❏　在 .github/workflows 文件夹中创建一个 YAML 文件，例如，ci.yml 文件，用于
定义持续集成流水线的配置。

(3) 配置持续集成流水线(.github/workflows/ci.yml)：

```yaml
name: Continuous Integration

on:
  push:
    branches:
      - main # 触发分支，可以根据需要修改

jobs:
  build:
    name: Build and Test
    runs-on: ubuntu-latest

    steps:
      - name: Check out code
        uses: actions/checkout@v2

      - name: Set up Go
        uses: actions/setup-go@v2
        with:
          go-version: 1.x # 指定 Go 版本，可以根据需要修改

      - name: Install dependencies
        run: go mod download

      - name: Build and Test
        run: |
          go build -o app ./cmd/main.go
          go test ./...
```

(4) 将持续集成配置文件提交到存储库：将配置文件 ci.yml 提交到存储库中。

(5) 启用 GitHub Actions。

❏　打开存储库页面，点击上方的"Actions"选项卡。

❏　GitHub Actions 可能会提示你选择一个自动构建和测试的模板，或者直接使用刚
才创建的配置文件。

❏　选择"Set up this workflow"或"I understand my workflows, go ahead and enable
them"。

(6) 触发持续集成流水线。

❑ 每次在 main 分支上提交代码，GitHub Actions 将会自动触发配置的持续集成流水线。

❑ 流水线将检出代码，设置 Go 语言环境，安装依赖项，构建应用程序，运行测试。

(7) 查看结果：在 GitHub 存储库的"Actions"选项卡中，可以查看每次触发的持续集成流水线的结果，包括构建和测试的输出、失败或成功状态。

注意：在示例步骤中使用的是 GitHub Actions，但持续集成工具可以根据你的需求进行选择，如 GitLab CI/CD、CircleCI 等。你可以根据你的项目和工具选择，对持续集成流水线的配置进行定制。

14.7.4 自动化测试

接下来，将在构建过程中执行单元测试和集成测试，生成集成测试覆盖率报告以监控测试质量。下面以 GitHub Actions 为例进行更详细的说明。在以下示例步骤中，我们使用 GitHub Actions 来确保每次代码提交都会触发自动化测试。

(1) 创建.github/workflows 文件夹：在 GitHub 存储库中，创建一个名为.github/ workflows 的文件夹，用于存放 GitHub Actions 的配置文件。

(2) 创建测试流水线配置文件：在.github/workflows 文件夹中，创建一个 YAML 文件，例如 test.yml 文件，用于定义测试流水线的配置。

(3) 配置测试流水线(.github/workflows/test.yml)：

```yaml
name: Automated Tests

on: [push] # 当代码提交时触发

jobs:
  test:
    name: Run Tests
    runs-on: ubuntu-latest

    steps:
      - name: Check out code
        uses: actions/checkout@v2

      - name: Set up Go
        uses: actions/setup-go@v2
        with:
          go-version: 1.x # 指定 Go 版本，可以根据需要修改
```

```
    - name: Install dependencies
      run: go mod download

    - name: Run tests
      run: go test -v ./...
```

上述配置文件 test.yml 将在每次代码提交时运行一个 GitHub Actions 工作流，该工作流将执行以下步骤。

❑ 检出代码：将代码从代码仓库检出到工作目录中，以便后续步骤可以使用和操作代码。

❑ 设置 Go 语言环境：安装指定版本的 Go 语言环境，以便在后续步骤中可以使用 Go 命令进行构建和测试工作。

❑ 安装依赖项：使用 go mod download 命令安装项目的依赖项，该命令将从项目的 go.mod 文件中下载所需的所有依赖项并将其放置在 Go 模块缓存中。

❑ 运行测试(使用 go test 命令)：使用 go test -v ./... 命令运行项目中的所有测试，其中 -v 标志表示输出详细信息，./... 表示在当前目录及其所有子目录中运行测试。

> **注意**：请确保上述步骤在测试流水线中完成了代码的检出、Go 语言环境的设置、项目依赖项的安装以及测试的运行工作。

(4) 提交配置文件到存储库：将配置文件 test.yml 提交到 .github/workflows 文件夹中。

(5) 触发 GitHub Actions 流水线：当将代码提交到 GitHub 存储库时，GitHub Actions 将自动触发配置的测试流水线。

(6) 查看测试结果：在 GitHub 存储库的 "Actions" 选项卡中，可以查看每次触发自动化测试流水线的结果，包括测试输出、成功或失败状态等。

通过以上步骤，将能够在 GitHub Actions 中设置自动化测试，确保每次代码提交都会自动运行测试。其他持续集成工具也提供类似的配置方式，可以根据使用的工具和需求进行调整。

14.7.5　容器化

容器化是将应用程序及其依赖项打包成一个独立的容器，以便在不同环境中运行。建议大家创建一个 Dockerfile 来描述如何构建容器镜像，然后定义容器镜像中的基础环境、依赖项和应用程序。接下来，以一个简单的 Go 语言微服务为例，介绍使用 Docker 容器化的详细过程，包括创建 Dockerfile、构建镜像和运行容器。

(1) 创建 Dockerfile。

❑   在项目的根目录下，创建一个名为 Dockerfile 的文件。

❑   在 Dockerfile 文件中，定义构建容器镜像的代码：

```
# 使用官方的 Go 镜像作为基础
FROM golang:1.16 AS build

# 设置工作目录
WORKDIR /app

# 将项目代码复制到容器中
COPY . .

# 构建应用程序
RUN go build -o app ./cmd/main.go

# 创建最终镜像
FROM debian:bullseye-slim
COPY --from=build /app/app /app/app

# 设置工作目录
WORKDIR /app

# 启动应用程序
CMD ["./app"]
```

(2) 构建容器镜像：打开终端，进入项目根目录，执行以下命令来构建容器镜像：

```
docker build -t your-image-name.
```

这将根据 Dockerfile 中的定义构建一个镜像，并赋予它一个指定的名称。

(3) 运行容器：构建完成后，可以使用以下命令来运行容器：

```
docker run -p 8080:8080 your-image-name
```

这会启动一个容器，将容器内部的端口映射到主机端口。我们可以通过浏览器或 API 工具来访问 Go 语言微服务。

通过以上步骤，已经成功将 Go 语言微服务应用程序容器化了。现在，可以在任何支持 Docker 的环境中运行这个容器，而无须担心依赖项和环境的配置问题。这是一个简化部署和管理的强大方法，可以在不同的环境中实现一致性。

14.7.6   持续交付

在本步骤中，设置持续交付流水线，将构建后的容器镜像推送到容器注册表(如 Docker

Hub 或私有容器注册表)。通过使用自动化流程，可以确保每次构建成功后都会将新的镜像版本发布到注册表。接下来，将使用一个基于 Docker 和 Kubernetes 的示例详细说明每个步骤。我们将使用 GitHub Actions 作为持续集成工具，使用 Docker 来容器化应用程序，使用 Kubernetes 来部署和管理容器化的应用程序。具体实现步骤如下。

(1) 配置持续集成流水线。

❑ 在 GitHub 存储库中，创建一个 .github/workflows 文件夹。

❑ 在 .github/workflows 文件夹中，创建一个 YAML 文件，如 cd.yml，用于定义持续交付流水线的配置。

```yaml
name: Continuous Delivery

on:
  push:
    branches:
      - main

jobs:
  build-and-deploy:
    name: Build and Deploy
    runs-on: ubuntu-latest

    steps:
      - name: Check out code
        uses: actions/checkout@v2

      - name: Set up Go
        uses: actions/setup-go@v2
        with:
          go-version: 1.x

      - name: Build and push Docker image
        env:
          DOCKERHUB_USERNAME: ${{ secrets.DOCKERHUB_USERNAME }}
          DOCKERHUB_PASSWORD: ${{ secrets.DOCKERHUB_PASSWORD }}
        run: |
          docker build -t your-image-name .
          echo $DOCKERHUB_PASSWORD | docker login -u $DOCKERHUB_USERNAME
--password-stdin
          docker tag your-image-name $DOCKERHUB_USERNAME/your-image-name
          docker push $DOCKERHUB_USERNAME/your-image-name

      - name: Deploy to Kubernetes
        uses: azure/k8s-set-context@v1
        with:
```

```
      kubeconfig: ${{ secrets.KUBECONFIG }}
    run: |
      kubectl apply -f kubernetes/deployment.yaml
      kubectl rollout restart deployment/your-deployment
```

(2) 创建 Kubernetes 部署配置文件。

❑ 在项目的根目录下，创建一个名为 kubernetes 的文件夹。

❑ 在 kubernetes 文件夹中，创建一个名为 deployment.yaml 的文件，用于定义 Kubernetes 部署。

```
apiVersion: apps/v1
kind: Deployment
metadata:
  name: your-deployment
spec:
  replicas: 3
  selector:
    matchLabels:
      app: your-app
  template:
    metadata:
      labels:
        app: your-app
    spec:
      containers:
        - name: your-container
          image: your-dockerhub-username/your-image-name
          ports:
            - containerPort: 8080
```

(3) 配置 GitHub Secrets：在 GitHub 存储库的"Settings"中，添加两个名为 DOCKERHUB_USERNAME 和 DOCKERHUB_PASSWORD 的 Secrets，分别存储 Docker Hub 的用户名和密码。

(4) 提交配置文件：将配置文件 cd.yml 和 deployment.yaml 提交到存储库中。

(5) 触发持续交付流水线：将代码提交到 GitHub 存储库的 main 分支时，GitHub Actions 将自动触发配置的持续交付流水线。

(6) 监控部署和验证：在 Kubernetes 集群中，使用 kubectl 命令来监控部署状态，如 kubectl get pods, kubectl get deployment。

通过以上步骤，已经实现了基于 Docker 和 Kubernetes 的持续交付流水线。每次提交代码后，GitHub Actions 将自动构建 Docker 镜像推送到 Docker Hub，然后使用 Kubernetes 部署到集群中。这种方式可以实现快速的持续交付，并确保应用程序在不同环境中的一致性部署。请注意，这只是一个示例，大家可以根据自己的项目和环境进行定制。

14.7.7　环境管理

环境管理是 DevOps 流程中的一个重要步骤，它涉及定义、创建和管理不同环境(如开发、测试和生产环境)的基础设施和配置。在实际应用中，通常使用基础设施即代码工具(如 Terraform 或 CloudFormation)来定义不同环境的基础设施，然后创建开发、测试和生产环境的配置。接下来以使用 Terraform 为例，介绍实现基础设施即代码管理的过程。

(1) 创建 Terraform 文件夹：在项目的根目录下，创建一个名为 terraform 的文件夹，用于存放 Terraform 配置文件。

(2) 编写 Terraform 配置文件。

❑ 在 terraform 文件夹中，为每个环境创建一个 Terraform 配置文件，如 dev.tf 和 prod.tf。

❑ 在配置文件中，定义基础设施资源，如虚拟机、数据库、网络等。

(3) 使用 Terraform 管理环境：运行 Terraform 命令来创建、更新和管理环境，以下是一些常见的 Terraform 命令：

```
# 初始化 Terraform 配置
terraform init

# 查看计划(查看将要执行的变更)
terraform plan -var-file=dev.tfvars

# 应用计划(创建或更新资源)
terraform apply -var-file=dev.tfvars

# 销毁资源
terraform destroy -var-file=dev.tfvars
```

(4) 使用变量文件：创建一个名为 dev.tfvars 的变量文件，用于存储环境特定的变量值。例如：

```
# dev.tfvars
environment = "dev"
region = "us-east-1"
```

(5) 版本控制 Terraform 配置：将 Terraform 配置文件和变量文件提交到代码仓库，并确保其与代码一起进行版本控制。

(6) 部署环境：在不同的环境中，运行相应的 Terraform 命令来创建和管理基础设施。

例如，对于开发环境来说运行：

```
terraform init
terraform plan -var-file=dev.tfvars
terraform apply -var-file=dev.tfvars
```

(7) 变量管理：使用 Terraform 的变量来管理环境特定的配置，使在不同环境中重用相同的配置文件只需提供不同的变量值。

(8) 监控和更新：定期监控和更新基础设施，确保环境的一致性和稳定性。

通过以上步骤，我们可以使用 Terraform 进行基础设施即代码管理，轻松地创建和管理不同环境的基础设施和配置。这种方式可以确保不同环境之间的一致性，并减少手动操作的错误或变动。

14.7.8 部署自动化

部署自动化是 DevOps 流程中的关键步骤，它涉及将应用程序的新版本自动部署到不同环境中，以确保快速且可靠地部署。在这一步骤中，通常使用部署工具(如 Kubernetes、Docker Compose 或脚本)实现自动化部署，将容器化的微服务部署到各个环境中，确保容器在目标环境中正确启动。接下来，以使用 Kubernetes 进行自动化部署为例，详细说明部署自动化的过程。

(1) 配置持续集成流水线：在持续集成工具的配置文件中，确保已经包括构建、测试和容器化的步骤。在这一步骤中，将添加自动化部署。

```
name: Automated Deployment

on:
  push:
    branches:
      - main

jobs:
  build-deploy:
    name: Build, Containerize, and Deploy
    runs-on: ubuntu-latest

    steps:
      - name: Check out code
        uses: actions/checkout@v2

      - name: Set up Go
        uses: actions/setup-go@v2
```

```
    with:
      go-version: 1.x

  - name: Build and push Docker image
    env:
      DOCKERHUB_USERNAME: ${{ secrets.DOCKERHUB_USERNAME }}
      DOCKERHUB_PASSWORD: ${{ secrets.DOCKERHUB_PASSWORD }}
    run: |
      docker build -t your-image-name .
      echo $DOCKERHUB_PASSWORD | docker login -u $DOCKERHUB_USERNAME --password-stdin
      docker tag your-image-name $DOCKERHUB_USERNAME/your-image-name
      docker push $DOCKERHUB_USERNAME/your-image-name

  - name: Deploy to Kubernetes
    uses: azure/k8s-set-context@v1
    with:
      kubeconfig: ${{ secrets.KUBECONFIG }}
    run: |
      kubectl apply -f kubernetes/deployment.yaml
      kubectl rollout restart deployment/your-deployment
```

(2) 创建 Kubernetes 部署配置文件。

❑ 在项目的根目录下，创建一个名为 kubernetes 的文件夹。

❑ 在 kubernetes 文件夹中，创建一个名为 deployment.yaml 的文件，用于定义 Kubernetes 部署。

```
apiVersion: apps/v1
kind: Deployment
metadata:
  name: your-deployment
spec:
  replicas: 3
  selector:
    matchLabels:
      app: your-app
  template:
    metadata:
      labels:
        app: your-app
    spec:
      containers:
        - name: your-container
          image: your-dockerhub-username/your-image-name
          ports:
            - containerPort: 8080
```

(3) 配置 GitHub Secrets：在 GitHub 存储库的"Settings"中，添加一个名为 DOCKERHUB_USERNAME 的 Secret(密钥)，存储 Docker Hub 的用户名。

(4) 提交配置文件：将配置文件 deployment.yaml 提交到存储库中。

(5) 触发部署自动化流水线：将代码提交到 GitHub 存储库的 main 分支时，GitHub Actions 将自动触发配置的部署自动化流水线。

(6) 监控部署和验证：在 Kubernetes 集群中，使用 kubectl 命令来监控部署状态，如 kubectl get pods, kubectl get deployment。

通过以上步骤，已经实现了基于 Kubernetes 的部署自动化流水线。每次提交代码后，GitHub Actions 将自动构建 Docker 镜像推送到 Docker Hub，然后使用 Kubernetes 部署到集群中。这可以实现快速且可靠的自动化部署，并确保应用程序在不同环境中的一致性部署。

14.7.9　监控和日志

监控和日志是 DevOps 流程中不可或缺的一部分。它们帮助团队追踪应用程序的性能、状态和问题，从而快速识别和解决潜在的故障。在这个过程中，通过集成监控工具监测微服务的性能和状态，并实现配置日志收集和分析工作，以便追踪问题。接下来，以使用 Prometheus 和 Grafana 监控和记录应用程序为例，详细说明监控和日志的实现过程。

(1) 配置指标和日志收集。

❑　在应用程序中，添加代码来生成重要的指标(如响应时间、错误率等)和日志信息。

❑　使用适当的库和框架将指标发送到 Prometheus 或其他监控工具，将日志发送到中央日志系统(如 ELK Stack、Fluentd 等)。

(2) 配置 Prometheus 服务器。

❑　在服务器上安装和配置 Prometheus，确保它可以从应用程序收集指标。

❑　创建 Prometheus 配置文件，定义指标的目标和查询。

(3) 配置 Grafana 服务器。

❑　在服务器上安装和配置 Grafana，用于可视化监控数据。

❑　配置 Grafana 数据源，将其连接到 Prometheus。

(4) 创建监控仪表板。

❑　在 Grafana 中创建仪表板，添加面板以展示指标和日志。

❑　配置面板查询，选择 Prometheus 数据源并定义查询。

(5) 设置告警规则。

❑　在 Prometheus 配置文件中定义告警规则，以便在指标达到特定阈值时触发告警。

❑　将告警发送到通知渠道(如电子邮件、Slack)。

(6) 观察和分析。

❑　使用 Grafana 仪表板来观察应用程序的性能和状态，监控指标的变化趋势。

❑　使用日志工具来搜索和分析应用程序的日志，以查找问题和异常情况。

通过以上步骤，可以实现基于 Prometheus 和 Grafana 的监控和日志记录。这将帮助我们保持对应用程序的全面了解，及时发现问题和解决问题，从而提供更稳定、更高性能的应用程序。

14.7.10　持续改进

持续改进是 DevOps 流程中的最后一步，它涉及不断地评估、优化和改进整个流程、工具和实践，以实现更高效、更可靠的交付。接下来，将详细讲解实施持续改进的步骤，包括使用 Kaizen 原则和一些工具来分析和优化流程。

(1) 收集数据和指标。

❑　使用合适的工具收集关键指标，如部署频率、平均修复时间等。

❑　使用 Prometheus、Grafana 或其他监控工具来收集和可视化指标。

(2) 设置持续改进会议。

❑　周期性地召开持续改进会议，团队成员分享问题、挑战和建议。

❑　使用 Slack、Zoom 或其他协作工具进行会议。

(3) 使用 Kaizen 原则。

❑　针对一个特定的问题或瓶颈，应用 Kaizen 原则来寻找改进的机会。

❑　使用 5 Whys 方法深入了解问题的根本原因。

(4) 价值流分析。

❑　使用 Value Stream Mapping 工具来分析整个交付流程。

❑　识别并标记出非价值增加的步骤、延迟和浪费。

(5) 根本原因分析。

使用 5 Whys 方法来找出问题的根本原因。

❑　为什么部署失败了？因为新代码引起了内存泄漏。

❑　为什么新代码会引起内存泄漏？因为代码没有经过适当的优化。

❑　为什么代码没有经过适当的优化？因为没有进行代码审查流程。

❑　为什么没有进行代码审查流程？因为团队没有建立标准的代码审查规范。

□　为什么团队没有建立标准的代码审查规范？因为缺乏对代码审查重要性的认识，并且管理层没有制定正式相关流程。

通过 5 Whys 分析，可以找到问题的根本原因，并采取适当的改进措施。

(6) 实验和验证。

□　为一个改进想法设定一个小规模的实验。

□　收集实验数据，分析其效果。

例如，可以在持续交付流程中试验引入一个新的自动化测试步骤。

(7) 工具支持。

使用工具来跟踪问题、任务和改进计划。例如，使用 JIRA 或 Trello 来管理任务和改进项(这里的改进项是指针对问题的解决方案或持续改进的计划)。

(8) 定期回顾。

□　定期回顾已经实施的改进，评估其效果。

□　根据评估结果，决定是保持、调整改进措施还是放弃改进措施。

(9) 培训和知识分享。

举办知识分享会议，分享成功的改进经验和最佳实践。例如，在团队会议上分享一个成功的持续改进案例，以激励团队成员。

(10) 持续迭代。

□　持续改进是一个循环的过程，根据反馈和实践进行持续迭代。

□　每个迭代周期都会带来更多的经验和改进。

通过以上步骤，我们可以实施持续改进的实践，将其纳入 DevOps 流程中。持续改进可以帮助团队不断地优化流程、提高效率，并不断提升交付的质量。

> **注意**：本节讲解的这个示例过程涵盖了从编码到发布的主要步骤，以实现持续集成、持续交付和自动化的 DevOps 流程。具体实施可能会因组织的需求和工具选择有所不同。

第 15 章

高并发在线聊天室系统

　　聊天室系统是一个允许多个用户实时进行交流的应用程序。它提供了一个在线的交流平台，使用户能够发送文本消息、表情符号、图片、链接等，并能够实时接收其他用户发送的消息。本章将详细讲解使用 Go 语言开发一个在线聊天室系统的过程。本系统由 Ajax+Iris+React+JWT+MySQL+Xorm+Viper 实现。

15.1　背景介绍

扫码看视频

当今社会，随着互联网的普及和信息技术的迅速发展，人们之间的沟通和交流方式已经超越了传统的方式。在线聊天室系统作为一种基于互联网的实时交流平台，正在成为越来越多人的首选。在线聊天室系统为用户提供了一个即时的、实时的交流环境，让人们可以方便地与朋友、家人、同事或陌生人进行交流和分享。

在线聊天室系统的设计理念是为用户提供一个轻松、自由、互动的聊天空间。无论用户身处何处，只需打开浏览器或手机应用，即可迅速进入聊天室，与其他在线用户实时交流。聊天室中的交流内容可以涵盖各种主题，从日常生活、兴趣爱好，到工作讨论、学术交流，用户可以根据自己的需求和兴趣选择参与不同类型的聊天室。

开发在线聊天室系统时，主要关注以下几个方面的内容。

- □　实时性：聊天室系统应该具备高度的实时性，以确保用户能够即时收到其他用户发送的消息，实现交流的即时性和流畅性。
- □　用户体验：用户体验是一个重要的考虑因素，系统应该简洁易用、界面友好，同时支持多种消息格式和表情符号，以提升用户使用的愉悦感。
- □　安全性：聊天室系统需要确保用户的信息和聊天内容的安全性，要采取措施防止恶意攻击、信息泄露等安全问题。
- □　多平台支持：现代聊天室系统需要支持多平台，包括桌面端、移动端等，以满足用户在不同设备上的需求。
- □　管理员管理：为了维护聊天室的秩序，系统需要管理员来管理用户，以防止不良信息的传播和滥用。

开发一个完善的在线聊天室系统是一个挑战，但也是一个有趣且有意义的项目。这样的系统不仅能够促进人们之间的交流和联系，还能成为社交娱乐、团队协作等方面的重要工具。通过不断的改进和优化，在线聊天室系统有望成为用户喜爱和依赖的沟通平台。

15.2　系统分析

系统分析是软件开发过程中的一个关键阶段，旨在对项目的需求和范围进行全面的理解和分析。它是软件开发的起点，通过与相关利益相关者(包括客户、用户、开发团队等)

的沟通和协作，确定软件项目的目标和范围，以便后续的设计、开发和测试能够有针对性地进行。

15.2.1 需求分析

聊天室系统可以应用于多种场景，如社交平台、在线协作工具、游戏应用等。在开发聊天室系统时，需要考虑用户体验、性能、安全性等方面，并选择合适的技术栈来实现所需的功能。一般而言，前端通常使用 HTML、CSS 和 JavaScript，后端则可以使用各种编程语言和框架来实现实时通信和数据库交互。聊天室系统通常具有以下功能。

❑ 实时交流：聊天室系统通过即时通信技术(如 WebSocket)实现实时交流，使用户能够即时收到其他用户发送的消息。

❑ 多用户参与：聊天室允许多个用户同时参与，用户可以同时看到其他用户发送的消息。

❑ 用户身份识别：通常聊天室要求用户进行登录或输入昵称，以便识别用户身份，同时可以防止匿名用户的滥用。

❑ 聊天记录存储：聊天室系统通常会将聊天记录存储到数据库中，以便用户查看聊天历史。

❑ 在线用户列表：聊天室会显示当前在线的用户列表，以方便用户知道谁在聊天室中。

❑ 消息广播：用户发送的消息通常会广播给其他在线用户，以确保大家都能看到并参与讨论。

❑ 消息格式支持：聊天室通常支持多种消息格式，包括文本消息、表情符号、图片、链接等。

❑ 安全性考虑：聊天室系统需要考虑安全性，包括对用户输入进行验证和过滤，防止 XSS 等安全漏洞。

15.2.2 系统设计

建立一个完整的在线聊天室系统是一个相对复杂的项目，需要涵盖前端、后端和数据库等方面的开发。具体说明如下。

(1) 技术栈选择。

❑ 前端：Ajax、HTML、CSS、JavaScript 和 React 框架等。

❑ 后端：Iris、JWT(JSON Web Tokens)、MySQL 数据库、XORM 和 Viper 等。

❑ 数据库：关系型数据库如 MySQL。

(2) 设计数据库模型。

❑　设计用户表、消息表等必要的数据结构，用于存储用户信息和聊天记录。

❑　使用 XORM 作为数据库操作和 ORM 框架。

(3) 前端开发。

❑　创建用户登录界面，让用户输入用户名或昵称。

❑　登录后进入聊天室界面，显示聊天记录和在线用户列表。

❑　实现消息发送功能，将用户输入的消息发送到后端。

(4) 后端开发。

❑　创建路由和处理程序，处理前端发来的请求。

❑　实现用户登录验证，确保用户的合法性。

❑　处理用户消息的发送和接收，把消息广播给其他在线用户。

(5) 连接前后端。

❑　前端通过 WebSocket 或 HTTP 请求与后端进行通信，发送消息和接收其他用户发送的消息。

❑　后端接收前端的请求，处理并返回相应的数据。

(6) 实时通信。

使用 WebSocket 或类似技术实现实时通信，让用户即时收到其他用户的消息。

(7) 聊天记录存储。

将聊天记录存储到数据库，以便用户查看之前的聊天记录。

(8) 安全性考虑。

❑　对用户输入进行验证和过滤，防止 XSS 等安全漏洞。

❑　在用户登录时考虑使用密码哈希和盐值来存储用户密码。

(9) 部署和测试。

❑　部署前端和后端到服务器或云平台上。

❑　进行全面测试，包括功能测试、性能测试和安全测试。

> **注意**：以上只是本项目的系统设计过程，在实际开发中还会涉及更多功能和技术细节。建议大家逐步实现功能，使用版本控制管理代码，遇到问题时进行适当的搜索和学习。开发过程中，也可以参考其他成熟的聊天室项目来获取更多灵感和经验。

15.2.3　系统模块架构分析

本项目的系统模块架构如图 15-1 所示。

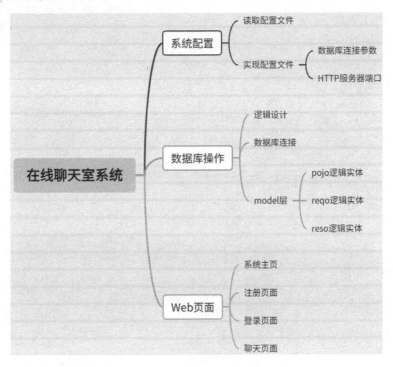

图 15-1　系统模块架构

15.3　系统配置文件

在一个程序项目中，系统配置文件主要用于配置应用程序的行为和总体设置，通常包含各种参数、选项和值，用于自定义应用程序的行为。在本项目的 config 文件夹中存放了系统的配置文件，通过使用配置文件，可以灵活地配置应用程序的各种参数和选项，以提高代码的可维护性和可配置性。

扫码看视频

15.3.1　读取配置文件

编写 config/index.go 文件，这是一个 Go 语言包的初始化程序代码，用于读取配置文件并将其存储在全局变量 Viper 中，以便其他代码需要时可以方便地获取配置信息。config/index.go 文件的具体实现代码如下。

```go
package config
import (
    "log"
    "sync"
    "github.com/spf13/viper"
)

var once sync.Once
var Viper *viper.Viper
func init() {
    once.Do(func() {
        Viper = viper.New()
        Viper.AddConfigPath("./")
        Viper.SetConfigName("config")

        if err := Viper.ReadInConfig(); err == nil {
            log.Println("Read config successfully: ", Viper.ConfigFileUsed())
        } else {
            log.Printf("Read failed: %s \n", err)
            panic(err)
        }
    })
}
```

对上述代码的具体说明如下。

(1) 导入 log、sync 和 github.com/spf13/viper 三个包，其中，log 用于日志输出，sync 用于实现同步操作，viper 是用于读取配置文件的库。

(2) 声明并初始化全局变量：声明一个 sync.Once 类型的变量 once 和一个指向 viper.Viper 类型的全局变量 Viper。全局变量 Viper 在整个 config 包中被共享，并用于存储读取的配置信息。

(3) 初始化 init()函数，在 Go 语言中，每个包都可以有一个 init 函数。init 函数在包被导入时自动执行。代码中的 init 函数使用 sync.Once 以确保其中的初始化代码只被执行一次。在 init 函数中，首先调用了 once.Do()函数，该函数保证其参数函数只被执行一次。在这里，我们使用了匿名函数作为参数，当第一次调用时，会执行其中的代码。由于 once 只能执行一次，后续再调用 init 函数时将不再执行其中的代码。

在匿名函数中，代码通过 viper.New()函数创建了一个新的 viper 实例，并将其赋值给全局变量 Viper。接着，代码通过 Viper.AddConfigPath("./")设置配置文件的搜索路径为当前目录，Viper.SetConfigName（"config"）指定了配置文件的文件名为 config。

随后，代码尝试读取配置文件内容，并通过 Viper.ReadInConfig()函数来实现。如果读取配置文件成功，将会输出日志信息"Read config successfully: "，并显示配置文件的路径(使用了 Viper.ConfigFileUsed())。如果读取配置文件失败，将会输出错误信息，并通过 panic 终止程序运行。

15.3.2　实现系统配置文件

编写 config.toml 文件实现系统配置文件功能，设置系统服务器的运行端口为 8888，并设置 MySQL 数据库的连接参数。具体实现代码如下。

```
[server]
 name = "demo-chatroom"
 addr = ":8888"

[server.logger]
 level = "debug"

# 数据库相关
[database]
 driver = "mysql"

[mysql]
 dbHost = "127.0.0.1"
 dbPort = "3306"
 dbName = "demochat"
 dbParams = "parseTime=true&loc=Local"
 dbUser = "root"
 dbPasswd = "66688888"
```

15.4　数据库设计

本项目中的数据保存在 MySQL 数据库 demochat 中，读者先在自己的 MySQL 数据库中创建名为 demochat 的数据库，然后运行程序即可自动创建数据库表。

扫码看视频

15.4.1　数据库表设计

在 MySQL 数据库 demochat 中主要包含两个数据库表，每个数据库表的具体设计结构如下。

(1) user 表：保存了系统中的用户信息，具体设计结构如图 15-2 所示。

(2) message 表：保存了用户的聊天信息，具体设计结构如图 15-3 所示。

名字	类型	排序规则	属性	空	默认	注释	额外
id	bigint(20)			否	无		AUTO_INCREMENT
username	varchar(255)	utf8_general_ci		是	*NULL*		
passwd	varchar(255)	utf8_general_ci		是	*NULL*		
gender	bigint(20)			是	*NULL*		
age	bigint(20)			是	*NULL*		
interest	varchar(255)	utf8_general_ci		是	*NULL*		
created_at	datetime			是	*NULL*		
updated_at	datetime			是	*NULL*		
deleted_at	datetime			是	*NULL*		

图 15-2　user 表的设计结构

名字	类型	排序规则	属性	空	默认	注释	额外
id	bigint(20)			否	无		AUTO_INCREMENT
sender_id	bigint(20)			是	*NULL*		
receiver_id	bigint(20)			是	*NULL*		
content	varchar(255)	utf8_general_ci		是	*NULL*		
send_time	bigint(20)			是	*NULL*		
created_at	datetime			是	*NULL*		
updated_at	datetime			是	*NULL*		
deleted_at	datetime			是	*NULL*		

图 15-3　message 表的设计结构

15.4.2　数据库连接

编写 database/index.go 文件，功能是连接到 MySQL 数据库，并根据配置文件进行一些数据库和表的初始化与配置工作，同时确保这些初始化和配置只会在第一次导入 database 包时执行一次。database/index.go 文件的具体实现流程如下。

(1) 导入 errors、fmt、log、sync 等标准库，以及 github.com/JabinGP/demo-chatroom/config 和 github.com/JabinGP/demo-chatroom/model/pojo 两个自定义包，还有 xorm.io/core 和

xorm.io/xorm 两个 Xorm 相关的包。对应的实现代码如下。

```
package database

import (
    "errors"
    "fmt"
    "log"
    "sync"

    "github.com/JabinGP/demo-chatroom/config"
    "github.com/JabinGP/demo-chatroom/model/pojo"
    "xorm.io/core"
    "xorm.io/xorm"
)
```

(2) 声明一个 sync.Once 类型的变量 once 和一个指向 xorm.Engine 类型的全局变量 DB。全局变量 DB 将在整个 database 包中被共享，并用于数据库连接和操作。对应的实现代码如下。

```
var once sync.Once

// DB 数据库连接实例
var DB *xorm.Engine
```

(3) 定义初始化 init 函数，init 函数在包被导入时自动执行。在 init 函数中，首先调用了 once.Do()函数，该函数保证其参数函数只被执行一次。在这里，使用了匿名函数作为参数，当第一次调用时，会执行其中的代码。由于 once 只能执行一次，后续再调用 init 函数时将不再执行其中的代码。在匿名函数中，代码根据配置文件中的数据库驱动类型(database.driver)来初始化数据库连接。这里支持 MySQL 数据库，如果数据库驱动类型不是 MySQL，将会抛出一个错误。然后依次调用 configDB()函数和 initTable()函数来进行数据库配置与表的初始化。对应的实现代码如下。

```
func init() {
    once.Do(func() {
        dbType := config.Viper.GetString("database.driver")
        switch dbType {
        case "mysql":
            initMysql()
        default:
            panic(errors.New("only support mysql"))
        }

        // 顺序不能错，否则生成的表不能按照配置的规则命名
```

```
        configDB()
        initTable()
    })
}
```

（4）定义 initMysql()函数，这是一个初始化 MySQL 数据库连接的函数。它从配置文件中读取 MySQL 连接参数，通过 xorm.NewEngine()创建一个新的 MySQL 数据库引擎，并将其赋值给全局变量 DB。如果连接失败，将会输出错误信息并终止程序运行。对应的实现代码如下。

```
// 初始化，当使用的数据库为 MySQL 时
func initMysql() {
    dbType := config.Viper.GetString("database.driver")
    dbHost := config.Viper.GetString("mysql.dbHost")
    dbPort := config.Viper.GetString("mysql.dbPort")
    dbName := config.Viper.GetString("mysql.dbName")
    dbParams := config.Viper.GetString("mysql.dbParams")
    dbUser := config.Viper.GetString("mysql.dbUser")
    dbPasswd := config.Viper.GetString("mysql.dbPasswd")
    dbURL := fmt.Sprintf("%s:%s@(%s:%s)/%s?%s", dbUser, dbPasswd, dbHost, dbPort,
dbName, dbParams)

    var err error
    DB, err = xorm.NewEngine(dbType, dbURL)
    if err != nil {
        log.Printf("Open mysql failed,err:%v\n", err)
        panic(err)
    }
}
```

（5）定义 initTable()函数，这是一个自动同步表结构的函数，它通过调用 DB.Sync2()函数自动创建数据库表。在这里，表的结构是根据 pojo.User 和 pojo.Message 这两个结构体自动生成的。如果同步表结构失败，将会输出错误信息并终止程序运行。对应的实现代码如下。

```
// 自动同步表结构，如果不存在则创建
func initTable() {
    // 自动创建表
    err := DB.Sync2(new(pojo.User), new(pojo.Message))
    if err != nil {
        log.Printf("同步数据库和结构体字段失败:%v\n", err)
        panic(err)
    }
}
```

（6）定义 configDB() 函数，这是一个设置数据库的可选配置的函数。它调用了 DB.SetLogLevel()、DB.ShowSQL() 和 DB.ShowExecTime() 等函数来设置数据库引擎的日志等级、是否显示 SQL 语句及执行时间等信息。此外，通过 DB.SetMapper(core.GonicMapper{}) 函数设置结构体字段到数据库字段的转换器，使用 core.GonicMapper{} 可以保持字段名的大小写不变。对应的实现代码如下。

```
// 设置可选配置
func configDB() {
    // 设置日志等级，设置显示 sql，设置显示执行时间
    DB.SetLogLevel(xorm.DEFAULT_LOG_LEVEL)
    DB.ShowSQL(true)
    DB.ShowExecTime(true)

    // 指定结构体字段到数据库字段的转换器
    // 默认为 core.SnakeMapper
    // 但是我们通常在 struct 中使用"ID"
    // 而 SnakeMapper 将"ID"转换为"i_d"
    // 因此我们需要手动指定转换器为 core.GonicMapper{}
    DB.SetMapper(core.GonicMapper{})
}
```

15.4.3 model 层

在本项目的 model 目录存放了与数据模型相关的代码文件。在软件开发中，model 目录通常用于组织和管理与数据结构、数据库表、ORM 映射等相关的代码，通常也包含定义数据模型的结构体、数据库操作的方法、ORM 映射配置以及其他与数据模型相关的功能。

1. 定义 pojo 业务逻辑实体

在 model/pojo 目录中定义数据库对应的实体，此类实体不要求与数据库字段一一对应。

（1）编写 model/pojo/Message.go 文件，定义一个用于表示消息实体的 Message 结构体，其中包含消息的各种属性，以及一些特殊标签，用于在数据库操作时自动处理与时间相关的字段和软删除。这样的设计可以方便存储和管理信息。具体实现代码如下。

```
package pojo

import "time"

// Message 消息实体，对应表 message
type Message struct {
    ID        int64
    SenderID  int64
```

```
    ReceiverID int64
    Content    string
    SendTime   int64
    CreatedAt  time.Time 'xorm:"created"' // 这个字段将在插入数据时自动赋值为当前时间
    UpdatedAt  time.Time 'xorm:"updated"' // 这个字段将在插入或更新数据时自动赋值为当前
时间
    DeletedAt  time.Time 'xorm:"deleted"' // 如果带 DeletedAt 这个字段和标签，xorm 删
除时自动软删除
}
```

在结构体 Message 中包含以下字段。

❑ ID：消息的唯一标识符，类型为 int64。

❑ SenderID：消息发送者的唯一标识符，类型为 int64。

❑ ReceiverID：消息接收者的唯一标识符，类型为 int64。

❑ Content：消息的内容，类型为 string。

❑ SendTime：消息发送的时间，类型为 int64。这里的时间戳可以用来表示消息的发送时间。

❑ CreatedAt：消息的创建时间，类型为 time.Time。这个字段使用了一个特殊的标签 xorm:"created"，表示在插入数据时会自动赋值为当前时间。

❑ UpdatedAt：消息的更新时间，类型为 time.Time。这个字段同样用了一个特殊的标签 xorm:"updated"，表示在插入或更新数据时会自动赋值为当前时间。

❑ DeletedAt：如果带有 DeletedAt 这个字段和标签，xorm 删除数据时会自动进行软删除。软删除是指在数据库中并不真正删除数据，而是通过将 DeletedAt 字段设置为当前时间来表示数据已经被删除。

(2) 编写 model/pojo/MessageWithUser.go 文件，定义一个名为 MessageWithUser 的结构体，用于表示带有用户信息的消息实体。具体实现代码如下。

```
package pojo

// MessageWithUser 消息包含用户信息的实体
type MessageWithUser struct {
    Message  Message 'xorm:"extends"'
    Sender   User    'xorm:"extends"'
    Receiver User    'xorm:"extends"'
}

// TableName 指定表名
func (MessageWithUser *MessageWithUser) TableName() string {
    return "message"
}
```

（3）编写 model/pojo/User.go 文件，定义一个用于表示用户实体的 User 结构体，其中包含用户的各种属性，以及一些特殊标签，用于在数据库操作时自动处理与时间相关的字段和软删除，这样的设计可以方便地存储和管理用户的信息。具体实现代码如下。

```
package pojo

import "time"

// User 用户实体，对应表 user
type User struct {
    ID        int64
    Username  string
    Passwd    string
    Gender    int64 // 1 -> girl, 2 -> boy
    Age       int64
    Interest  string
    CreatedAt time.Time 'xorm:"created"' // 这个字段将在插入数据时自动赋值为当前时间
    UpdatedAt time.Time 'xorm:"updated"' // 这个字段将在插入或更新数据时自动赋值为当前
时间
    DeletedAt time.Time 'xorm:"deleted"' // 如果带 DeletedAt 这个字段和标签，xorm 删除
时自动软删除
}
```

2. reqo(Request Object)请求实体、reso(Response Object)响应实体

在使用不同 API 接口发送请求时，可以携带的参数以及响应的数据也会不同。为此，在本项目中为每一个接口设计一个对应的请求实体和响应实体。

（1）编写 model/pojo/Message.go 文件，定义了一个用于表示消息实体的 Message 结构体，其中包含了消息的各种属性，以及一些特殊标签，如 xorm:"created"、xorm:"updated" 和 xorm:"deleted"。这些特殊标签用于与数据库操作相关的库(如 XORM)进行交互，提供了额外的指示，以便在进行插入、更新和删除操作时自动处理时间戳和软删除的功能。这样的设计可以方便地存储和管理消息的信息。具体实现代码如下。

```
package reqo

//获取 GET 请求: /message
type GetMessage struct {
    BeginID   int64 'json:"beginId"'
    BeginTime int64 'json:"beginTime"'
    EndTime   int64 'json:"endTime"'
}

//获取 POST 请求: /message
```

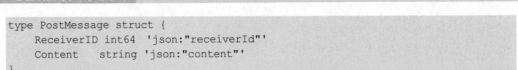

```
type PostMessage struct {
    ReceiverID int64  'json:"receiverId"'
    Content    string 'json:"content"'
}
```

(2) 编写 model/reqo/user.go 文件，定义了 GetUser、PutUser、PostUser 和 PostLogin 四个请求对象，分别用于表示请求不同 API 接口时的请求参数。通过定义结构体的字段，可以方便地解析请求参数，并在处理请求时使用这些参数。同时，通过 json 标签指定字段在请求和响应的 JSON 数据中的名称，便于在处理 JSON 数据时进行字段映射。具体实现代码如下。

```
package reqo

//获取 GET 请求：/user
type GetUser struct {
    Username string 'json:"username"'
    ID       uint   'json:"id"'
}

//获取 PUT 请求：/user
type PutUser struct {
    Gender   int64  'json:"gender"'
    Age      int64  'json:"age"'
    Interest string 'json:"interest"'
}

//获取 POST 请求：/user
type PostUser struct {
    Username string 'json:"username"'
    Passwd   string 'json:"passwd"'
    Gender   int64  'json:"gender"'
    Age      int64  'json:"age"'
    Interest string 'json:"interest"'
}

//获取 POST 请求：/login
type PostLogin struct {
    Username string 'json:"username"'
    Passwd   string 'json:"passwd"'
}
```

(3) 编写 model/reso/message.go 文件，定义两个响应对象 GetMessage 和 PostMessage，分别用于表示响应不同 API 接口时的响应数据。通过定义结构体的字段，并添加 json 标签，可以方便地将响应数据转换为 JSON 格式，便于客户端解析和处理响应数据。具体实现代码如下。

```
package reso

//响应: /message
type GetMessage struct {
    ID         int64  'json:"id"'
    SenderID   int64  'json:"senderId"'
    SenderName string 'json:"senderName"'
    Content.   string 'json:"content"'
    SendTime   int64  'json:"sendTime"'
    Private    bool   'json:"private"'
}

//响应: /message
type PostMessage struct {
    ID int64 'json:"id"'
}
```

(4) 编写 model/reso/token.go 文件，定义一个响应对象 GetTokenInfo，用于表示响应 GET "/token/info"请求时返回的数据。结构体的字段描述了响应中所包含的信息，方便在客户端进行数据解析和使用。具体实现代码如下。

```
package reso

//响应: /token/info
type GetTokenInfo struct {
    ID       int64  'json:"id"'
    Username string 'json:"username"'
}
```

结构体 GetTokenInfo 包含以下字段。

❏　ID：用户的唯一标识符，类型为 int64，对应于响应中的 id 字段。

❏　Username：用户的用户名，类型为 string，对应于响应中的 username 字段。

(5) 编写 model/reso/user.go 文件，定义了 GetUser、PutUser、PostUser 和 PostLogin 四个响应对象，分别用于表示响应不同 API 端点时的响应数据。结构体的字段描述了响应中所包含的信息，方便在客户端进行数据解析和使用。通过添加 json 标签，可以方便地将响应数据转换为 JSON 格式，便于客户端解析和处理响应数据。具体实现代码如下。

```
package reso

//响应: /user
type GetUser struct {
    ID       int64  'json:"id"'
```

```
    Username string 'json:"username"'
    Gender   int64 'json:"gender"'
    Age      int64 'json:"age"'
    Interest string 'json:"interest"'
}

//响应: /user
type PutUser struct {
    ID       int64  'json:"id"'
    Username string 'json:"username"'
    Gender   int64  'json:"gender"'
    Age      int64  'json:"age"'
    Interest string 'json:"interest"'
}

//响应: /user
type PostUser struct {
    Username string 'json:"username"'
    ID       int64  'json:"id"'
}

//响应: /login
type PostLogin struct {
    Username string 'json:"username"'
    ID       int64  'json:"id"'
    Token    string 'json:"token"'
}
```

15.5 具体实现

经过前文的介绍，系统配置和数据库已经设计完毕，接下来，将详细讲解本项目的具体编码过程。

15.5.1 URL 路由

扫码看视频

在本项目中，route 目录实现 URL 路由层功能，负责将发送来的 API 请求"\xxx\xxx"映射到对应的功能函数。具体实现流程如下。

(1) 编写 route/index.go 文件，实现系统主页的路由功能，定义一个主要的路由配置 Route 函数，用于设置应用程序的路由规则。其中，/v1 路由组用于处理版本化的 API 请求，并将不同功能模块的路由划分到对应的子路由函数中，实现了路由的模块化管理。这样的设计使路由配置更加清晰、易于扩展和维护。具体实现代码如下。

```
package route

import (
    "github.com/kataras/iris/v12"
)

// Route ...
func Route(app *iris.Application) {
    routeStatic(app)
    routeRedirect(app)
    v1 := app.Party("/v1")
    {
        routeToken(v1)
        routeUser(v1)
        routeMessage(v1)
    }
}
```

对上述代码的具体说明如下。

- ❑ Route 函数是一个公共函数，它接收一个*iris.Application 类型的参数 app，该参数是 Iris 框架的应用程序实例。
- ❑ routeStatic 函数和 routeRedirect 函数没有在提供的代码中显示，但可以假设它们用于设置静态文件路由和重定向路由。
- ❑ 通过 app.Party("/v1")创建了一个路由组，该组的前缀是/v1，意味着所有这个路由组下的路由都以/v1 开头。这样的路由组用于区分不同版本的 API，并且可以方便地进行模块化管理。
- ❑ 在/v1 路由组下，通过调用 routeToken、routeUser 和 routeMessage 三个函数来设置不同的路由，分别用于处理关于 Token、User 和 Message 的请求。

(2) 编写 route/user.go 文件，实现和系统用户相关的路由操作功能，定义一个路由配置 routeUser 函数，用于设置与用户相关的 API 端点的路由规则。每个 API 端点通过不同的 HTTP 方法(POST、GET、PUT)与相应的控制器函数绑定，实现了路由的映射。同时，使用了中间件 middleware.JWT.Serve 和 middleware.Logined 来进行用户身份验证和登录信息获取。这样的设计使路由配置更加清晰、易于扩展和维护。具体实现代码如下。

```
package route

import (
    "github.com/JabinGP/demo-chatroom/controller"
    "github.com/JabinGP/demo-chatroom/middleware"
    "github.com/kataras/iris/v12/core/router"
```

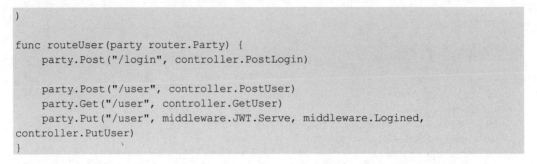

```
)

func routeUser(party router.Party) {
    party.Post("/login", controller.PostLogin)

    party.Post("/user", controller.PostUser)
    party.Get("/user", controller.GetUser)
    party.Put("/user", middleware.JWT.Serve, middleware.Logined,
controller.PutUser)
}
```

（3）编写 route/message.go 文件，实现与聊天信息功能相关的路由操作，定义一个路由配置 routeMessage 函数，用于设置与消息相关的 API 端点的路由规则。每个 API 端点通过不同的 HTTP 方法(POST、GET)与相应的控制器函数绑定，实现了路由的映射。同时，使用了中间件 middleware.JWT.Serve 和 middleware.Logined 来进行用户身份验证和登录信息获取，以确保只有经过认证的用户才能访问消息相关的 API 端点。这样的设计使路由配置更加清晰、易于扩展和维护。具体实现代码如下。

```
package route

import (
    "github.com/JabinGP/demo-chatroom/controller"
    "github.com/JabinGP/demo-chatroom/middleware"
    "github.com/kataras/iris/v12/core/router"
)

func routeMessage(party router.Party) {
    party.Post("/message", middleware.JWT.Serve, middleware.Logined,
controller.PostMessage)
    party.Get("/message", middleware.JWT.Serve, middleware.Logined,
controller.GetMessage)
}
```

对上述代码的具体说明如下。

❑ 在 routeMessage 函数中，通过 party.Post("/message", middleware.JWT.Serve, middleware.Logined, controller.PostMessage)设置一个 POST "/message"的路由，该路由与 middleware.JWT.Serve 和 middleware.Logined 中间件以及 controller.PostMessage 函数绑定，用于处理发送消息的请求。其中，middleware.JWT.Serve 用于检查请求是否带有有效的 JWT 令牌(用于验证用户身份)，middleware.Logined 用于获取登录用户的信息。

❑ 通过 party.Get("/message", middleware.JWT.Serve, middleware.Logined, controller.

GetMessage)设置一个 GET "/message"的路由，该路由与 middleware.JWT.Serve 和 middleware.Logined 中间件及 controller.GetMessage 函数绑定，用于获取消息列表的请求。同样，使用 middleware.JWT.Serve 中间件和 middleware.Logined 中间件来进行用户身份验证和登录信息获取。

(4) 编写 route/token.go 文件，定义了一个路由配置 routeToken 函数，用于设置与令牌相关的 API 端点的路由规则。通过 GET "/token/info" 路由与相应的控制器 controller.GetTokenInfo 函数绑定，实现了获取令牌信息的功能。同时，使用了中间件 middleware.JWT.Serve 和 middleware.Logined 来进行用户身份验证和登录信息获取，以确保只有经过认证的用户才能访问令牌相关的 API 端点。具体实现代码如下。

```
package route

import (
    "github.com/JabinGP/demo-chatroom/controller"
    "github.com/JabinGP/demo-chatroom/middleware"
    "github.com/kataras/iris/v12/core/router"
)
func routeToken(party router.Party) {
    party.Get("/token/info", middleware.JWT.Serve, middleware.Logined,
controller.GetTokenInfo)
}
```

15.5.2　中间件层

中间件(Middleware)是在处理 HTTP 请求和响应之间进行的一系列处理步骤。它们用于处理请求前或处理响应后，对请求和响应进行一些共享的处理，以实现一些通用的功能或逻辑，如身份验证、日志记录、错误处理等。在 Web 开发中，中间件可以被插入请求处理链中，每个中间件都可以在请求到达处理器之前或响应返回给客户端之前对请求或响应进行一些操作。中间件的设计目的是将应用程序的通用功能从具体的请求处理逻辑中分离出来，使应用程序的结构更加清晰，易于扩展和维护。

在本项目的 middleware 目录中实现了中间件层的功能，具体实现流程如下。

(1) 编写 middleware/index.go 文件，定义了一个 middleware 包的初始化 init 函数，用于初始化中间件的配置。通过 sync.Once 确保其中的代码块只会执行一次，避免重复初始化中间件。这样的设计使中间件的初始化和配置集中在一个地方，保持代码整洁和易于维护。具体实现代码如下。

```
package middleware
```

```
import "sync"
var once sync.Once

func init() {
    once.Do(func() {
        initJWT()
        initCORS()
        initUserInfo()
    })
}
```

(2) 编写 middleware/jwt.go 文件，定义一个 middleware 包，其中包含 JWT 验证的中间件配置。通过 jwt.New 函数创建一个 JWT 中间件实例，并配置 JWT 验证失败时的错误处理函数、获取验证密钥的方法和签名算法。具体实现代码如下。

```
package middleware

import (
    "github.com/JabinGP/demo-chatroom/model"
    "github.com/iris-contrib/middleware/jwt"
    "github.com/kataras/iris/v12"
    "github.com/kataras/iris/v12/context"
)

var (
    JWT *jwt.Middleware
)

func initJWT() {
    JWT = jwt.New(jwt.Config{
        ErrorHandler: func(ctx context.Context, err error) {
            if err == nil {
                return
            }
            ctx.StopExecution()
            ctx.StatusCode(iris.StatusUnauthorized)
            ctx.JSON(model.ErrorUnauthorized(err))
        },
        ValidationKeyGetter: func(token *jwt.Token) (interface{}, error) {
            return []byte("My Secret"), nil
        },
        SigningMethod: jwt.SigningMethodHS256,
    })
}
```

上述代码定义了一个 Go 语言的 middleware 包，其中包含 JWT(JSON Web Token)验证的中间件配置。具体说明如下。

❑ 引入一些必要的包，包括 github.com/JabinGP/demo-chatroom/model 包，用于存放一些共用的模型和数据结构，github.com/iris-contrib/middleware/jwt 包提供 JWT 验证中间件的功能，以及 github.com/kataras/iris/v12 包，用于 Iris 框架的开发。

❑ 定义一个全局变量 JWT，它是 jwt.Middleware 类型的指针。这个变量用于存储 JWT 中间件的实例，可以在其他地方引用该中间件。

❑ 定义 initJWT 函数，用于初始化 JWT 中间件的配置。在该函数中，调用了 jwt.New 函数创建一个新的 JWT 中间件实例，并传入一个 jwt.Config 类型的参数来配置中间件的行为。

❑ 在 jwt.Config 中，定义了以下配置项。

◆ ErrorHandler：JWT 验证失败时的错误处理函数，如果出现验证错误，会停止请求处理，并返回 401 Unauthorized 错误，将错误信息以 JSON 形式返回给客户端。

◆ ValidationKeyGetter：获取 JWT 验证密钥的函数，这里固定返回一个硬编码的密钥[]byte("My Secret")用于验证 JWT 令牌的合法性。在实际应用中，通常会使用更复杂的密钥管理方式，例如，从配置文件中读取密钥。

◆ SigningMethod：JWT 签名方法，这里使用了 HS256 算法进行签名，HS256 是一种对称加密算法。

(3) 编写 middleware/cors.go 文件，定义一个 middleware 包，其中包含 CORS 的中间件配置。通过 cors.New 函数创建一个 CORS 中间件实例，并配置了允许的跨域来源、是否允许跨域请求携带身份凭证和允许的自定义请求头。这样的设计使 CORS 中间件可以在应用程序中使用，解决前端页面与后端 API 跨域访问的问题，确保请求的安全性和合法性。具体实现代码如下。

```
package middleware

import (
    "github.com/iris-contrib/middleware/cors"
    "github.com/kataras/iris/v12/context"
)

var CORS context.Handler

func initCORS() {
    CORS = cors.New(cors.Options{
        AllowedOrigins:  []string{"*"}, // Allows everything, use that to change
the hosts.
```

```
        AllowCredentials: true,
        AllowedHeaders:  []string{"*"}, // If do not set this will not be able to
customize the header.
    })
}
```

对上述代码的具体说明如下。

- □ 定义了一个全局变量 CORS，它是 context.Handler 类型的变量。这个变量用于存储 CORS 中间件的实例，可以在其他地方引用该中间件。

- □ 定义了 initCORS 函数，用于初始化 CORS 中间件的配置。在该函数中，调用了 cors.New 函数创建一个新的 CORS 中间件实例，并传入一个 cors.Options 类型的参数来配置中间件的行为。

- □ 在 cors.Options 中，定义了以下配置项。

  - ◇ AllowedOrigins：允许的跨域来源列表，这里设置为[]string{"*"}，表示允许来自所有来源的请求。在实际应用中，可以根据需求设置允许的具体来源。

  - ◇ AllowCredentials：是否允许跨域请求携带身份凭证(如 Cookie 和 HTTP 认证信息)，这里设置为 true 表示允许。

  - ◇ AllowedHeaders：允许的自定义请求头列表，这里设置为[]string{"*"}，表示允许客户端发送任意自定义请求头。如果不设置这个选项，客户端将只能发送一些简单的请求头，如 Accept、Content-Type 等。

(4) 编写 middleware/logined.go 文件，定义一个 middleware(中间件)包，其中包含获取 JWT 中用户数据并封装成实体的中间件配置。通过一个匿名函数，从 JWT 中获取用户 ID 和用户名，并将其封装成 model.Logined 类型的结构体存放在上下文中，供后续的请求处理函数使用。这样的设计，在后续的请求处理中可以方便地获取用户数据，以便进行权限验证和其他业务逻辑的处理。

对文件 middleware/logined.go 代码的具体说明如下。

- □ 定义了一个全局变量 Logined，它是 context.Handler 类型的变量。这个变量用于存储中间件的实例，可以在其他地方引用该中间件。

- □ 定义了 initUserInfo 函数，用于初始化获取 JWT 中用户数据并封装成实体的中间件配置。在该函数中，定义了一个匿名函数，并将其赋值给 Logined 变量。

- □ 在匿名函数中，首先通过 ctx.Values().Get("jwt")从上下文中获取 JWT Token，并将其类型断言为*jwt.Token。然后，再通过类型断言获取 JWT 中的 Claims 信息，并将其类型断言为 jwt.MapClaims，以便获取其中的用户数据。

- □ 从 Claims 中提取用户 ID 和用户名，并将它们封装成 model.Logined 类型的结构体

logined，用于存放用户数据。

❑ 通过 ctx.Values().Set("logined", logined)将封装好的用户数据存放在上下文中，以便后续的请求处理函数可以通过 ctx.Values().Get("logined")获取用户数据。

15.5.3 Service 业务层

业务层(Service Layer)是软件架构中的一个组件，主要负责处理应用程序的业务逻辑。它在应用程序的其他部分(如数据访问层和表示层)与底层数据存储和操作系统之间进行中介。业务层的目标是实现业务规则和业务流程，从数据访问层获取数据并处理后，将结果返回给表示层。在一个典型的应用程序架构中，业务层通常位于表示层(如控制器或视图)和数据访问层(如数据库或外部服务)之间。业务层负责执行业务逻辑，包括数据处理、业务规则的应用、计算和处理业务流程等。

在本项目的 service 目录中保存了业务层的实现代码，具体实现流程如下。

(1) 编写 service/index.go 文件，定义一个 Go 语言的 service(业务层)包，其中包含了 NewMessage 和 NewUser 两个函数。

❑ NewMessage 函数用于创建一个消息服务(MessageService)的实例。在该函数中，创建了一个 MessageService 类型的结构体，并将数据库连接实例 database.DB 作为成员变量赋值给 MessageService 的 db 字段。然后将创建的 MessageService 实例返回，供其他地方调用。

❑ NewUser 函数用于创建一个用户服务(UserService)的实例。在该函数中，创建了一个 UserService 类型的结构体，并将数据库连接实例 database.DB 作为成员变量赋值给 UserService 的 db 字段。然后将创建的 UserService 实例返回，供其他地方调用。

service/index.go 文件的具体实现代码如下。

```
package service

import (
    "github.com/JabinGP/demo-chatroom/database"
)

func NewMessage() MessageService {
    return MessageService{
        db: database.DB,
    }
}
```

```
func NewUser() UserService {
    return UserService{
        db: database.DB,
    }
}
```

这样的设计使 service 包中的服务能够获取数据库连接实例并在业务逻辑中使用它，从而完成对数据库的操作。这样的分层架构可使业务逻辑与数据库访问层解耦，让代码更加模块化和易于维护。通过这些服务，其他地方可以调用业务逻辑来处理消息和用户的相关操作。

（2）编写文件 service/user.go，定义一个 service(业务层)包，其中包含了对用户信息的查询、插入和更新操作的方法。通过这些方法，其他地方可以调用服务层来进行用户信息的处理和管理。服务层负责与数据库交互并处理业务逻辑，将数据库操作封装起来，使其他模块可以简单地调用服务层的方法进行用户信息的操作。具体实现代码如下。

```
package service

import (
    "github.com/JabinGP/demo-chatroom/model/pojo"
    "xorm.io/xorm"
)

type UserService struct {
    db *xorm.Engine
}

func (userService *UserService) Query(username string, id uint) ([]pojo.User, error) {
    var userList []pojo.User
    //限制username
    tmpDB := userService.db.Where("username like ?", "%"+username+"%")
    //限制id
    if id != 0 {
        tmpDB.Where("id = ?", id)
    }
    // 执行查询
    if err := tmpDB.Find(&userList); err != nil {
        return nil, err
    }
    return userList, nil
}

func (userService *UserService) QueryByUsername(username string) (pojo.User, error) {
    var user = pojo.User{
        Username: username,
```

```
    }
    has, err := userService.db.Get(&user)
    if err != nil {
        return pojo.User{}, err
    }
    if !has {
        return pojo.User{}, nil
    }
    return user, nil
}

func (userService *UserService) QueryByID(id int64) (pojo.User, error) {
    var user = pojo.User{
        ID: id,
    }
    if _, err := userService.db.Get(&user); err != nil {
        return pojo.User{}, err
    }
    return user, nil
}

func (userService *UserService) Insert(user pojo.User) (int64, error) {
    if _, err := userService.db.Insert(&user); err != nil {
        return 0, err
    }
    return user.ID, nil
}

func (userService *UserService) Update(user pojo.User) error {
    if _, err := userService.db.Update(&user); err != nil {
        return err
    }
    return nil
}
```

对上述代码的具体说明如下。

❑ 结构体 UserService 包含一个 db *xorm.Engine 字段，用于存储数据库连接实例。

❑ Query 方法可根据用户名和用户 ID 查询用户信息。根据传入的用户名和用户 ID，构建查询条件，并执行数据库查询操作，返回查询到的用户列表。

❑ QueryByUsername 方法可根据用户名查询单个用户信息。根据传入的用户名，构建查询条件，并执行数据库查询操作，返回查询到的用户信息。

❑ QueryByID 方法可根据用户 ID 查询单个用户信息。根据传入的用户 ID，构建查询条件，并执行数据库查询操作，返回查询到的用户信息。

❑ Insert 方法用于插入一个新的用户信息，并返回插入的用户 ID。将传入的用户信息插入数据库中，并返回插入的用户 ID。

❑ Update 方法用于更新用户信息。根据传入的用户信息，执行数据库更新操作。

(3) 编写 service/message.go 文件，定义一个 MessageService 结构体和其对应的方法，封装对消息表的查询和插入操作。通过这些方法，其他模块可以调用服务层来进行消息的查询和插入。具体实现代码如下。

```
// MessageService 消息服务
type MessageService struct {
    db *xorm.Engine
}

// Query 根据消息 ID、发送者 ID、接收者 ID、开始时间和结束时间查询消息
func (messageService *MessageService) Query(beginID int64, beginTime int64, endTime
int64, receiverID int64) ([]pojo.MessageWithUser, error) {
    var msgList []pojo.MessageWithUser
    // 查询接收的消息和发送的消息
    tmpDB := messageService.db.Where("message.receiver_id in (?,?) or
message.sender_id = ?", 0, receiverID, receiverID)
    // 限制开始时间
    tmpDB = tmpDB.Where("message.send_time >= ?", beginTime)
    // 限制结束时间
    if endTime != 0 {
        tmpDB = tmpDB.Where("message.send_time <= ?", endTime)
    }
    // 限制消息 ID
    tmpDB = tmpDB.Where("message.id > ?", beginID)
    tmpDB = tmpDB.Join("LEFT", []string{"user", "sender"}, "message.sender_id =
sender.id")
    tmpDB = tmpDB.Join("LEFT", []string{"user", "receiver"}, "message.receiver_id
= receiver.id")
    // 执行查询
    if err := tmpDB.Find(&msgList); err != nil {
        return nil, err
    }
    return msgList, nil
}

// Insert 插入消息并返回插入的 ID
func (messageService *MessageService) Insert(senderID int64, receiverID int64,
content string) (int64, error) {
    msg := pojo.Message{
        SenderID:   senderID,
        ReceiverID: receiverID,
        Content:    content,
```

```
         SendTime:  time.Now().Unix(),
    }
    // 如果没有发送者 ID
    if msg.SenderID == 0 {
        return 0, errors.New("无法插入 SenderID 为 0 的消息")
    }
    // 执行插入
    if _, err := messageService.db.Insert(&msg); err != nil {
        return 0, err
    }
    return msg.ID, nil
}
```

以上代码是一个 Go 语言的 service(服务层)包，其中包含了一个名为 MessageService 的
结构体和两个方法(Query 和 Insert)，具体说明如下。

- □ 结构体 MessageService：该结构体用于封装消息服务的功能，包含一个名为
  db*xorm.Engine 的字段，用于存储数据库连接实例。

- □ Query 方法：根据消息 ID、发送者 ID、接收者 ID、开始时间和结束时间查询消息。
  首先，根据传入的接收者 ID，构建查询条件，查找接收者收到的消息及发送者发
  送的消息。其次，通过传入的开始时间和结束时间对查询结果进行时间范围限制，
  通过传入的消息 ID 对查询结果进行 ID 限制。再次，通过 LEFT JOIN 操作将消息
  表与用户表关联，以便获取发送者和接收者的用户名。最后，执行数据库查询操
  作，返回查询到的消息列表。

- □ Insert 方法：插入一条新的消息，并返回插入的消息 ID。首先，根据传入的发送者
  ID、接收者 ID 和消息内容，构建一个新的消息结构体。其次，如果发送者 ID 为
  0，则返回错误，因为需要有有效的发送者 ID 来插入消息。再次，执行数据库插
  入操作，将新的消息插入数据库中。最后，返回插入的消息 ID。

15.5.4　Controller 层

Controller 层是 MVC(Model-View-Controller)模式中的控制器层，用于处理 HTTP 请求
和响应。它将用户的输入进行处理，并根据业务逻辑调用服务层进行数据处理，然后将处
理结果返回给用户。在本项目的 controller 目录中保存了与特定请求对应的函数，这些函数
根据请求调用相应业务层，并将数据进行格式化封装后返回。

(1) 编写文件 controller/index.go，在 controller 层创建对数据库的连接实例以及相关的
业务逻辑服务实例，并将其作为全局变量供整个 controller 层使用。这样的设计避免了在每
个处理函数中重复创建连接实例和服务实例，提高了代码的效率和可维护性。同时，这些

全局变量可以在整个 controller 包中共享，使得处理函数可以直接使用它们进行数据库操作和业务逻辑处理。具体实现代码如下。

```
package controller
import "github.com/JabinGP/demo-chatroom/database"
import "github.com/JabinGP/demo-chatroom/service"
var db = database.DB
var messageService = service.NewMessage()
var userService = service.NewUser()
```

对上述代码的具体说明如下。

❑ db = database.DB：定义一个名为 db 的全局变量，该变量用于存储数据库连接实例。

❑ messageService = service.NewMessage()：定义一个名为 messageService 的全局变量，该变量是一个 service.MessageService 类型的实例，用于处理与消息相关的业务逻辑。

❑ userService = service.NewUser()：定义一个名为 userService 的全局变量，该变量是一个 service.UserService 类型的实例，用于处理与用户相关的业务逻辑。

(2) 编写 controller/user.go 文件，在这个控制器层文件中定义了多个处理 HTTP 请求的函数，每个函数处理不同的接口请求。这些函数通过引用 service 包中的服务来处理业务逻辑。Service 层负责处理与数据存储相关的操作，如数据库查询、插入、更新等。控制器层与 Service 层相互协作，实现了业务逻辑与 HTTP 请求的处理。具体实现代码如下。

```
package controller

import (
    "errors"
    "log"
    "github.com/JabinGP/demo-chatroom/model"
    "github.com/JabinGP/demo-chatroom/model/pojo"
    "github.com/JabinGP/demo-chatroom/model/reqo"
    "github.com/JabinGP/demo-chatroom/model/reso"
    "github.com/JabinGP/demo-chatroom/tool"
    "github.com/kataras/iris/v12"
)

// PostLogin 用户登录
func PostLogin(ctx iris.Context) {
    req := reqo.PostLogin{}
    ctx.ReadJSON(&req)
    // 根据用户名查询用户
    user, err := userService.QueryByUsername(req.Username)
    if err != nil {
```

```
        ctx.StatusCode(iris.StatusBadRequest)
        ctx.JSON(model.ErrorQueryDatabase(err))
        return
    }
    log.Println(user, req)
    // 如果密码不匹配
    if user.Passwd != req.Passwd {
        ctx.StatusCode(iris.StatusBadRequest)
        ctx.JSON(model.ErrorVerification(errors.New("用户名或密码错误")))
        return
    }
    // 登录成功
    // 获取令牌
    token, err := tool.GetJWTString(user.Username, user.ID)
    if err != nil {
        ctx.StatusCode(iris.StatusInternalServerError)
        ctx.JSON(model.ErrorBuildJWT(err))
    }
    res := reso.PostLogin{
        Username: user.Username,
        ID:       user.ID,
        Token:    token,
    }
    ctx.JSON(res)
}


// PostUser 用户注册
func PostUser(ctx iris.Context) {
    req := reqo.PostUser{}
    ctx.ReadJSON(&req)
    // 用户名和密码不能为空
    if req.Username == "" || req.Passwd == "" {
        ctx.StatusCode(iris.StatusBadRequest)
        ctx.JSON(model.ErrorIncompleteData(errors.New("用户名和密码不能为空")))
        return
    }
    // 查询是否存在相同的用户名
    exist, _ := userService.QueryByUsername(req.Username)
    // 用户名不能重复
    if exist.Username != "" {
        ctx.StatusCode(iris.StatusBadRequest)
        ctx.JSON(model.ErrorVerification(errors.New("用户名已存在")))
        return
    }
    // 新建用户并插入数据库
    newUser := pojo.User{
        Username: req.Username,
```

```
            Passwd:   req.Passwd,
            Gender:   req.Gender,
            Age:      req.Age,
            Interest: req.Interest,
        }
        userID, err := userService.Insert(newUser)
        if err != nil {
            ctx.StatusCode(iris.StatusInternalServerError)
            ctx.JSON(model.ErrorInsertDatabase(err))
            return
        }
        res := reso.PostUser{
            Username: newUser.Username,
            ID:       userID,
        }
        ctx.JSON(res)
}

// GetUser 返回用户列表
func GetUser(ctx iris.Context) {
        req := reqo.GetUser{}
        ctx.ReadQuery(&req)
        resList := []reso.GetUser{}
        userList, err := userService.Query(req.Username, req.ID)
        if err != nil {
            ctx.StatusCode(iris.StatusInternalServerError)
            ctx.JSON(model.ErrorQueryDatabase(err))
            return
        }
        for _, user := range userList {
            res := reso.GetUser{
                ID:       user.ID,
                Username: user.Username,
                Gender:   user.Gender,
                Age:      user.Age,
                Interest: user.Interest,
            }
            resList = append(resList, res)
        }
        ctx.JSON(resList)
}

// PutUser 更新用户信息
func PutUser(ctx iris.Context) {
        req := reqo.PutUser{}
        ctx.ReadJSON(&req)
        logined := ctx.Values().Get("logined").(model.Logined)
```

```
user := pojo.User{
    ID: logined.ID,
}
// 如果有设置则替换
if req.Gender != 0 {
    user.Gender = req.Gender
}
if req.Age != 0 {
    user.Age = req.Age
}
if req.Interest != "" {
    user.Interest = req.Interest
}
// 更新用户
err := userService.Update(user)
if err != nil {
    ctx.StatusCode(iris.StatusInternalServerError)
    ctx.JSON(model.ErrorQueryDatabase(err))
    return
}

// 获取更新后的用户信息
updatedUser, err := userService.QueryByID(user.ID)
if err != nil {
    ctx.StatusCode(iris.StatusInternalServerError)
    ctx.JSON(model.ErrorQueryDatabase(err))
    return
}
res := reso.PutUser{
    ID:       updatedUser.ID,
    Username: updatedUser.Username,
    Gender:   updatedUser.Gender,
    Age:      updatedUser.Age,
    Interest: updatedUser.Interest,
}
ctx.JSON(res)
}
```

对上述代码的具体说明如下。

❑ PostLogin(ctx iris.Context)：处理用户登录请求。从请求中获取用户名和密码，然后根据用户名查询用户信息。如果密码匹配，则生成 JWT 令牌并返回给客户端。

❑ PostUser(ctx iris.Context)：处理用户注册请求。从请求中获取用户名、密码等信息，进行必要的验证，然后将新用户信息插入数据库中。

❑ GetUser(ctx iris.Context)：处理获取用户列表请求。从请求参数中获取用户名和 ID，然后根据这些参数查询用户列表，并返回给客户端。

- PutUser(ctx iris.Context)：处理更新用户信息请求。从请求中获取更新的用户信息，然后根据登录信息获取用户 ID，将更新后的用户信息存入数据库，并将更新后的用户信息返回给客户端。

(3) 编写 controller/message.go 文件，定义两个处理 HTTP 请求的函数：PostMessage(ctx iris.Context)和 GetMessage(ctx iris.Context)，分别用于发送消息和获取消息列表。

- PostMessage(ctx iris.Context)：处理发送消息请求。从请求中获取接收者 ID 和消息内容，然后根据登录信息获取发送者 ID，并将消息插入数据库中。
- GetMessage(ctx iris.Context)：处理获取消息列表请求。从请求参数中获取起始消息 ID、起始时间和结束时间，然后根据登录信息获取用户 ID，根据这些参数查询消息列表，并返回给客户端。

上述函数通过引用 model 包中的请求对象(reqo)和响应对象(reso)来处理 HTTP 请求的数据传递。同时，它们与 Service 层中的 messageService 服务(Service)协作，实现了业务逻辑的处理和数据存储的操作。

(4) 编写文件 controller/token.go，定义一个处理 HTTP 请求的 GetTokenInfo 函数，用于验证 Token 的有效性并返回 Token 携带的信息。具体实现代码如下。

```go
package controller

import (
    "github.com/JabinGP/demo-chatroom/model"
    "github.com/JabinGP/demo-chatroom/model/reso"
    "github.com/kataras/iris/v12"
)

// GetTokenInfo 验证 token 是否有效，如果有效则返回 token 携带的信息
func GetTokenInfo(ctx iris.Context) {
    logined := ctx.Values().Get("logined").(model.Logined)

    res := reso.GetTokenInfo{
        ID:       logined.ID,
        Username: logined.Username,
    }
    ctx.JSON(res)
}
```

在上述代码中，GetTokenInfo(ctx iris.Context)函数用于验证 Token 是否有效，如果有效则返回 Token 携带的信息。通过 ctx.Values().Get("logined")获取已登录用户的信息，其中 logined 是一个自定义的结构体，包含用户 ID 和用户名。然后将用户 ID 和用户名封装成响应对象 reso.GetTokenInfo，并返回给客户端。

GetTokenInfo(ctx iris.Context)函数是一个中间件(Middleware)处理器，在路由中设置 JWT 中间件后，会在请求中先验证 Token 的有效性，并解析 Token 中的用户信息，然后将用户信息存储在 ctx.Values()中，供后续的控制器函数使用。GetTokenInfo 函数就是利用这个中间件处理过的用户信息，返回给客户端。

15.6　调试运行

运行 main.go 文件，在浏览器中输入 http://localhost:8888/。登录表单页面如图 15-4 所示，注册表单页面如图 15-5 所示。

扫码看视频

图 15-4　登录表单页面　　　　图 15-5　注册表单页面

聊天界面如图 15-6 所示。

图 15-6　聊天界面